北京建筑大学教材建设专项基金资助出版

LINEAR ALGEBRA

线性代数

北京建筑大学数学系 编著

中国电力出版社
CHINA ELECTRIC POWER PRESS

内 容 提 要

本书包括行列式、矩阵、线性方程组理论、向量组的线性相关性、矩阵的特征值与特征向量、二次型等内容. 全书围绕“线性方程组理论”这一核心内容展开讨论, 环环相扣, 形成一个独立的数学知识模块. 书中详细阐述各部分内容的实际背景、与其他课程(如初等数学、高等数学、数值计算等)内容之间的联系, 又将线性代数置于整个数学课程体系之中.

本书可供高等院校工程类各专业师生、成人高校师生及自学者使用.

图书在版编目（CIP）数据

线性代数 / 北京建筑大学数学系编著. —北京：中国电力出版社，2019.3（2023.8 重印）
ISBN 978-7-5198-2679-6

Ⅰ. ①线… Ⅱ. ①北… Ⅲ. ①线性代数–高等学校–教材 Ⅳ. ①O151.2

中国版本图书馆 CIP 数据核字（2018）第 277919 号

出版发行：中国电力出版社
地　　址：北京市东城区北京站西街 19 号（邮政编码 100005）
网　　址：http://www.cepp.sgcc.com.cn
策划编辑：周　娟
责任编辑：杨淑玲（010-63412602）
责任校对：黄　蓓　王海南
装帧设计：王英磊
责任印制：杨晓东

印　　刷：三河市航远印刷有限公司
版　　次：2019 年 3 月第一版
印　　次：2023 年 8 月北京第四次印刷
开　　本：787mm×1092mm　16 开本
印　　张：11.75
字　　数：284 千字
定　　价：36.00 元

前言

线性代数是高等院校一门重要的基础理论课程, 是高校理工科学生的必修课程之一. 北京建筑大学历来对线性代数的教学工作十分重视, 并取得了良好的效果. 在数学系全体教师的共同努力下, 2006 年, 我校线性代数课程被评为“校级优秀课程”. 然而, 随着教育改革的深入, 高等教育已由精英教育转变为大众化教育, 过去的教学方式和教学内容已不能满足新形势的需要, 我系原先采用的教材已不再满足新形势的需要. 例如, 例题太少, 不利于自学; 过于追求理论的完整而忽略了实际应用等. 这不但会影响学生学习的积极性和主动性, 也不利于对学生数学素质的培养. 为适应新形势的要求, 北京建筑大学于 2006 年组织教师编写了校内试用教材《线性代数讲义》. 该讲义由刘长河老师执笔, 代西武、吕大昭两位老师对全稿进行了多次认真审阅和修改.

校内试用的《线性代数讲义》有以下特点:

第一, 结构完整, 通过“线性方程组解的理论”这一线索, 将各章内容联系起来, 便于学生系统地掌握全部内容.

第二, 每章配有知识脉络图, 直观地描述出各知识点之间的相互联系, 便于学生从宏观上掌握讲义内容.

第三, 每节后面均有“导读与提示”部分, 对该节内容进行分析和总结. 提出对各知识点掌握程度的要求, 指出一些重要概念、定理在整个线性代数知识体系中的地位和作用, 便于学生从微观上加深对每个基本知识单元的理解.

第四, 叙述详尽, 重点突出, 删除一些繁杂的理论证明, 代之以直观的实例或类比进行说明, 使讲义变得通俗易懂, 方便学生自学.

第五, 每章配有习题, 增加了例题的类型和数量. 详尽的解题过程, 便于学生掌握基本知识和技能, 提高他们的数学素质和能力; 丰富的例题类型, 可以提高学生的解题技巧. 为兼顾学有余力者的需求, 讲义还配有一定难度的习题(加*号).

该讲义从 2007 年开始, 刘长河、吕大昭、刘世祥等诸位老师在部分班级试用多遍, 收到良好的效果. 通过大量的教学实践, 老师们对该讲义的优缺点进行了认真的总结, 并就讲义的讲授思路与外校专家进行了交流, 得到了充分的肯定.

党的“十九大”以来, 我国的科教事业迎来了新的发展机遇, 我校办学定位也得到大幅提高, 但该讲义逐步暴露出一些不足之处. 为此, 我们在各级领导的关怀下, 集数学系同仁之智慧, 对《线性代数讲义》进行重新编写, 屡易其稿, 终于将本教材呈献在读者面前.

本教材从编写思路、内容取舍、读者定位等方面都有很大的提升, 具体表现在:

对概念尽量采用实例引入, 通俗自然. 每章后附有阅读材料, 介绍了知识脉络图和知识结构图, 既开阔了学生们的眼界, 又激发了他们的学习兴趣.

阐述知识时, 紧跟实例, 便于读者入门和理解, 将相关结论的证明集中放在每章的最后一节, 能够满足各层次读者的需求, 方便他们按需选学.

编写过程中充分关注线性代数知识同其他学科(比如高等数学、数值分析、图论)相关内容的联系, 使读者能站在数学课群的高度学习线性代数, 克服了学习过程中的局限性.

本书采用“一人主笔, 众人把关”的编写模式. 全书由刘长河老师主笔, 多位老师分章审核. 具体分工如下: 侍爱玲(第 1 章); 张鸿鹰(第 2 章); 刘志强(第 3 章); 代西武、刘世祥(第 4 章); 吕大昭(第 5 章). 武利刚老师对全书进行了统一审查, 并提出了宝贵意见.

本教材在编写和出版过程中, 得到了理学院领导(特别是张长伦副院长)、数学系王丽萍和何强两位主任的大力支持. 数学系诸位同仁、试用班级的同学也都提出了许多宝贵的意见, 在此一并表示致谢!

受到各种主客观条件所限, 本教材不足之处在所难免, 敬请广大师生在使用过程中不吝赐教, 以便进一步修改和完善, 最终达到提高教学效果的目的.

北京建筑大学数学系　刘长河

2019 年 2 月

目　录

前言

第1章 行 列 式

本章主要内容:

1. n 阶行列式的概念;
2. 行列式的性质及计算方法;
3. 克拉默(Cramer)法则.

本章重点要求:

1. 掌握有关行列式的基本概念;
2. 熟练掌握行列式的计算方法;
3. 会利用克拉默法则求解线性方程组.

1.1 二阶与三阶行列式

1.1.1 二元线性方程组与二阶行列式

请大家思考下面一个问题: 能否像一元二次方程的求根公式一样, 比较简便地给出二元线性方程组的求解公式? 现在我们就来分析这个问题.

给定二元线性方程组

$$\begin{cases} a_{11}x_1 + a_{12}x_2 = b_1 & (1\text{-}1) \\ a_{21}x_1 + a_{22}x_2 = b_2 & (1\text{-}2) \end{cases}$$

用消元法解之.

由式(1-1)$\times a_{22}-$式(1-2)$\times a_{12}$, 消去 x_2 得

$$(a_{11}a_{22}-a_{12}a_{21})x_1 = b_1a_{22}-a_{12}b_2$$

由式(1-2)$\times a_{11}-$式(1-1)$\times a_{21}$, 消去 x_1 得

$$(a_{11}a_{22}-a_{12}a_{21})x_2 = a_{11}b_2-b_1a_{21}$$

当 $a_{11}a_{22}-a_{12}a_{21}\neq 0$ 时, 求得方程组(1-1)～(1-2)的解为

$$x_1=\frac{b_1a_{22}-a_{12}b_2}{a_{11}a_{22}-a_{12}a_{21}},\ x_2=\frac{a_{11}b_2-b_1a_{21}}{a_{11}a_{22}-a_{12}a_{21}} \tag{1-3}$$

式(1-3)非常难记. 下面我们引入运算

$$\begin{vmatrix} a_{11} & a_{12} \\ a_{21} & a_{22} \end{vmatrix} = a_{11}a_{22}-a_{12}a_{21} \tag{1-4}$$

$\begin{vmatrix} a_{11} & a_{12} \\ a_{21} & a_{22} \end{vmatrix}$ 称为二阶行列式, 它有二行二列; $a_{ij}\,(i=1,2;\ j=1,2)$ 为其元素. a_{ij} 的第一个下标 i 称为行标, 第二个下标 j 称为列标.

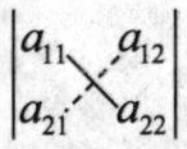

$$\begin{vmatrix} a_{11} & a_{12} \\ a_{21} & a_{22} \end{vmatrix}$$

图 1-1　对角线法则

式（1－4）的计算称为对角线法则(图 1-1). 从 a_{11} 到 a_{22} 的对角线(实线)称为主对角线, 从 a_{12} 到 a_{21} 的对角线(虚线)称为副对角线, 于是有

二阶行列式=主对角线上的两元素之积－副对角线上的两元素之积.

利用二阶行列式的概念, 式(1-3)中 x_1, x_2 的分子也可用二阶行列式表示, 即

$$b_1a_{22}-a_{12}b_2=\begin{vmatrix} b_1 & a_{12} \\ b_2 & a_{22} \end{vmatrix},\ a_{11}b_2-b_1a_{21}=\begin{vmatrix} a_{11} & b_1 \\ a_{21} & b_2 \end{vmatrix}$$

若记

$$D=\begin{vmatrix} a_{11} & a_{12} \\ a_{21} & a_{22} \end{vmatrix},\ D_1=\begin{vmatrix} b_1 & a_{12} \\ b_2 & a_{22} \end{vmatrix},\ D_2=\begin{vmatrix} a_{11} & b_1 \\ a_{21} & b_2 \end{vmatrix}$$

则式(1-3)可以简记为, 当 $D\neq 0$ 时, 有

$$x_1=\frac{D_1}{D},\ x_2=\frac{D_2}{D} \tag{1-5}$$

可以利用此公式求解二元线性方程组.

例 1-1　解方程组

$$\begin{cases} x_1+3x_2=0 \\ 3x_1-2x_2=11 \end{cases}$$

解　由于

$$D=\begin{vmatrix} 1 & 3 \\ 3 & -2 \end{vmatrix}=-2-9=-11\neq 0$$

$$D_1=\begin{vmatrix} 0 & 3 \\ 11 & -2 \end{vmatrix}=0-33=-33$$

$$D_2=\begin{vmatrix} 1 & 0 \\ 3 & 11 \end{vmatrix}=11-0=11$$

因此, $x_1=\dfrac{D_1}{D}=\dfrac{-33}{-11}=3$, $x_2=\dfrac{D_2}{D}=\dfrac{11}{-11}=-1$.

1.1.2　三阶行列式

对于三元线性方程组

$$\begin{cases} a_{11}x_1+a_{12}x_2+a_{13}x_3=b_1 & (1\text{-}6) \\ a_{21}x_1+a_{22}x_2+a_{23}x_3=b_2 & (1\text{-}7) \\ a_{31}x_1+a_{32}x_2+a_{33}x_3=b_3 & (1\text{-}8) \end{cases}$$

也可以像式(1-1)、(1-2)方程组那样很简单地表示其解. 这时, 需引入三阶行列式:

$$\begin{vmatrix} a_{11} & a_{12} & a_{13} \\ a_{21} & a_{22} & a_{23} \\ a_{31} & a_{32} & a_{33} \end{vmatrix}=a_{11}a_{22}a_{33}+a_{12}a_{23}a_{31}+a_{13}a_{21}a_{32}-$$

$$a_{11}a_{23}a_{32}-a_{12}a_{21}a_{33}-a_{13}a_{22}a_{31} \tag{1-9}$$

从式(1-9)看出: 三阶行列式含有 6 项, 每项均为不同行且不同列的三个元素的乘积再冠以正负号. 其规律遵循对角线法则(图 1-2): 图中三条实线看作是平行于主对角线的连线, 三条虚线看作是平行于副对角线的连线. 实线上的三个元素的乘积冠以"+"号, 虚线上的三个元素的乘积冠以" − "号.

$$\begin{vmatrix} a_{11} & a_{12} & a_{13} \\ a_{21} & a_{22} & a_{23} \\ a_{31} & a_{32} & a_{33} \end{vmatrix}$$

图 1-2　对角线法则

例 1-2　计算三阶行列式

$$D=\begin{vmatrix} 1 & -1 & 2 \\ 3 & -3 & 1 \\ -2 & 1 & -4 \end{vmatrix}$$

解　按对角线法则, 有

$$\begin{aligned} D &= 1\times(-3)\times(-4)+(-1)\times1\times(-2)+2\times3\times1- \\ &\quad 1\times1\times1-(-1)\times(3)\times(-4)-2\times(-3)\times(-2) \\ &=12+2+6-1-12-12 \\ &=-5 \end{aligned}$$

例 1-3　求解方程

$$\begin{vmatrix} 3 & 4 & x \\ 2 & x & 0 \\ 1 & 1 & x \end{vmatrix}=0$$

解　三阶行列式

$$D=3x^2+0+2x-0-8x-x^2=2x^2-6x=2x(x-3)$$

由 $2x(x-3)=0$ 解得, $x=0$ 或 $x=3$.

可以推出: 当 $D\neq0$ 时, 三元线性方程组(1-6)～(1-8)有唯一解, 且其解可以表示为

$$x_1=\frac{D_1}{D},\ x_2=\frac{D_2}{D},\ x_3=\frac{D_3}{D}$$

式中, $D=\begin{vmatrix} a_{11} & a_{12} & a_{13} \\ a_{21} & a_{22} & a_{23} \\ a_{31} & a_{32} & a_{33} \end{vmatrix}$, $D_1=\begin{vmatrix} b_1 & a_{12} & a_{13} \\ b_2 & a_{22} & a_{23} \\ b_3 & a_{32} & a_{33} \end{vmatrix}$, $D_2=\begin{vmatrix} a_{11} & b_1 & a_{13} \\ a_{21} & b_2 & a_{23} \\ a_{31} & b_3 & a_{33} \end{vmatrix}$, $D_3=\begin{vmatrix} a_{11} & a_{12} & b_1 \\ a_{21} & a_{22} & b_2 \\ a_{31} & a_{32} & b_3 \end{vmatrix}$.

例 1-4　解方程组

$$\begin{cases} 2x-4y+z=1 \\ x-5y+3z=2 \\ x-\ y+\ z=-1 \end{cases}$$

解　因为

$$D=\begin{vmatrix} 2 & -4 & 1 \\ 1 & -5 & 3 \\ 1 & -1 & 1 \end{vmatrix}=-8\neq0$$

所以此方程组有唯一解. 又因为

$$D_1=\begin{vmatrix}1 & -4 & 1\\ 2 & -5 & 3\\ -1 & -1 & 1\end{vmatrix}=11,\ D_2=\begin{vmatrix}2 & 1 & 1\\ 1 & 2 & 3\\ 1 & -1 & 1\end{vmatrix}=9,\ D_3=\begin{vmatrix}2 & -4 & 1\\ 1 & -5 & 2\\ 1 & -1 & -1\end{vmatrix}=6$$

所以方程组的解为

$$x=\frac{D_1}{D}=-\frac{11}{8},\ y=\frac{D_2}{D}=-\frac{9}{8},\ z=\frac{D_3}{D}=-\frac{3}{4}$$

导读与提示

本节内容:

1. 二、三阶行列式的定义;

2. 二、三阶行列式的求法——对角线法则;

3. 利用二、三阶行列式表示二、三元线性方程组的解的公式——二、三元线性方程组的克拉默法则(参看 1.7 节).

本节要求:

1. 理解二、三阶行列式的定义, 掌握行列式的本质——数;

2. 熟练利用对角线法则计算二、三阶行列式;

3. 会利用行列式解二、三元线性方程组.

读者很自然地就会联想到下面的问题:

如何表示四元、五元, 乃至更一般的 n 元线性方程组

$$\begin{cases}a_{11}x_1+a_{12}x_2+\cdots+a_{1n}x_n=b_1\\ a_{21}x_1+a_{22}x_2+\cdots+a_{2n}x_n=b_2\\ \cdots\cdots\cdots\cdots\\ a_{n1}x_1+a_{n2}x_2+\cdots+a_{nn}x_n=b_n\end{cases}$$

的解?

这就需要引入四阶、五阶, 乃至更一般的 n 阶行列式等概念. 值得注意的是, 此时对角线法则已经失效. 对角线法则只适用于计算二、三阶行列式.

为学习 n 阶行列式的理论, 需要先学习全排列、逆序数、对换等知识.

习 题 1.1

1. 利用对角线法则计算下列三阶行列式:

(1) $\begin{vmatrix}1 & 2 & 3\\ 3 & 1 & 2\\ -1 & 8 & 3\end{vmatrix}$;　　(2) $\begin{vmatrix}c & a & b\\ b & c & a\\ a & b & c\end{vmatrix}$;

(3) $\begin{vmatrix} 1 & 1 & 1 \\ a & b & c \\ a^2 & b^2 & c^2 \end{vmatrix}$;　　(4) $\begin{vmatrix} x & y & x+y \\ y & x+y & x \\ x+y & x & y \end{vmatrix}$.

2. 利用行列式解下列方程组:

(1) $\begin{cases} 5x+2y=3, \\ 4x+2y=1; \end{cases}$　　(2) $\begin{cases} 2x_1-x_2+3x_3=1, \\ 4x_1+2x_2+5x_3=4, \\ \qquad 2x_2+2x_3=6; \end{cases}$

(3) $\begin{cases} 3x+2y+z=14, \\ x+\ y+z=10, \\ 2x+3y-z=1; \end{cases}$　　(4) $\begin{cases} bx\ -ay \qquad =-2ab, \\ \quad -2cy+3bz=bc\ (\text{其中}a,b,c\neq 0), \\ cx \qquad +az=0. \end{cases}$

3. 如果 $\begin{vmatrix} 1 & 2 & x \\ x & 4 & 7 \\ -2 & -4 & 6 \end{vmatrix}=0$, 求 x.

4. 三个数的和等于 15, 第一个数减去第二个数的差等于第二个数减去第三个数的差, 第二个数与第三个数的和比第一个数大 1, 求这三个数.

1.2　全排列及其逆序数

本节内容主要为 1.4 节讲解一般的 n 阶行列式的理论做准备.

1.2.1　全排列及其逆序数

把 n 个不同元素排成一列, 叫作这 n 个元素的全排列(简称排列). n 个不同元素的排列的种数, 通常用 P_n 表示. 显然, $P_n=n!$.

本节中只考虑由 n 个自然数: $1, 2, \cdots, n$ 所组成的全排列.

在由 n 个自然数: $1, 2, \cdots, n$ 所组成的全排列中, 按递增顺序的排列 $12\cdots(n-1)n$ 称为自然排列.

例如, 由三个自然数 1, 2, 3 所组成的所有全排列为

$$123, 132, 213, 231, 312, 321$$

123 为其自然排列. 其排列种数: $P_3=3!=6$.

在由 n 个自然数: $1, 2, \cdots, n$ 所组成的全排列中, 通常规定从小到大为标准次序. 当两个数的次序与标准次序不同(即由大到小)时, 称为一个逆序. 一个排列中的所有逆序的总数叫作这个排列的逆序数.

逆序数为奇数的排列叫作奇排列, 逆序数为偶数的排列叫作偶排列.

例如, 在上例中, 排列 132 的逆序数为 1, 它是奇排列; 而 312 的逆序数为 2, 它是偶排列.

1.2.2　逆序数的求法

不失一般性, 设由 n 个自然数: $1, 2, \cdots, n$ 所组成的全排列

$$p_1p_2\cdots p_n$$

考虑每个元素 p_i $(i=1,2,\cdots,n)$，如果比 p_i 大且排在 p_i 前面的元素有 t_i 个，就说 p_i 这个元素的逆序数为 t_i. 排列 $p_1p_2\cdots p_n$ 中所有元素的逆序数之和，称为此排列的逆序数，记为 $\tau(p_1p_2\cdots p_n)$，即

$$\tau(p_1p_2\cdots p_n)=t_1+t_2+\cdots+t_n=\sum_{i=1}^{n}t_i$$

例 1-5 求排列 32514 的逆序数

解法 1 在此排列中,

3 排在首位, $t_1=0$;

比 2 大且排在 2 前面的元素有 1 个:“3”, $t_2=1$;

比 5 大且排在 5 前面的元素有 0 个, $t_3=0$;

比 1 大且排在 1 前面的元素有 3 个:“3, 2, 5”, $t_4=3$;

比 4 大且排在 4 前面的元素有 1 个:“5”, $t_5=1$.

所以, 此排列的逆序数为

$$\tau(32514)=\sum_{i=1}^{5}t_i=0+1+0+3+1=5$$

解法 1 是从左到右统计排列中各元素的逆序数, 也可以从右向左进行统计.

解法 2 也可按下列顺序求排列的逆序数:

在 1 前面, 比 1 大的数有 3 个;

在 2 前面, 比 2 大的数有 1 个;

在 3 前面, 比 3 大的数有 0 个;

在 4 前面, 比 4 大的数有 1 个;

在 5 前面, 比 5 大的数有 0 个.

所以, 此排列的逆序数为

$$\tau(32514)=3+1+0+1+0=5$$

解法 2 是按从小到大次序统计排列中各元素的逆序数, 也可以按从大到小次序进行统计.

导读与提示

本节内容:

1. 全排列与逆序数的概念;
2. 逆序数的求法.

本节要求:

1. 理解全排列与逆序数的概念;
2. 会求给定全排列的逆序数, 并判断其奇偶性;

全排列与逆序数对理解 n 阶行列式的定义以及行列式性质的证明过程非常重要, 是深入学习行列式理论的基础, 应该掌握.

习 题 1.2

1. 按自然数从小到大为标准次序, 求下列各排列的逆序数.

(1) 1234;　　(2) 4132;

(3) 24153;　　(4) 3746251;

(5) $13\cdots(2n\text{-}1)2\,4\cdots(2n)$;　　(6) $13\cdots(2n\text{-}1)(2n)(2n\text{-}2)\cdots 2$.

2. 选择 i, j 使

(1) $1274i56j9$ 为奇排列;

(2) $1i25j4897$ 为偶排列.

1.3 对　换

在排列中, 将任意两个元素对调, 其余元素不动, 这种做出新排列的变换叫作对换. 例如,

$$4321 \xrightarrow{\text{对换第1,第2两个元素}} 3421$$

定理 1-1　一次对换改变排列的奇偶性(证明见 1.9 节).

上例中, 排列 4321 的逆序数为 6, 是偶排列; 对换后, 得到排列 3421, 其逆序数为 5, 变为奇排列.

任一排列 $p_1p_2\cdots p_n$ 都可经过一定次数的对换调成自然排列 $12\cdots n$.

推论 1　奇排列调成自然排列的对换次数为奇数; 偶排列调成自然排列的对换次数为偶数.

这是因为自然排列 $12\cdots n$ 是偶排列, 把奇(偶)排列变成偶排列必须经过奇(偶)数次奇偶转换.

例如, 312 是偶排列(逆序数为 2), 将其调成标准排列 123 的对换次数一定是偶数; 132 是奇排列(逆序数为 1), 将其调成标准排列 123 的对换次数一定是奇数.

推论 2　在全体 n 元排列集合中, 奇排列和偶排列个数相等.

因为, 任一排列 $\cdots i\ p_1p_2\cdots p_s\ j\cdots$ 都与一个与其奇偶性相反的排列 $\cdots j\ p_1p_2\cdots p_s\ i\cdots$ 对应.

例如, 由三个自然数 1, 2, 3 所组成的所有全排列有 6 个:

123, 132, 213, 231, 312, 321

其中 3 个奇排列: 132, 213, 321; 3 个偶排列: 123, 231, 312.

导 读 与 提 示

本节内容:

对换的定义、性质.

本节要求:

1. 理解对换的定义、性质;

2. “对换”的概念在证明 n 阶行列式的两个定义的等价性时, 起着重要作用.

习 题 1.3

1. 利用对换将下列排列调成自然排列, 并统计所做对换的次数.

(1) 1324; (2) 4132;

(3) 53124; (4) 12456378.

2. 写出由四个自然数 1, 2, 3, 4 所组成的所有全排列, 并把它们分成奇排列和偶排列两类.

1.4 *n* 阶行列式的定义

1.4.1 *n* 阶行列式的定义

由三阶行列式的定义

$$\begin{vmatrix} a_{11} & a_{12} & a_{13} \\ a_{21} & a_{22} & a_{23} \\ a_{31} & a_{32} & a_{33} \end{vmatrix} = a_{11}a_{22}a_{33} + a_{12}a_{23}a_{31} + a_{13}a_{21}a_{32} - a_{11}a_{23}a_{32} - a_{12}a_{21}a_{33} - a_{13}a_{22}a_{31} \tag{1-10}$$

可以看出:

(1) 式(1-10)右边的每一项都恰是三个元素的乘积, 这三个元素位于行列式的不同行、不同列. 如不考虑正负号, (1-10)式右边的任一项可写成: $a_{1p_1}a_{2p_2}a_{3p_3}$. 其第一个下标(行标)是自然排列 123; 第二个下标(列标)的排列 $p_1p_2p_3$ 与三个自然数 1, 2, 3 所组成的所有(3!=)6 个全排列一一对应.

(2) 冠以“+”的三项的列标排列分别是: 123, 231, 312; 都是偶排列. 冠以“−”的三项的列标排列分别是: 132, 213, 321; 都是奇排列.

因此, 三阶行列式可以写成

$$\begin{vmatrix} a_{11} & a_{12} & a_{13} \\ a_{21} & a_{22} & a_{23} \\ a_{31} & a_{32} & a_{33} \end{vmatrix} = \sum_{p_1p_2p_3} (-1)^{\tau(p_1p_2p_3)} a_{1p_1}a_{2p_2}a_{3p_3}$$

式中, $\sum\limits_{p_1p_2p_3}$ 是关于三个自然数 1, 2, 3 所组成的所有 6(=3!)个全排列求和.

同样, 二阶行列式的定义

$$\begin{vmatrix} a_{11} & a_{12} \\ a_{21} & a_{22} \end{vmatrix} = a_{11}a_{22} - a_{12}a_{21} \tag{1-11}$$

也可以写成

$$\begin{vmatrix} a_{11} & a_{12} \\ a_{21} & a_{22} \end{vmatrix} = \sum_{p_1p_2} (-1)^{\tau(p_1p_2)} a_{1p_1}a_{2p_2}$$

式中, $\sum\limits_{p_1p_2}$ 是关于两个自然数 1, 2 所组成的所有 2(=2!)个全排列求和.

可把二、三阶行列式推广到 n 阶行列式.

定义 n 阶行列式

$$D=\begin{vmatrix} a_{11} & a_{12} & \cdots & a_{1n} \\ a_{21} & a_{22} & \cdots & a_{2n} \\ \vdots & \vdots & & \vdots \\ a_{n1} & a_{n2} & \cdots & a_{nn} \end{vmatrix}=\sum_{p_1p_2\cdots p_n}(-1)^{\tau(p_1p_2\cdots p_n)}a_{1p_1}a_{2p_2}\cdots a_{np_n} \tag{1-12}$$

式中, $\sum\limits_{p_1p_2\cdots p_n}$ 是关于 n 个自然数 1, 2, …, n 所组成的所有 $n!$个全排列求和.

式(1-12)简记为 $\det(a_{ij})$, 其中 a_{ij} 为行列式 D 的(i, j)元素.

当 $n=1$ 时, 规定 $|a|=a$. 注意不要将一阶行列式与绝对值混淆.

1.4.2 用定义求 n 阶行列式的例子

从上面可以看出, 求二、三阶行列式的对角线法则和式(1-12)是一致的. 式(1-12)右端是 $n!$ 项的代数和. 用定义求 n 阶行列式的值, 是一件困难的事情, 但特殊情况例外.

例 1-6 证明: n 阶行列式

$$\begin{vmatrix} \lambda_1 & & & \\ & \lambda_2 & & \\ & & \ddots & \\ & & & \lambda_n \end{vmatrix}=\lambda_1\lambda_2\cdots\lambda_n \text{ (对角行列式)}$$

$$\begin{vmatrix} & & & \lambda_1 \\ & & \lambda_2 & \\ & ⋰ & & \\ \lambda_n & & & \end{vmatrix}=(-1)^{\frac{n(n-1)}{2}}\lambda_1\lambda_2\cdots\lambda_n$$

式中, 未写出来的元素都是 0.

证明 第一式是显然的, 下面只证第二式.

若记 $\lambda_i=a_{i,n-i+1}\ (i=1,2,\cdots,n)$, 则依行列式的定义

$$\begin{vmatrix} & & & \lambda_1 \\ & & \lambda_2 & \\ & ⋰ & & \\ \lambda_n & & & \end{vmatrix}=\begin{vmatrix} & & & a_{1n} \\ & & a_{2,n-1} & \\ & ⋰ & & \\ a_{n1} & & & \end{vmatrix}$$

$$=(-1)^t a_{1n}a_{2,n-1}\cdots a_{n1}=(-1)^t\lambda_1\lambda_2\cdots\lambda_n$$

式中, $t=\tau[n(n-1)\cdots 21]=0+1+2+\cdots+(n-1)=\dfrac{n(n-1)}{2}$. 证毕.

例 1-7 证明: 下三角行列式

$$D=\begin{vmatrix}a_{11}&0&\cdots&0\\a_{21}&a_{22}&\cdots&0\\\vdots&\vdots&&\vdots\\a_{n1}&a_{n2}&\cdots&a_{nn}\end{vmatrix}=a_{11}a_{22}\cdots a_{nn}$$

证明 D中可能不为0的元素a_{ip_i}，其下标应满足：$p_i\leqslant i\,(i=1,2,\cdots,n)$，即

$$p_1\leqslant 1,\ p_2\leqslant 2,\ \cdots,\ p_n\leqslant n$$

于是，在

$$D=\sum_{p_1p_2\cdots p_n}(-1)^{\tau(p_1p_2\cdots p_n)}a_{1p_1}a_{2p_2}\cdots a_{np_n}$$

中，只有一个可能不为零的项

$$(-1)^{\tau(12\cdots n)}a_{11}a_{22}\cdots a_{nn}=a_{11}a_{22}\cdots a_{nn}$$

所以

$$D=a_{11}a_{22}\cdots a_{nn}$$

证毕.

同理可得上三角行列式

$$\begin{vmatrix}a_{11}&a_{12}&\cdots&a_{1n}\\0&a_{22}&\cdots&a_{2n}\\\vdots&\vdots&&\vdots\\0&0&\cdots&a_{nn}\end{vmatrix}=a_{11}a_{22}\cdots a_{nn}$$

对角行列式，下(上)三角行列式的计算公式常作为结论应用.

1.4.3 行列式定义的另一种形式

$$D=\begin{vmatrix}a_{11}&a_{12}&\cdots&a_{1n}\\a_{21}&a_{22}&\cdots&a_{2n}\\\vdots&\vdots&&\vdots\\a_{n1}&a_{n2}&\cdots&a_{nn}\end{vmatrix}=\sum_{q_1q_2\cdots q_n}(-1)^{\tau(q_1q_2\cdots q_n)}a_{q_11}a_{q_22}\cdots a_{q_nn} \tag{1-13}$$

式中，$\sum\limits_{q_1q_2\cdots q_n}$是关于$n$个自然数1, 2, $\cdots$, n所组成的所有$n!$个全排列求和.

按照式(1-13)，三阶行列式

$$\begin{vmatrix}a_{11}&a_{12}&a_{13}\\a_{21}&a_{22}&a_{23}\\a_{31}&a_{32}&a_{33}\end{vmatrix}=a_{11}a_{22}a_{33}+a_{31}a_{12}a_{23}+a_{21}a_{32}a_{13}-a_{11}a_{32}a_{23}-a_{21}a_{12}a_{33}-a_{31}a_{22}a_{13} \tag{1-14}$$

定理 1-2 $n\,(\geqslant 2)$阶行列式的两种定义方式(1-12)与式(1-13)等价(证明见1.9节).

导读与提示

本节内容：

1. n阶行列式的定义；

2. 用 n 阶行列式的定义求对角行列式, 下(上)三角行列式.

本节要求:

1. 掌握 n 阶行列式的定义;

2. 会利用 n 阶行列式的定义求对角行列式、下(上)三角行列式, 并记住它们的结果, 今后可以运用.

对于二、三阶行列式, 可用对角线法则求之, 而 n ($n \geqslant 4$) 阶行列式, 除了对角行列式, 下(上)三角行列式等这些特殊的行列式外, 用定义计算相当麻烦. 那么, 如何计算高阶(四阶及以上)行列式? 这是后面几节需要解决的问题. 事实上, 主要有以下两种方法:

方法 1: 利用行列式的性质(1.5 节), 将其化为下(上)三角行列式, 进行计算.

方法 2: 降阶法: 利用行列式按行(列)的展开(1.6 节), 将其降为低阶(三阶及以下)行列式, 进行计算.

在具体计算时, 往往是两种方法综合运用.

习　题 1.4

1. 写出四阶行列式中含有因子 $a_{13}a_{22}$ 的项.

2. 写出五阶行列式中包含 a_{21} 和 a_{33} 的所有带负号的项.

3. 证明: 若行列式中有一行的所有元素为零, 则这行列式为零.

1.5　行列式的性质

从前几节知识可知, n 阶行列式实质上就是由 n^2 个数(元素)参与的一种运算, 其结果是一个数. 然而, 在一般情况下, 按照其定义, 很难求出其运算结果.

为阐述计算行列式的较为简便的方法, 本节从研究行列式的性质入手.

记

$$D=\begin{vmatrix} a_{11} & a_{12} & \cdots & a_{1n} \\ a_{21} & a_{22} & \cdots & a_{2n} \\ \vdots & \vdots & & \vdots \\ a_{n1} & a_{n2} & \cdots & a_{nn} \end{vmatrix},\quad D^{\mathrm{T}}=\begin{vmatrix} a_{11} & a_{21} & \cdots & a_{n1} \\ a_{12} & a_{22} & \cdots & a_{n2} \\ \vdots & \vdots & & \vdots \\ a_{1n} & a_{2n} & \cdots & a_{nn} \end{vmatrix}$$

行列式 D^{T} 称为行列式 D 的转置行列式. 显然, $(D^{\mathrm{T}})^{\mathrm{T}}=D$.

1.5.1　行列式的性质

性质 1　行列式和它的转置行列式相等, 即 $D=D^{\mathrm{T}}$ (证明见 1.9 节).

例如
$$D=\begin{vmatrix} 1 & 2 \\ 3 & 4 \end{vmatrix}=-2,\quad D^{\mathrm{T}}=\begin{vmatrix} 1 & 3 \\ 2 & 4 \end{vmatrix}=-2$$

这个性质说明: 行列式的行和列地位相同, 行具有的性质, 列也具有; 反之亦然. 从本节下面的性质, 可以进一步得到验证.

性质 2 互换行列式的两行(列),行列式变号(证明见 1.9 节).

例如
$$\begin{vmatrix} 11 & 12 & 13 \\ 21 & 22 & 23 \\ 31 & 32 & 30 \end{vmatrix} = 30$$

分别交换其第一、二两行(列)得到的行列式如下

$$\begin{vmatrix} 21 & 22 & 23 \\ 11 & 12 & 13 \\ 31 & 32 & 30 \end{vmatrix} = -30, \quad \begin{vmatrix} 12 & 11 & 13 \\ 22 & 21 & 23 \\ 32 & 31 & 30 \end{vmatrix} = -30$$

以 r_i 表示行列式的第 i 行, c_i 表示行列式的第 i 列. 交换 i, j 两行记为 $r_i \leftrightarrow r_j$, 交换 i, j 两列记为 $c_i \leftrightarrow c_j$. 上例中分别做了变换: $r_1 \leftrightarrow r_2$ 和 $c_1 \leftrightarrow c_2$.

推论 如果行列式的两行(列)完全相同, 此行列式等于零.

证明 把这两行(列)互换, 则 $D = -D$, 故 $D = 0$.

例如
$$\begin{vmatrix} 1 & 2 & 3 \\ 2 & 2 & 2 \\ 2 & 2 & 2 \end{vmatrix} = 0$$

性质 3 行列式的某一行(列)中的所有元素都乘以同一个数 k, 等于用 k 乘此行列式, 即

$$\begin{vmatrix} a_{11} & a_{12} & \cdots & a_{1n} \\ \vdots & \vdots & & \vdots \\ ka_{i1} & ka_{i2} & \cdots & ka_{in} \\ \vdots & \vdots & & \vdots \\ a_{n1} & a_{n2} & \cdots & a_{nn} \end{vmatrix} = k \begin{vmatrix} a_{11} & a_{12} & \cdots & a_{1n} \\ \vdots & \vdots & & \vdots \\ a_{i1} & a_{i2} & \cdots & a_{in} \\ \vdots & \vdots & & \vdots \\ a_{n1} & a_{n2} & \cdots & a_{nn} \end{vmatrix}$$

第 i 行(或列)乘以 k, 记作 $r_i \times k$ (或 $c_i \times k$).

例如
$$D = \begin{vmatrix} 1 & 2 & -4 \\ -2 & 2 & 1 \\ -3 & 4 & -2 \end{vmatrix} = -14$$

将 D 的第 1 行乘以 5(即 $r_1 \times 5$)

$$\begin{vmatrix} 5 & 10 & -20 \\ -2 & 2 & 1 \\ -3 & 4 & -2 \end{vmatrix} = 5D = -70$$

推论 行列式的某一行(列)中的所有元素的公因子可以提到行列式符号的外面.

第 i 行(或列)提出公因子 k, 记作 $r_i \div k$ (或 $c_i \div k$).

例如
$$\begin{vmatrix} 2 & 2 & 4 \\ 1 & 2 & 3 \\ 4 & 5 & 6 \end{vmatrix} \xlongequal{r_1 \div 2} 2 \begin{vmatrix} 1 & 1 & 2 \\ 1 & 2 & 3 \\ 4 & 5 & 6 \end{vmatrix}$$

性质 4 行列式如果有两行(列)元素成比例, 则此行列式等于零.

例如
$$\begin{vmatrix} 2 & 2 & 4 \\ 1 & 1 & 2 \\ 4 & 5 & 6 \end{vmatrix} = 2\begin{vmatrix} 1 & 1 & 2 \\ 1 & 1 & 2 \\ 4 & 5 & 6 \end{vmatrix} = 0$$

性质 5　行列式的某一列(行)的元素都是两数之和, 例如第 j 列的元素都是两数之和

$$D = \begin{vmatrix} a_{11} & a_{12} & \dots & (a_{1j} + a'_{1j}) & \dots & a_{1n} \\ a_{21} & a_{22} & \dots & (a_{2j} + a'_{2j}) & \dots & a_{2n} \\ \vdots & \vdots & & \vdots & & \vdots \\ a_{n1} & a_{n2} & \dots & (a_{nj} + a'_{nj}) & \dots & a_{nn} \end{vmatrix}$$

则

$$D = \begin{vmatrix} a_{11} & a_{12} & \dots & a_{1j} & \dots & a_{1n} \\ a_{21} & a_{22} & \dots & a_{2j} & \dots & a_{2n} \\ \vdots & \vdots & & \vdots & & \vdots \\ a_{n1} & a_{n2} & \dots & a_{nj} & \dots & a_{nn} \end{vmatrix} + \begin{vmatrix} a_{11} & a_{12} & \dots & a'_{1i} & \dots & a_{1n} \\ a_{21} & a_{22} & \dots & a'_{2j} & \dots & a_{2n} \\ \vdots & \vdots & & \vdots & & \vdots \\ a_{n1} & a_{n2} & \dots & a'_{nj} & \dots & a_{nn} \end{vmatrix}$$

行也有相同的性质. 例如

$$\begin{vmatrix} 2 & 2 & 4 \\ 1 & 1 & 2 \\ 4 & 5 & 6 \end{vmatrix} = \begin{vmatrix} 1+1 & 2 & 4 \\ 1+0 & 1 & 2 \\ 2+2 & 5 & 6 \end{vmatrix} = \begin{vmatrix} 1 & 2 & 4 \\ 1 & 1 & 2 \\ 2 & 5 & 6 \end{vmatrix} + \begin{vmatrix} 1 & 2 & 4 \\ 0 & 1 & 2 \\ 2 & 5 & 6 \end{vmatrix}$$

$$\begin{vmatrix} 2 & 2 & 4 \\ 1 & 1 & 2 \\ 4 & 5 & 6 \end{vmatrix} = \begin{vmatrix} 1+1 & 3-1 & 3+1 \\ 1 & 1 & 2 \\ 4 & 5 & 6 \end{vmatrix} = \begin{vmatrix} 1 & 3 & 3 \\ 1 & 1 & 2 \\ 4 & 5 & 6 \end{vmatrix} + \begin{vmatrix} 1 & -1 & 1 \\ 1 & 1 & 2 \\ 4 & 5 & 6 \end{vmatrix}$$

按照 n 阶行列式的定义式, 性质 5 不难证明. 由性质 5 可知, 若 n 阶行列式的每个元素都可表示为两数之和, 则它可分解成 2^n 个行列式之和. 例如

$$\begin{vmatrix} a+x & b+y \\ c+z & d+w \end{vmatrix} = \begin{vmatrix} a & b+y \\ c & d+w \end{vmatrix} + \begin{vmatrix} x & b+y \\ z & d+w \end{vmatrix} = \begin{vmatrix} a & b \\ c & d \end{vmatrix} + \begin{vmatrix} a & y \\ c & w \end{vmatrix} + \begin{vmatrix} x & b \\ z & d \end{vmatrix} + \begin{vmatrix} x & y \\ z & w \end{vmatrix}$$

性质 6　把行列式的某一列(行)的各元素乘以同一数然后加到另一列(行)对应的元素上去, 行列式不变(证明见 1.9 节).

例如, 将下面行列式的第 1 行各元素乘以 3 加到第 2 行对应元素上, 记为 $r_2 + 3r_1$, 行列式值不变.

$$\begin{vmatrix} 11 & 12 & 13 \\ 21 & 22 & 23 \\ 31 & 32 & 33 \end{vmatrix} \xlongequal{r_2 + 3r_1} \begin{vmatrix} 11 & 12 & 13 \\ 21+3\times11 & 22+3\times12 & 23+3\times13 \\ 31 & 32 & 33 \end{vmatrix}$$

一般地, 以数 k 乘第 j 列加到第 i 列上(记为 $c_i + kc_j$), 有

$$\begin{vmatrix} a_{11} & \dots & a_{1i} & \dots & a_{1j} & \dots & a_{1n} \\ a_{21} & \dots & a_{2i} & \dots & a_{2j} & \dots & a_{2n} \\ \vdots & & \vdots & & \vdots & & \vdots \\ a_{n1} & \dots & a_{ni} & \dots & a_{nj} & \dots & a_{nn} \end{vmatrix}$$

$$\xlongequal{c_i+kc_j}\begin{vmatrix} a_{11} & \cdots & (a_{1i}+ka_{1j}) & \cdots & a_{1j} & \cdots & a_{1n} \\ a_{21} & \cdots & (a_{2i}+ka_{2j}) & \cdots & a_{2j} & \cdots & a_{2n} \\ \vdots & & \vdots & & \vdots & & \vdots \\ a_{n1} & \cdots & (a_{ni}+ka_{nj}) & \cdots & a_{nj} & \cdots & a_{nn} \end{vmatrix} \quad (i \neq j)$$

以数 k 乘第 j 行加到第 i 行上，记为 $r_i + kr_j$.

1.5.2 行列式的计算

利用行列式的性质，可将高阶行列式化为三角行列式，进行计算.

例 1-8 计算

$$D=\begin{vmatrix} 2 & -5 & 3 & 1 \\ -1 & -4 & 2 & -3 \\ 0 & 1 & 1 & -5 \\ 1 & 3 & -1 & 3 \end{vmatrix}$$

解

$$D \xlongequal{r_1 \leftrightarrow r_4} -\begin{vmatrix} 1 & 3 & -1 & 3 \\ -1 & -4 & 2 & -3 \\ 0 & 1 & 1 & -5 \\ 2 & -5 & 3 & 1 \end{vmatrix} \xlongequal[r_4-2r_1]{r_2+r_1} -\begin{vmatrix} 1 & 3 & -1 & 3 \\ 0 & -1 & 1 & 0 \\ 0 & 1 & 1 & -5 \\ 0 & -11 & 5 & -5 \end{vmatrix}$$

$$\xlongequal[r_4-11r_2]{r_3+r_2} -\begin{vmatrix} 1 & 3 & -1 & 3 \\ 0 & -1 & 1 & 0 \\ 0 & 0 & 2 & -5 \\ 0 & 0 & -6 & -5 \end{vmatrix} \xlongequal{r_4+3r_3} -\begin{vmatrix} 1 & 3 & -1 & 3 \\ 0 & -1 & 1 & 0 \\ 0 & 0 & 2 & -5 \\ 0 & 0 & 0 & -20 \end{vmatrix} = -40$$

例 1-9 计算

$$D=\begin{vmatrix} 2 & 1 & 1 & 1 \\ 1 & 2 & 1 & 1 \\ 1 & 1 & 2 & 1 \\ 1 & 1 & 1 & 2 \end{vmatrix}$$

解 这个行列式的特点是各列 4 个数之和都是 5.

$$D \xlongequal{r_1+r_2+r_3+r_4} \begin{vmatrix} 5 & 5 & 5 & 5 \\ 1 & 2 & 1 & 1 \\ 1 & 1 & 2 & 1 \\ 1 & 1 & 1 & 2 \end{vmatrix} \xlongequal{r_1 \div 5} 5\begin{vmatrix} 1 & 1 & 1 & 1 \\ 1 & 2 & 1 & 1 \\ 1 & 1 & 2 & 1 \\ 1 & 1 & 1 & 2 \end{vmatrix}$$

$$\xlongequal[\substack{r_3-r_1 \\ r_4-r_1}]{r_2-r_1} 5\begin{vmatrix} 1 & 1 & 1 & 1 \\ 0 & 1 & 0 & 0 \\ 0 & 0 & 1 & 0 \\ 0 & 0 & 0 & 1 \end{vmatrix} = 5$$

例 1-10　计算

$$D=\begin{vmatrix} a & b & c & d \\ a & a+b & a+b+c & a+b+c+d \\ a & 2a+b & 3a+2b+c & 4a+3b+2c+d \\ a & 3a+b & 6a+3b+c & 10a+6b+3c+d \end{vmatrix}$$

解　从第 4 行开始, 后行减前行

$$D \xlongequal[r_2-r_1]{\substack{r_4-r_3\\ r_3-r_2}} \begin{vmatrix} a & b & c & d \\ 0 & a & a+b & a+b+c \\ 0 & a & 2a+b & 3a+2b+c \\ 0 & a & 3a+b & 6a+3b+c \end{vmatrix}$$

$$\xlongequal[r_3-r_2]{r_4-r_3} \begin{vmatrix} a & b & c & d \\ 0 & a & a+b & a+b+c \\ 0 & 0 & a & 2a+b \\ 0 & 0 & a & 3a+b \end{vmatrix}$$

$$\xlongequal{r_4-r_3} \begin{vmatrix} a & b & c & d \\ 0 & a & a+b & a+b+c \\ 0 & 0 & a & 2a+b \\ 0 & 0 & 0 & a \end{vmatrix} = a^4$$

以上三个例子中, 行列式的阶数都是确定的, 即都是 4 阶. 但细分起来, 它们代表了三种不同的类型:

例 1-8 是一个一般的四阶行列式, 它没有明显的特征, 计算这类行列式可以经过若干次等值变换(例如, 将某行的 k 倍加到另一行上)将其化为上(下)三角行列式;

例 1-9 中, 行列式各列的元素之和都等于 5, 在计算过程中利用了行列式的这一特点, 使计算过程比较简单;

例 1-10 是一个含字母的行列式, 在计算这类行列式时, 只需将字母当成待定常数处理即可. 但要注意, 有除法运算时, 要保证分母不能为零.

但对于一般意义的 n 阶行列式, 计算起来, 就比较复杂.

例 1-11*　证明:

$$D=\begin{vmatrix} a_{11} & \cdots & a_{1k} & 0 & \cdots & 0 \\ \vdots & & \vdots & \vdots & & \vdots \\ a_{k1} & \cdots & a_{kk} & 0 & \cdots & 0 \\ c_{11} & \cdots & c_{1k} & b_{11} & \cdots & b_{1n} \\ \vdots & & \vdots & \vdots & & \vdots \\ c_{n1} & \cdots & c_{nk} & b_{n1} & \cdots & b_{nn} \end{vmatrix} = \begin{vmatrix} a_{11} & \cdots & a_{1k} \\ \vdots & & \vdots \\ a_{k1} & \cdots & a_{kk} \end{vmatrix} \begin{vmatrix} b_{11} & \cdots & b_{1n} \\ \vdots & & \vdots \\ b_{n1} & \cdots & b_{nn} \end{vmatrix}$$

证明　先对左边行列式的前 k 行作运算 $r_i+\lambda r_j$, 可化为如下形式

$$D=\begin{vmatrix} p_{11} & \cdots & 0 & 0 & \cdots & 0 \\ \vdots & \ddots & \vdots & \vdots & & \vdots \\ p_{k1} & \cdots & p_{kk} & 0 & \cdots & 0 \\ c_{11} & \cdots & c_{1k} & b_{11} & \cdots & b_{1n} \\ \vdots & & \vdots & \vdots & \ddots & \vdots \\ c_{n1} & \cdots & c_{nk} & b_{n1} & \cdots & b_{nn} \end{vmatrix} (\triangleq D_1)$$

显然

$$\begin{vmatrix} p_{11} & \cdots & 0 \\ \vdots & & \vdots \\ p_{k1} & \cdots & p_{kk} \end{vmatrix} = p_{11}\cdots p_{kk} = \begin{vmatrix} a_{11} & \cdots & a_{1k} \\ \vdots & & \vdots \\ a_{k1} & \cdots & a_{kk} \end{vmatrix}$$

再对 D_1 的后 n 列作运算 $c_i+\lambda c_j$，将其化为下三角行列式

$$D_1=\begin{vmatrix} p_{11} & \cdots & 0 & 0 & \cdots & 0 \\ \vdots & \ddots & \vdots & \vdots & & \vdots \\ p_{k1} & \cdots & p_{kk} & 0 & \cdots & 0 \\ c_{11} & \cdots & c_{1k} & q_{11} & \cdots & 0 \\ \vdots & & \vdots & \vdots & \ddots & \vdots \\ c_{n1} & \cdots & c_{nk} & b_{n1} & \cdots & q_{nn} \end{vmatrix} = (p_{11}\cdots p_{kk})(q_{11}\cdots q_{nn})$$

显然

$$\begin{vmatrix} q_{11} & \cdots & 0 \\ \vdots & & \vdots \\ q_{n1} & \cdots & q_{nn} \end{vmatrix} = q_{11}\cdots q_{nn} = \begin{vmatrix} b_{11} & \cdots & b_{1n} \\ \vdots & & \vdots \\ b_{n1} & \cdots & b_{nn} \end{vmatrix}$$

于是

$$D=\begin{vmatrix} a_{11} & \cdots & a_{1k} \\ \vdots & & \vdots \\ a_{k1} & \cdots & a_{kk} \end{vmatrix} \begin{vmatrix} b_{11} & \cdots & b_{1n} \\ \vdots & & \vdots \\ b_{n1} & \cdots & b_{nn} \end{vmatrix}$$

例 1-11 虽然是一般意义的 n 阶行列式，但在其证明过程相对简单，只利用了行列式的一些性质. 计算这类行列式往往还会用到后面将要讲到的行列式展开知识以及数学归纳法等内容，建议初学者暂时不做过高要求，有兴趣的读者可以参考相关书籍，本书中也会做一定的介绍.

导 读 与 提 示

本节内容:

1. 行列式的性质;
2. 计算行列式的一种一般方法: 化为上(下)三角行列式进行计算.

本节要求:

1. 熟练掌握行列式的性质;
2. 熟练掌握化为上(下)三角行列式进行行列式计算的方法.

和对角线法则不同,本节介绍的通过化为上(下)三角行列式来计算行列式的方法是一种通用的方法,可以用来计算任何行列式,要熟练掌握.

1.6节将要介绍的“降阶法”,是计算行列式的另一种通用的方法.

习 题 1.5

1. 计算下列行列式

(1) $\begin{vmatrix} -3 & 1 & 4 & -2 \\ 1 & 0 & -1 & 0 \\ 2 & 1 & 0 & -3 \\ 0 & -2 & 1 & 1 \end{vmatrix}$; (2) $\begin{vmatrix} 1 & 2 & 3 & 4 \\ 2 & 3 & 4 & 1 \\ 3 & 4 & 1 & 2 \\ 4 & 1 & 2 & 3 \end{vmatrix}$;

(3) $\begin{vmatrix} -ab & ac & ae \\ bd & -cd & de \\ bf & cf & -ef \end{vmatrix}$; (4) $\begin{vmatrix} 1 & a & 0 & 0 \\ -1 & 1-a & b & 0 \\ 0 & -1 & 1-b & c \\ 0 & 0 & -1 & 1-c \end{vmatrix}$.

2. 证明

(1) $\begin{vmatrix} 1 & 1 & 1 \\ a & b & c \\ a^3 & b^3 & c^3 \end{vmatrix} = (c-a)(c-b)(b-a)(a+b+c)$;

(2) $\begin{vmatrix} ax+by & ay+bz & az+bx \\ ay+bz & az+bx & ax+by \\ az+bx & ax+by & ay+bz \end{vmatrix} = (a^2+b^2)\begin{vmatrix} x & y & z \\ y & z & x \\ z & x & y \end{vmatrix}$;

(3) $\begin{vmatrix} 1 & -1 & 1 & x-1 \\ 1 & -1 & x+1 & -1 \\ 1 & x-1 & 1 & -1 \\ x+1 & -1 & 1 & -1 \end{vmatrix} = x^4$;

(4) $\begin{vmatrix} a^2+\dfrac{1}{a^2} & b^2+\dfrac{1}{b^2} & c^2+\dfrac{1}{c^2} & d^2+\dfrac{1}{d^2} \\ a & b & c & d \\ \dfrac{1}{a} & \dfrac{1}{b} & \dfrac{1}{c} & \dfrac{1}{d} \\ 1 & 1 & 1 & 1 \end{vmatrix} = 0\ (abcd=1)$.

1.6 行列式按行(列)展开

1.6.1 行列式按行(列)展开定理

定义 在n阶行列式

$$D=\begin{vmatrix} a_{11} & a_{12} & \dots & a_{1n} \\ a_{21} & a_{22} & \dots & a_{2n} \\ \vdots & \vdots & & \vdots \\ a_{n1} & a_{n2} & \dots & a_{nn} \end{vmatrix}$$

中, 将元素 a_{ij} 所在的第 i 行和第 j 列划去后, 留下来的 $n-1$ 阶行列式叫作元素 a_{ij} 的余子式, 记作 M_{ij} . 称 $A_{ij}=(-1)^{i+j}M_{ij}$ 为元素 a_{ij} 的代数余子式.

例如, 在四阶行列式

$$D=\begin{vmatrix} 2 & 1 & 4 & 1 \\ 3 & -1 & 2 & 1 \\ 1 & 2 & 3 & 2 \\ 5 & 0 & 6 & 2 \end{vmatrix}$$

中, $a_{23}=2$, 其余子式和代数余子式分别为

$$M_{23}=\begin{vmatrix} 2 & 1 & 1 \\ 1 & 2 & 2 \\ 5 & 0 & 2 \end{vmatrix}=6,\ A_{23}=(-1)^{2+3}M_{23}=-6$$

定理 1-3 行列式等于它的任一行(列)的各元素与其对应的代数余子式乘积之和, 即

$$D=a_{i1}A_{i1}+a_{i2}A_{i2}+\cdots+a_{in}A_{in}\quad (i=1,2,\cdots,n)$$

或

$$D=a_{1j}A_{1j}+a_{2j}A_{2j}+\cdots+a_{nj}A_{nj}\quad (j=1,2,\cdots,n)$$

定理 1-3(证明见 1.9 节)称为行列式按行(列)展开法则. 利用此定理, 可以将 n 阶行列式展开成 n 个 $n-1$ 阶行列式的代数和形式. 例如, 行列式

$$D=\begin{vmatrix} 2 & 1 & 0 & 1 \\ 3 & -1 & 2 & 1 \\ 1 & 2 & 0 & 2 \\ 5 & 0 & 0 & 2 \end{vmatrix}$$

按第 2 行展开为

$$D=3\times(-1)^{2+1}\begin{vmatrix} 1 & 0 & 1 \\ 2 & 0 & 2 \\ 0 & 0 & 2 \end{vmatrix}+(-1)\times(-1)^{2+2}\begin{vmatrix} 2 & 0 & 1 \\ 1 & 0 & 2 \\ 5 & 0 & 2 \end{vmatrix}$$

$$+2\times(-1)^{2+3}\begin{vmatrix} 2 & 1 & 1 \\ 1 & 2 & 2 \\ 5 & 0 & 2 \end{vmatrix}+1\times(-1)^{2+4}\begin{vmatrix} 2 & 1 & 0 \\ 1 & 2 & 0 \\ 5 & 0 & 0 \end{vmatrix}$$

按第 3 列展开为

$$D=0\times(-1)^{1+3}\begin{vmatrix} 3 & -1 & 1 \\ 1 & 2 & 2 \\ 5 & 0 & 2 \end{vmatrix}+2\times(-1)^{2+3}\begin{vmatrix} 2 & 1 & 1 \\ 1 & 2 & 2 \\ 5 & 0 & 2 \end{vmatrix}$$

$$+0\times(-1)^{3+3}\begin{vmatrix}2 & 1 & 1\\3 & -1 & 1\\5 & 0 & 2\end{vmatrix}+0\times(-1)^{4+3}\begin{vmatrix}2 & 1 & 1\\3 & -1 & 1\\1 & 2 & 2\end{vmatrix}$$

$$=-2\begin{vmatrix}2 & 1 & 1\\1 & 2 & 2\\5 & 0 & 2\end{vmatrix}$$

在第 3 列中, 只有 $a_{23}=2$ 不为 0. 四阶行列式化为 2 与其代数余子式(三阶行列式)之积, 即计算四阶行列式的问题转化为一个计算三阶行列式的问题.

由定理 1-3, 可得下述推论(证明见 1.9 节).

推论　行列式的某一行(列)的各元素与另一行(列)的对应元素的代数余子式乘积之和等于 0, 即

$$a_{i1}A_{j1}+a_{i2}A_{j2}+\cdots+a_{in}A_{jn}=0\quad i\neq j$$

或

$$a_{1i}A_{1j}+a_{2i}A_{2j}+\cdots+a_{ni}A_{nj}=0\quad i\neq j$$

例如, 行列式

$$\begin{vmatrix}2 & 2 & 4\\1 & 2 & 3\\4 & 5 & 6\end{vmatrix}$$

中, 第 2 行的三个元素 1, 2, 3 分别乘以第 3 行的三个元素 4, 5, 6 的代数余子式之积之和等于 0.

$$1\times(-1)^{3+1}\begin{vmatrix}2 & 4\\2 & 3\end{vmatrix}+2\times(-1)^{3+2}\begin{vmatrix}2 & 4\\1 & 3\end{vmatrix}+3\times(-1)^{3+3}\begin{vmatrix}2 & 2\\1 & 2\end{vmatrix}=0$$

综合定理 1-3 及其推论, 有

$$a_{i1}A_{j1}+a_{i2}A_{j2}+\cdots+a_{in}A_{jn}=\begin{cases}D & i=j\\0 & i\neq j\end{cases}$$

$$a_{1i}A_{1j}+a_{2i}A_{2j}+\cdots+a_{ni}A_{nj}=\begin{cases}D & i=j\\0 & i\neq j\end{cases}$$

1.6.2　行列式的计算

利用行列式的性质, 可将行列式的非零行(列)等值变换为只含一个非零元素. 而从 1.6.1 节可以看出, 如果一个 n 阶行列式的某一行(列)只有一个元素非 0, 则按此行(列)的展开式中只含一个 $n-1$ 阶行列式, 从而, 把一个高阶行列式化为一个较低阶的行列式. 此法则可以用来计算高阶行列式.

下面利用此法则重新计算例 1-8.

$$D=\begin{vmatrix}2 & -5 & 3 & 1\\-1 & -4 & 2 & -3\\0 & 1 & 1 & -5\\1 & 3 & -1 & 3\end{vmatrix}$$

解 $$D \xlongequal[c_4+5c_3]{c_2-c_3} \begin{vmatrix} 2 & -8 & 3 & 16 \\ -1 & -6 & 2 & 7 \\ 0 & 0 & 1 & 0 \\ 1 & 4 & -1 & -2 \end{vmatrix} = (-1)^{3+3} \begin{vmatrix} 2 & -8 & 16 \\ -1 & -6 & 7 \\ 1 & 4 & -2 \end{vmatrix} \xlongequal[r_2+r_3]{r_1+2r_2} \begin{vmatrix} 0 & -20 & 30 \\ 0 & -2 & 5 \\ 1 & 4 & -2 \end{vmatrix}$$

$$= (-1)^{3+1} \begin{vmatrix} -20 & 30 \\ -2 & 5 \end{vmatrix} = -40$$

这种计算行列式的方法, 称为“降阶法”. 这也是计算行列式的常用方法. 再如下例.

例 1-12 计算行列式

$$D = \begin{vmatrix} a_2 & 0 & 0 & b_2 \\ 0 & a_1 & b_1 & 0 \\ 0 & c_1 & d_1 & 0 \\ c_2 & 0 & 0 & d_2 \end{vmatrix}$$

解 按第一列展开得

$$D = a_2 \times (-1)^{1+1} \begin{vmatrix} a_1 & b_1 & 0 \\ c_1 & d_1 & 0 \\ 0 & 0 & d_2 \end{vmatrix} + c_2 \times (-1)^{4+1} \begin{vmatrix} 0 & 0 & b_2 \\ a_1 & b_1 & 0 \\ c_1 & d_1 & 0 \end{vmatrix}$$

$$= a_2 d_2 \times (-1)^{3+3} \begin{vmatrix} a_1 & b_1 \\ c_1 & d_1 \end{vmatrix} - c_2 b_2 \times (-1)^{1+3} \begin{vmatrix} a_1 & b_1 \\ c_1 & d_1 \end{vmatrix}$$

$$= a_2 d_2 (a_1 d_1 - b_1 c_1) - b_2 c_2 (a_1 d_1 - b_1 c_1)$$

$$= (a_1 d_1 - b_1 c_1)(a_2 d_2 - b_2 c_2)$$

例 1-13 利用数学归纳法, 可证明**范德蒙(Vandermonde)行列式**

$$D = \begin{vmatrix} 1 & 1 & \cdots & 1 \\ x_1 & x_2 & \cdots & x_n \\ x_1^2 & x_2^2 & \cdots & x_n^2 \\ \vdots & \vdots & & \vdots \\ x_1^{n-1} & x_2^{n-1} & \cdots & x_n^{n-1} \end{vmatrix} = \prod_{1 \leqslant i < j \leqslant n} (x_j - x_i)$$

其中“$\prod$”表示全体同类因子的乘积. 这里

$$\begin{aligned} \prod_{1 \leqslant i < j \leqslant n} (x_j - x_i) = & (x_n - x_{n-1})(x_n - x_{n-2}) \cdots (x_n - x_2)(x_n - x_1) \cdot \\ & (x_{n-1} - x_{n-2})(x_{n-1} - x_{n-3}) \cdots (x_{n-1} - x_1) \cdot \\ & \cdots\cdots\cdots\cdots \\ & (x_3 - x_2)(x_3 - x_1) \cdot \\ & (x_2 - x_1) \end{aligned}$$

证明 对 n 作数学归纳法.

当 $n = 2$ 时, $D_2 = \begin{vmatrix} 1 & 1 \\ x_1 & x_2 \end{vmatrix} = x_2 - x_1$, 结论成立.

假设对于 $n-1$ 阶范德蒙行列式结论成立, 现在来看 n 阶的情形. 在 n 阶范德蒙行列式中, 从第 n 行起至第 2 行止, 自下而上依次地从每一行减去它上一行的 x_1 倍, 有

$$D=\begin{vmatrix} 1 & 1 & 1 & \cdots & 1 \\ 0 & x_2-x_1 & x_3-x_1 & \cdots & x_n-x_1 \\ 0 & x_2^2-x_1x_2 & x_3^2-x_1x_3 & \cdots & x_n^2-x_1x_n \\ \vdots & \vdots & \vdots & & \vdots \\ 0 & x_2^{n-1}-x_1x_2^{n-2} & x_3^{n-1}-x_1x_3^{n-2} & \cdots & x_n^{n-1}-x_1x_n^{n-2} \end{vmatrix}$$

按第 1 列展开, 并把列的公因子 x_i-x_1 提出, 得

$$D=(x_2-x_1)(x_3-x_1)\cdots(x_n-x_1)\begin{vmatrix} 1 & 1 & \cdots & 1 \\ x_2 & x_3 & \cdots & x_n \\ x_2^2 & x_3^2 & \cdots & x_n^2 \\ \vdots & \vdots & & \vdots \\ x_2^{n-2} & x_3^{n-2} & \cdots & x_n^{n-2} \end{vmatrix}$$

上式右端行列式是 $n-1$ 阶范德蒙行列式, 按归纳法假设, 它等于 $\prod\limits_{2\leqslant i<j\leqslant n}(x_j-x_i)$, 故

$$\begin{aligned} D&=(x_2-x_1)(x_3-x_1)\cdots(x_n-x_1)\prod_{2\leqslant i<j\leqslant n}(x_j-x_i) \\ &=\prod_{1\leqslant i<j\leqslant n}(x_j-x_i) \end{aligned}$$

证毕.

例如, 范德蒙行列式

$$\begin{vmatrix} 1 & 1 & 1 \\ a & b & c \\ a^2 & b^2 & c^2 \end{vmatrix}=(c-b)(c-a)\ (b-a)$$

$$\begin{vmatrix} 1 & 1 & 1 & 1 \\ a & b & c & d \\ a^2 & b^2 & c^2 & d^2 \\ a^3 & b^3 & c^3 & d^3 \end{vmatrix}=(d-a)(d-b)(d-c)\ (c-a)(c-b)(b-a)$$

显然

范德蒙行列式等于零 $\Leftrightarrow$ $x_1, x_2, \cdots, x_n$ 中至少有两个数相等.

例 1-13 即属于 1.5 节提到的一般意义的 n 阶行列式, 可以看出, 计算过程还是比较复杂的! 不但充分利用了行列式本身的特点, 甚至还要进行归纳、推理.

范德蒙行列式在其他课程(比如, 数值计算)中将会用到(参阅习题 1.7 第 2 题). 建议读者记住范德蒙行列式的定义和计算公式.

导读与提示

本节内容:

1. 行列式的展开定理及其推论;

2. 计算行列式的另一种方法——“降阶法”;

3. 范德蒙行列式的计算公式.

本节要求:

1. 理解行列式的展开定理及其推论;

2. 熟练掌握“降阶法”, 会利用此方法计算行列式;

3. 会运用范德蒙行列式的计算公式.

至此, 我们已经学习了计算行列式的基本方法, 为方便掌握, 现总结如下:

一般行列式的计算:

1. 二、三阶: 对角线法则.

2. $n(\geqslant 4)$ 阶行列式:

(1) 利用行列式的性质, 化为上(下)三角行列式进行计算;

(2) 按某行(列)展开, 进行降阶;

(3) 将上面两种方法综合应用.

还经常会遇到非确定的 n 阶行列式的计算(可参考本书 1.8 节例题), 一般需要一定的技巧, 计算量也较大, 对初学者不宜做过高要求.

习 题 1.6

1. 利用降阶法计算下列行列式:

(1) $\begin{vmatrix} 4 & 1 & 2 & 4 \\ 1 & 2 & 0 & 2 \\ 10 & 5 & 2 & 0 \\ 0 & 1 & 1 & 7 \end{vmatrix}$; (2) $\begin{vmatrix} 2 & 1 & 4 & 1 \\ 3 & -1 & 2 & 1 \\ 1 & 2 & 3 & 2 \\ 5 & 0 & 6 & 2 \end{vmatrix}$;

(3) $\begin{vmatrix} e & a & a^2 & a^3 \\ e & b & b^2 & b^3 \\ e & c & c^2 & c^3 \\ e & d & d^2 & d^3 \end{vmatrix}$; (4) $\begin{vmatrix} a & 1 & 0 & 0 \\ -1 & b & 1 & 0 \\ 0 & -1 & c & 1 \\ 0 & 0 & -1 & d \end{vmatrix}$;

(5) $\begin{vmatrix} 1 & a & 0 & 0 \\ 0 & 1 & a & 0 \\ 0 & 0 & 1 & a \\ a & 0 & 0 & 1 \end{vmatrix}$.

2. 设 $D=\begin{vmatrix} 1 & 2 & 3 & 4 \\ 5 & 5 & 5 & 3 \\ 3 & 2 & 5 & 2 \\ 2 & 1 & 2 & 1 \end{vmatrix}$, 求 $A_{31}+A_{32}+A_{33}+A_{34}$ 及 $A_{21}+3A_{22}-2A_{23}+A_{24}$.

3. 证明行列式 $\begin{vmatrix} a^3 & b^3 & c^3 & d^3 \\ a^2 & b^2 & c^2 & d^2 \\ a & b & c & d \\ b+c+d & a+c+d & a+b+d & a+b+c \end{vmatrix}$

$=(a+b+c+d)\ (d-a)(d-b)(d-c)\ (c-a)(c-b)(b-a)$.

4. 已知 $\begin{vmatrix} \lambda-1 & -1 & -1 \\ -1 & \lambda-3 & -1 \\ -1 & -1 & \lambda-1 \end{vmatrix}=0$, 求 λ.

5. 求方程 $f(x)=\begin{vmatrix} x-2 & x-1 & x-2 & x-3 \\ 2x-2 & 2x-1 & 2x-2 & 2x-3 \\ 3x-3 & 3x-2 & 4x-5 & 3x-5 \\ 4x & 4x-3 & 5x-7 & 4x-3 \end{vmatrix}=0$ 的解.

6*. 计算 $D_n=\begin{vmatrix} 1 & a & a & \cdots & a \\ a & 1 & a & \cdots & a \\ a & a & 1 & \cdots & a \\ \vdots & \vdots & \vdots & & \vdots \\ a & a & a & \cdots & 1 \end{vmatrix}$.

7*. 计算 $D_n=\begin{vmatrix} a_1 & 1 & 1 & \cdots & 1 \\ 1 & a_2 & 0 & \cdots & 0 \\ 1 & 0 & a_3 & \cdots & 0 \\ \vdots & \vdots & \vdots & & \vdots \\ 1 & 0 & 0 & \cdots & a_n \end{vmatrix}$.

1.7 克拉默法则

学过 n 阶行列式的知识后, 就可以像二、三元线性方程组那样, 用行列式表示具有 n 个未知数 x_1, x_2, $\cdots$, x_n 的 n 个线性方程的方程组

$$\begin{cases} a_{11}x_1+a_{12}x_2+\cdots+a_{1n}x_n=b_1 \\ a_{21}x_1+a_{22}x_2+\cdots+a_{2n}x_n=b_2 \\ \cdots\cdots\cdots\cdots \\ a_{n1}x_1+a_{n2}x_2+\cdots+a_{nn}x_n=b_n \end{cases} \tag{1-15}$$

的解. 即

定理 1-4 (克拉默法则) 如果线性方程组(1-15)的系数行列式 $D\neq 0$, 则方程组(1-15)有唯一解

$$x_1=\frac{D_1}{D},\ x_2=\frac{D_2}{D},\ \cdots,\ x_n=\frac{D_n}{D} \tag{1-16}$$

式中, $D_j\,(j=1,2,\cdots,n)$ 是把系数行列式 D 中第 j 列元素用方程组右端的常数项代替后得到得

n阶行列式, 即

$$D_j=\begin{vmatrix} a_{11} & \cdots & a_{1,j-1} & b_1 & a_{1,j+1} & \cdots & a_{1n} \\ \vdots & & \vdots & \vdots & \vdots & & \vdots \\ a_{n1} & \cdots & a_{n,j-1} & b_n & a_{n,j+1} & \cdots & a_{nn} \end{vmatrix}$$

(证明见 1.9 节)

例 1-14 解线性方程组

$$\begin{cases} x_1+x_2+x_3+x_4=5 \\ x_1+2x_2-x_3+4x_4=-2 \\ 2x_1-3x_2-x_3-5x_4=-2 \\ 3x_1+x_2+2x_3+11x_4=0 \end{cases}$$

解

$$D=\begin{vmatrix} 1 & 1 & 1 & 1 \\ 1 & 2 & -1 & 4 \\ 2 & -3 & -1 & -5 \\ 3 & 1 & 2 & 11 \end{vmatrix} \xlongequal[\substack{r_3-2r_1 \\ r_4-3r_1}]{r_2-r_1} \begin{vmatrix} 1 & 1 & 1 & 1 \\ 0 & 1 & -2 & 3 \\ 0 & -5 & -3 & -7 \\ 0 & -2 & -1 & 8 \end{vmatrix} = \begin{vmatrix} 1 & -2 & 3 \\ -5 & -3 & -7 \\ -2 & -1 & 8 \end{vmatrix}$$

$$\xlongequal[r_3+2r_1]{r_2+5r_1} \begin{vmatrix} 1 & -2 & 3 \\ 0 & -13 & 8 \\ 0 & -5 & 14 \end{vmatrix} = \begin{vmatrix} -13 & 8 \\ -5 & 14 \end{vmatrix} = -142$$

$$D_1=\begin{vmatrix} 5 & 1 & 1 & 1 \\ -2 & 2 & -1 & 4 \\ -2 & -3 & -1 & -5 \\ 0 & 1 & 2 & 11 \end{vmatrix}=-142,\ D_2=\begin{vmatrix} 1 & 5 & 1 & 1 \\ 1 & -2 & -1 & 4 \\ 2 & -2 & -1 & -5 \\ 3 & 0 & 2 & 11 \end{vmatrix}=-284$$

$$D_3=\begin{vmatrix} 1 & 1 & 5 & 1 \\ 1 & 2 & -2 & 4 \\ 2 & -3 & -2 & -5 \\ 3 & 1 & 0 & 11 \end{vmatrix}=-426,\ D_4=\begin{vmatrix} 1 & 1 & 1 & 5 \\ 1 & 2 & -1 & -2 \\ 2 & -3 & -1 & -2 \\ 3 & 1 & 2 & 0 \end{vmatrix}=142$$

于是, 得 $x_1=\dfrac{D_1}{D}=1,\ x_2=\dfrac{D_2}{D}=2,\ x_3=\dfrac{D_3}{D}=3,\ x_4=\dfrac{D_4}{D}=-1$.

撇开求解式(1-16), 克拉默法则可叙述为下面的定理:

定理 1-5 如果线性方程组(1-15)的系数行列式 $D\neq 0$, 则一定有解, 且解是唯一的.

定理 1-5 的逆否命题为:

定理 1-6 如果线性方程组(1-15)无解或有两个不同的解, 则它的系数行列式 $D=0$.

线性方程组(1-15)右端的常数项 $b_1, b_2, \cdots, b_n$ 不全为 0 时, 叫作非齐次线性方程组. 当 $b_1, b_2, \cdots, b_n$ 全为 0 时, 线性方程组(1-15)变为

$$\begin{cases} a_{11}x_1 + a_{12}x_2 + \cdots + a_{1n}x_n = 0 \\ a_{12}x_1 + a_{21}x_2 + \cdots + a_{2n}x_n = 0 \\ \cdots\cdots\cdots\cdots \\ a_{n1}x_1 + a_{n2}x_2 + \cdots + a_{nn}x_n = 0 \end{cases} \tag{1-17}$$

叫作齐次线性方程组. $x_1 = x_2 = \cdots = x_n = 0$ 一定是它的解, 这个解叫作齐次线性方程组(1-17)的零解. 如果一组不全为 0 的数是(1-17)的解, 则它叫作齐次线性方程组(1-17)的非零解. 齐次线性方程组(1-17)一定有零解, 但不一定有非零解.

把定理 1-6 应用于齐次线性方程组(1-17), 可得:

定理 1-7　如果齐次线性方程组(1-17)的系数行列式 $D \neq 0$, 则它无非零解.

定理 1-7 的逆否命题为:

定理 1-8　如果线性方程组(1-17)有非零解, 则它的系数行列式 $D = 0$.

定理 1-8 说明 $D = 0$ 是齐次线性方程组有非零解的必要条件. 在第 3 章还将看到: 这个条件还是充分的.

克拉默法则给出了判断方程个数与未知数个数相等的线性方程组存在唯一解的充要条件, 具有重要的理论价值. 但其计算量随着未知数个数 n 的增大而急剧增大! 实际计算时, 即便是利用计算机进行数值计算, 一般也不采用此法求解线性方程组.

例 1-15　k 取何值时, 齐次线性方程组

$$\begin{cases} 2x - y + z = 0 \\ x + ky - z = 0 \\ kx + y + z = 0 \end{cases}$$

有非零解?

解　齐次线性方程组有非零解的充要条件是其系数行列式 $D = 0$, 而

$$D = \begin{vmatrix} 2 & -1 & 1 \\ 1 & k & -1 \\ k & 1 & 1 \end{vmatrix} = k^2 - 3k - 4 = (k-4)(k+1)$$

可知, 当 $k = 4$ 或 $k = -1$ 时, 此方程组有非零解.

导 读 与 提 示

本节内容:

克拉默法则.

本节要求:

1. 理解克拉默法则的含义;

2. 熟练应用克拉默法则.

克拉默法则指出:

(1) 对于未知数个数与方程个数相等的线性方程组(1-15), 它有唯一解 $\Leftrightarrow$ 其系数行列式 $D \neq 0$; 且其解可以用行列式很简单地表示出来.

(2) 对于未知数个数与方程个数相等的齐次线性方程组(1-17), 它有非零解 $\Leftrightarrow$ 其系数行列式 $D=0$.

但是, 有关线性方程组解的问题远没有解决. 例如, 有下列遗留问题:

(1) 1.7 节中方程组(1-15)的系数行列式 $D=0$ 时其解如何?

(2) 更一般的线性方程组

$$\begin{cases} a_{11}x_1+a_{12}x_2+\cdots+a_{1n}x_n=b_1 \\ a_{21}x_1+a_{22}x_2+\cdots+a_{2n}x_n=b_2 \\ \cdots\cdots\cdots\cdots \\ a_{m1}x_1+a_{m2}x_2+\cdots+a_{mn}x_n=b_m \end{cases}$$

($m\neq n$)的解的情况如何? 如何求之?

这需要学习下章有关矩阵的理论.

习　题　1.7

1. 用克拉默法则解下列方程组:

(1) $\begin{cases} 2x_1+3x_2+11x_3+5x_4=6, \\ x_1+x_2+5x_3+2x_4=2, \\ 2x_1+x_2+3x_3+4x_4=2, \\ x_1+x_2+3x_3+4x_4=2; \end{cases}$　　(2) $\begin{cases} x+y+z+w=3, \\ x+2y+4z+8w=4, \\ x+3y+9z+27w=3, \\ x+4y+16z+64w=-3; \end{cases}$

(3) $\begin{cases} 2x_1+3x_2=1, \\ x_1+2x_2+3x_3=0, \\ x_2+2x_3+3x_4=0, \\ x_3+2x_4=1. \end{cases}$

2. 证明: 有且只有一个次数不超过 3 次的多项式 $P_3(x)=a_0+a_1x+a_2x^2+a_3x^3$ 满足: $P_3(x_i)=y_i(i=0,1,2,3)$.

3. 问 λ 取何值时, 齐次线性方程组

$$\begin{cases} \lambda x_1+x_2-4x_3=0 \\ x_1+(\lambda-3)x_2+x_3=0 \\ -4x_1+x_2+\lambda x_3=0 \end{cases}$$

有非零解?

4. 问 λ,μ 取何值时, 齐次线性方程组

$$\begin{cases} \lambda x_1+2x_3=0 \\ 3x_1+x_2+\mu x_3=0 \\ x_1+x_3=0 \end{cases}$$

有非零解?

1.8* 一般 n 阶行列式计算介绍

从第 1.5 和第 1.6 节可以看出, 对于一般 n 阶行列式的计算, 往往比较复杂. 这类题通常要结合所给行列式的特点, 综合利用三角行列式的计算公式、行列式降阶、数学归纳法等方法进行计算. 对于初学者来说, 不做过高要求. 这里, 举几个例子, 开拓一下读者视野. 有较高要求的读者, 可进一步参考其他相关书籍.

例 1-16 计算

$$D_{n+1}=\begin{vmatrix} x & a_1 & a_2 & a_3 & \cdots & a_n \\ a_1 & x & a_2 & a_3 & \cdots & a_n \\ a_1 & a_2 & x & a_3 & \cdots & a_n \\ \vdots & \vdots & \vdots & \vdots & & \vdots \\ a_1 & a_2 & a_3 & a_4 & \cdots & x \end{vmatrix}$$

解 此行列式各行元素之和相等, 因此

$$D_{n+1}=\begin{vmatrix} x+\sum_{i=1}^{n}a_i & a_1 & a_2 & a_3 & \cdots & a_n \\ x+\sum_{i=1}^{n}a_i & x & a_2 & a_3 & \cdots & a_n \\ x+\sum_{i=1}^{n}a_i & a_2 & x & a_3 & \cdots & a_n \\ \vdots & \vdots & \vdots & \vdots & & \vdots \\ x+\sum_{i=1}^{n}a_i & a_2 & a_3 & a_4 & \cdots & x \end{vmatrix}=(x+\sum_{i=1}^{n}a_i)\begin{vmatrix} 1 & a_1 & a_2 & a_3 & \cdots & a_n \\ 1 & x & a_2 & a_3 & \cdots & a_n \\ 1 & a_2 & x & a_3 & \cdots & a_n \\ \vdots & \vdots & \vdots & \vdots & & \vdots \\ 1 & a_2 & a_3 & a_4 & \cdots & x \end{vmatrix}$$

$$\xlongequal[1<i\leqslant n]{c_i-a_{i-1}c_1}(x+\sum_{i=1}^{n}a_i)\begin{vmatrix} 1 & 0 & 0 & 0 & \cdots & 0 \\ 1 & x-a_1 & 0 & 0 & \cdots & 0 \\ 1 & a_2-a_1 & x-a_2 & 0 & \cdots & 0 \\ \vdots & \vdots & \vdots & \vdots & & \vdots \\ 1 & a_2-a_1 & a_3-a_2 & a_4-a_3 & \cdots & x-a_n \end{vmatrix}$$

$$=(x+\sum_{i=1}^{n}a_i)\prod_{i=1}^{n}(x-a_i)$$

例 1-17 计算

$$D_n=\begin{vmatrix} \cos\theta & 1 & 0 & \cdots & 0 & 0 \\ 0 & 2\cos\theta & 1 & \cdots & 0 & 0 \\ 0 & 1 & 2\cos\theta & \cdots & 0 & 0 \\ \vdots & \vdots & \vdots & & \vdots & \vdots \\ 0 & 0 & 0 & \cdots & 2\cos\theta & 1 \\ 0 & 0 & 0 & \cdots & 1 & 2\cos\theta \end{vmatrix}$$

解 $D_1=\cos\theta$

$$D_2=\begin{vmatrix}\cos\theta & 1\\ 1 & 2\cos\theta\end{vmatrix}=2\cos^2\theta-1=\cos2\theta$$

$$D_3=\begin{vmatrix}\cos\theta & 1 & 0\\ 1 & 2\cos\theta & 1\\ 0 & 1 & 2\cos\theta\end{vmatrix}=4\cos^3\theta-3\cos\theta=\cos3\theta$$

由此得出猜测: $D_n=\cos n\theta$. 下面用数学归纳法证明之.

假设 $D_{k-1}=\cos(k-1)\theta$, $D_k=\cos k\theta$

$$\begin{aligned}D_{k+1}&=2\cos\theta\cdot D_k-D_{k-1}=2\cos\theta\cos k\theta-\cos(k-1)\theta\\&=\cos(k+1)\theta+\cos(k-1)\theta-\cos(k-1)\theta\\&=\cos(\mathrm{k}+1)\theta\end{aligned}$$

所以, $D_n=\cos n\theta$ 对一切自然数都成立.

例 1-18 计算

$$D_n=\begin{vmatrix}a+x_1 & a & \cdots & a\\ a & a+x_2 & \cdots & a\\ \vdots & \vdots & & \vdots\\ a & a & \cdots & a+x_n\end{vmatrix}$$

解 将 D_n 依第 n 列拆成两个行列式之和

$$D_n=\begin{vmatrix}a+x_1 & a & \cdots & a & a\\ a & a+x_2 & \cdots & a & a\\ \vdots & \vdots & & \vdots & \vdots\\ a & a & \cdots & a+x_{n-1} & a\\ a & a & \cdots & a & a\end{vmatrix}+\begin{vmatrix}a+x_1 & a & \cdots & a & 0\\ a & a+x_2 & \cdots & a & 0\\ \vdots & \vdots & & \vdots & \vdots\\ a & a & \cdots & a+x_{n-1} & 0\\ a & a & \cdots & a & x_n\end{vmatrix}$$

$$=\begin{vmatrix}x_1 & 0 & \cdots & 0 & a\\ 0 & x_2 & \cdots & 0 & a\\ \vdots & \vdots & & \vdots & \vdots\\ 0 & 0 & \cdots & x_{n-1} & a\\ 0 & 0 & \cdots & 0 & a\end{vmatrix}+x_n\begin{vmatrix}a+x_1 & a & a & a\\ a & a+x_2 & a & a\\ \vdots & \vdots & & \vdots\\ a & a & a & a+x_{n-1}\end{vmatrix}$$

$$=ax_1x_2\cdots x_{n-1}+x_nD_{n-1}$$

于是

$$\begin{aligned}D_n&=ax_1x_2\cdots x_{n-1}+x_nD_{n-1}=ax_1x_2\cdots x_{n-1}+x_n(ax_1x_2\cdots x_{n-2}+x_{n-1}D_{n-2})\\&=ax_1x_2\cdots x_{n-1}+ax_1x_2\cdots x_{n-2}x_n+x_nx_{n-1}D_{n-2}\\&\qquad\cdots\cdots\cdots\cdots\\&=ax_1x_2\cdots x_{n-1}+ax_1x_2\cdots x_{n-2}x_n+\cdots+ax_1x_2x_4\cdots x_{n-1}x_n+x_nx_{n-1}\cdots x_3D_2\end{aligned}$$

而

$$D_2=\begin{vmatrix}a+x_1 & a\\ a & a+x_2\end{vmatrix}=x_1x_2+ax_1+ax_2$$

所以

$$D_n = x_1x_2\cdots x_{n-1}x_n + a(x_1x_2\cdots x_{n-1} + x_1x_2\cdots x_{n-2}x_n + \cdots + x_1x_3\cdots x_{n-1}x_n + x_2x_3\cdots x_{n-1}x_n)$$

若 $x_1x_2\cdots x_{n-1}x_n \neq 0$, 可以简写为

$$D_n = x_1x_2\cdots x_{n-1}x_n\left(1+\sum_{i=1}^{n}\frac{1}{x_i}\right)$$

习　题　1.8*

1. 计算下列行列式:

(1) $\begin{vmatrix} x & y & y & \cdots & y \\ z & x & y & \cdots & y \\ z & z & x & \cdots & y \\ \vdots & \vdots & \vdots & & \vdots \\ z & z & z & \cdots & x \end{vmatrix}$;　(2) $\begin{vmatrix} 2\cos\theta & 1 & & & & \\ 1 & 2\cos\theta & 1 & & & \\ & 1 & \ddots & \ddots & & \\ & & \ddots & \ddots & 1 & \\ & & & 1 & 2\cos\theta & 1 \\ & & & & 1 & 2\cos\theta \end{vmatrix}$;

(3) $\begin{vmatrix} 1 & 1 & 1 & \cdots & 1 \\ x_1 & x_2 & x_3 & \cdots & x_n \\ x_1^2 & x_2^2 & x_3^2 & \cdots & x_n^2 \\ \vdots & \vdots & \vdots & & \vdots \\ x_1^{n-2} & x_2^{n-2} & x_3^{n-2} & \cdots & x_n^{n-2} \\ x_1^n & x_2^n & x_3^n & \cdots & x_n^n \end{vmatrix}$;　(4) $\begin{vmatrix} 1+a & 1 & 1 & \cdots & 1 \\ 2 & 2+a & 2 & \cdots & 2 \\ 3 & 3 & 3+a & \cdots & 3 \\ \vdots & \vdots & \vdots & & \vdots \\ n & n & n & n & n+a \end{vmatrix}$.

2. 设 n 阶行列式

$$D_n = \begin{vmatrix} 1 & 2 & 3 & \cdots & n \\ 1 & 2 & 0 & \cdots & 0 \\ 1 & 0 & 3 & \cdots & 0 \\ \vdots & \vdots & \vdots & & \vdots \\ 1 & 0 & 0 & \cdots & n \end{vmatrix}$$

求第一行各元素的代数余子式之和 $A_{11}+A_{12}+\cdots+A_{1n}$.

1.9* 相关结论的证明

1.9.1　对换(1.3 节)

定理 1-1　一次对换改变排列的奇偶性.

证明　首先, 相邻两个元素的对换改变排列的奇偶性.

将排列

$$\cdots p_i p_j \cdots$$

的相邻两个元素 p_i 与 p_j 对换, 得到新排列

$$\cdots p_j p_i \cdots$$

由于其他元素不动, 它们之间的逆序没有发生变化. 排列的逆序数仅比原来增加或减少 1, 从而奇偶性改变.

其次, 不相邻两个元素的对换改变排列的奇偶性.
将排列

$$\cdots p_i a_1 a_2 \cdots a_s p_j \cdots$$

对换成排列

$$\cdots p_j a_1 a_2 \cdots a_s p_i \cdots$$

(1) 将元素 p_i 从左到右依次与 $a_1, a_2, \cdots, a_s, p_j$ 做 $s+1$ 次相邻对换, 得到排列

$$\cdots a_1 a_2 \cdots a_s p_j p_i \cdots$$

(2) 再将 p_j 从右至左依次与 $a_s, \cdots a_2, a_1$ 做 s 次相邻对换, 得到排列

$$\cdots p_j a_1 a_2 \cdots a_s p_i \cdots$$

总共的邻换次数为 $2s+1$, 原排列的奇偶性改变. 证毕.

1.9.2 *n* 阶行列式的定义（1.4 节）

定理 1-2 $n(\geqslant 2)$ 阶行列式的两种定义方式

$$D = \begin{vmatrix} a_{11} & a_{12} & \cdots & a_{1n} \\ a_{21} & a_{22} & \cdots & a_{2n} \\ \vdots & \vdots & & \vdots \\ a_{n1} & a_{n2} & \cdots & a_{nn} \end{vmatrix} = \sum_{p_1 p_2 \cdots p_n} (-1)^{\tau(p_1 p_2 \cdots p_n)} a_{1p_1} a_{2p_2} \cdots a_{np_n} \tag{1-12}$$

与

$$D = \begin{vmatrix} a_{11} & a_{12} & \cdots & a_{1n} \\ a_{21} & a_{22} & \cdots & a_{2n} \\ \vdots & \vdots & & \vdots \\ a_{n1} & a_{n2} & \cdots & a_{nn} \end{vmatrix} = \sum_{q_1 q_2 \cdots q_n} (-1)^{\tau(q_1 q_2 \cdots q_n)} a_{q_1 1} a_{q_2 2} \cdots a_{q_n n} \tag{1-13}$$

等价.

证明 式(1-12)中的任一项 $(-1)^{\tau(p_1 p_2 \cdots p_n)} a_{1p_1} a_{2p_2} \cdots a_{np_n}$ 有且仅有式(1-13)中的一项与之对应并相等.

事实上, 乘积 $a_{1p_1} a_{2p_2} \cdots a_{np_n}$ 中的各元素与其下标组成的数表

$$\begin{pmatrix} 1 & 2 & \cdots & n \\ p_1 & p_2 & \cdots & p_n \end{pmatrix}$$

一一对应. 其中, 第一行为行标排列, 第二行为列标排列, 第 i 列 $\begin{pmatrix} i \\ p_i \end{pmatrix}$ 表示元素 $a_{ip_i} (i=1,2,\cdots,n)$. 将上表中的两行依次做相同的对换, 设经过 N 次对换后, 第二行的排列 $p_1 p_2 \cdots p_n$ 变换成自然排列 $12\cdots n$, 而第一行的自然排列 $12\cdots n$ 变换成一个新的排列 $q_1 q_2 \cdots q_n$, 得新数表, 即

$$\begin{pmatrix} 1 & 2 & \cdots & n \\ p_1 & p_2 & \cdots & p_n \end{pmatrix} \xrightarrow{N次对换} \begin{pmatrix} q_1 & q_2 & \cdots & q_n \\ 1 & 2 & \cdots & n \end{pmatrix}$$

新数表对应于乘积 $a_{q_1 1}a_{q_2 2}\cdots a_{q_n n}$. 于是, $a_{1p_1}a_{2p_2}\cdots a_{np_n} = a_{q_1 1}a_{q_2 2}\cdots a_{q_n n}$.

由定理 1-1 的推论 1, $\tau(p_1p_2\cdots p_n)$ 与对换次数 N 有相同的奇偶性. 而 $\tau(q_1q_2\cdots q_n)$ 与 N 也有相同的奇偶性, 所以, $\tau(p_1p_2\cdots p_n)$ 与 $\tau(q_1q_2\cdots q_n)$ 奇偶性相同. 即

$$(-1)^{\tau(p_1p_2\cdots p_n)}a_{1p_1}a_{2p_2}\cdots a_{np_n} = (-1)^{\tau(q_1q_2\cdots q_n)}a_{q_1 1}a_{q_2 2}\cdots a_{q_n n}$$

两种定义行列式的方法等价.　证毕.

1.9.3 行列式的性质（1.5 节）

性质 1　行列式和它的转置行列式相等, 即 $D = D^{\mathrm{T}}$.

证明　记 $D = \det(a_{ij})$, $D^{\mathrm{T}} = \det(b_{ij})$, 则

$$b_{ij} = a_{ji} \quad (i, j = 1, 2, \cdots, n)$$

按照定义

$$D^{\mathrm{T}} = \sum (-1)^{\tau(p_1p_2\cdots p_n)} b_{1p_1}b_{2p_2}\cdots b_{np_n} = \sum (-1)^{\tau(p_1p_2\cdots p_n)} a_{p_1 1}a_{p_2 2}\cdots a_{p_n n} = D$$

证毕.

性质 2　互换行列式的两行(列), 行列式变号.

证明　记

$$D = \begin{vmatrix} a_{11} & a_2 & \cdots & a_{1n} \\ \vdots & \vdots & \vdots & \vdots \\ a_{i1} & a_{i2} & \cdots & a_{in} \\ \vdots & \vdots & \vdots & \vdots \\ a_{j1} & a_{j2} & \cdots & a_{jn} \\ \vdots & \vdots & \vdots & \vdots \\ a_{n1} & a_{n2} & \cdots & a_{nn} \end{vmatrix}, \quad D_1 = \begin{vmatrix} a_{11} & a_2 & \cdots & a_{1n} \\ \vdots & \vdots & \vdots & \vdots \\ a_{j1} & a_{j2} & \cdots & a_{jn} \\ \vdots & \vdots & \vdots & \vdots \\ a_{i1} & a_{i2} & \cdots & a_{in} \\ \vdots & \vdots & \vdots & \vdots \\ a_{n1} & a_{n2} & \cdots & a_{nn} \end{vmatrix}$$

D_1 是 D 交换 i, j 两行得到的行列式. D 中任一项

$$(-1)^{\tau(p_1\cdots i\cdots j\cdots p_n)} a_{1p_1}\cdots a_{ip_i}\cdots a_{jp_j}\cdots a_{np_n}$$

必有 D_1 中的一项

$$(-1)^{\tau(p_1\cdots j\cdots i\cdots p_n)} a_{1p_1}\cdots a_{jp_j}\cdots a_{ip_i}\cdots a_{np_n}$$

与之对应. 由定理 1-1, 这两项符号相反. 所以, $D_1 = -D$.

性质 6　把行列式的某一列(行)的各元素乘以同一数然后加到另一列(行)对应的元素上去, 行列式不变.

证明　不妨以数 k 乘第 j 列加到第 i 列上(记为 $c_i + ck_j$)为例, 证明

$$\begin{vmatrix} a_{11} & \cdots & a_{1i} & \cdots & a_{1j} & \cdots & a_{1n} \\ a_{21} & \cdots & a_{2i} & \cdots & a_{2j} & \cdots & a_{2n} \\ \vdots & & \vdots & & \vdots & & \vdots \\ a_{n1} & \cdots & a_{ni} & \cdots & a_{nj} & \cdots & a_{nn} \end{vmatrix}$$

$$\xlongequal{c_i+kc_j}\begin{vmatrix} a_{11} & \cdots & (a_{1i}+ka_{1j}) & \cdots & a_{1j} & \cdots & a_{1n} \\ a_{21} & \cdots & (a_{2i}+ka_{2j}) & \cdots & a_{2j} & \cdots & a_{2n} \\ \vdots & & \vdots & & \vdots & & \vdots \\ a_{n1} & \cdots & (a_{ni}+ka_{nj}) & \cdots & a_{nj} & \cdots & a_{nn} \end{vmatrix} \quad (i \neq j)$$

以数 k 乘第 j 行加到第 i 行上, 记为 $r_i + kr_j$.

根据性质 5

$$右边=\begin{vmatrix} a_{11} & \cdots & a_{1i} & \cdots & a_{1j} & \cdots & a_{1n} \\ a_{21} & \cdots & a_{2i} & \cdots & a_{2j} & \cdots & a_{2n} \\ \vdots & & \vdots & & \vdots & & \vdots \\ a_{n1} & \cdots & a_{ni} & \cdots & a_{nj} & \cdots & a_{nn} \end{vmatrix} + k\begin{vmatrix} a_{11} & \cdots & a_{1j} & \cdots & a_{1j} & \cdots & a_{1n} \\ a_{21} & \cdots & a_{2j} & \cdots & a_{2j} & \cdots & a_{2n} \\ \vdots & & \vdots & & \vdots & & \vdots \\ a_{n1} & \cdots & a_{nj} & \cdots & a_{nj} & \cdots & a_{nn} \end{vmatrix}$$

=左边　　证毕.

1.9.4 行列式按行(列)展开(1.6 节)

定理 1-3 行列式等于它的任一行(列)的各元素与其对应的代数余子式乘积之和, 即

$$D = a_{i1}A_{i1} + a_{i2}A_{i2} + \cdots + a_{in}A_{in} \quad (i = 1, 2, \cdots, n)$$

或

$$D = a_{1j}A_{1j} + a_{2j}A_{2j} + \cdots + a_{nj}A_{nj} \quad (i = 1, 2, \cdots, n)$$

证明 由特殊情形到一般结论, 逐步证明.

(1) 当

$$D = \begin{vmatrix} a_{11} & 0 & \cdots & 0 \\ a_{21} & a_{22} & \cdots & a_{2n} \\ \vdots & \vdots & & \vdots \\ a_{n1} & a_{n2} & \cdots & a_{nn} \end{vmatrix}$$

时, 由于第一行的元素除 a_{11} 外全部为零, 根据行列式的定义, 有

$$D = \sum_{1p_2p_3\cdots p_n} (-1)^{\tau(1p_2p_3\cdots p_n)} a_{11}a_{2p_2}a_{3p_3}\cdots a_{np_n} = a_{11}\sum_{p_2p_3\cdots p_n} (-1)^{\tau(p_2p_3\cdots p_n)} a_{2p_2}a_{3p_3}\cdots a_{np_n}$$

$$= a_{11}\begin{vmatrix} a_{22} & \cdots & a_{2n} \\ \vdots & & \vdots \\ a_{n2} & \cdots & a_{nn} \end{vmatrix} = a_{11}M_{11} = a_{11}A_{11}$$

(2) 当

$$D = \begin{vmatrix} a_{11} & a_{12} & \cdots & a_{1j} & \cdots & a_{1n} \\ \vdots & \vdots & & \vdots & & \vdots \\ 0 & 0 & \cdots & a_{ij} & \cdots & 0 \\ \vdots & \vdots & & \vdots & & \vdots \\ a_{n1} & a_{n2} & \cdots & a_{nj} & \cdots & a_{nn} \end{vmatrix}$$

时, 先依次做 $i-1$ 次行交换:

$r_i \leftrightarrow r_{i-1}$, $r_{i-1} \leftrightarrow r_{i-2}$, $\cdots$, $r_2 \leftrightarrow r_1$; 将元素 a_{ij} 移到第 1 行, 第 j 列.
再依次做 $j-1$ 次列交换:

$C_j \leftrightarrow C_{j-1}$, $C_{j-1} \leftrightarrow C_{j-2}$, $\cdots$, $C_2 \leftrightarrow C_1$; 将元素 a_{ij} 移到第 1 行, 第 1 列, 得

$$D=(-1)^{i+j-2}\begin{vmatrix} a_{ij} & 0 & \cdots & 0 & 0 & \cdots & 0 \\ a_{1j} & a_{11} & \cdots & a_{1j-1} & a_{1j+1} & \cdots & a_{1n} \\ \vdots & \vdots & & \vdots & \vdots & & \vdots \\ a_{i-1,j} & a_{i-1,1} & \cdots & a_{i-1,j-1} & a_{i-1,j+1} & \cdots & a_{i-1,n} \\ a_{i+1,j} & a_{i+1,1} & \cdots & a_{i+1,j-1} & a_{i+1,j+1} & \cdots & a_{i+1,n} \\ \vdots & \vdots & & \vdots & \vdots & & \vdots \\ a_{nj} & a_{n1} & \cdots & a_{n,j-1} & a_{n,j+1} & \cdots & a_{nn} \end{vmatrix}$$

$$=(-1)^{i+j}a_{ij}M_{ij}=a_{ij}A_{ij}$$

(3) 一般情形

$$D=\begin{vmatrix} a_{11} & a_{12} & \cdots & a_{1n} \\ a_{21} & a_{22} & \cdots & a_{2n} \\ \vdots & \vdots & & \vdots \\ a_{n1} & a_{n2} & \cdots & a_{nn} \end{vmatrix}$$

$$D=\begin{vmatrix} a_{11} & a_{12} & \cdots & a_{1n} \\ \vdots & \vdots & & \vdots \\ a_{i1} & 0 & \cdots & 0 \\ \vdots & \vdots & & \vdots \\ a_{n1} & a_{n2} & \cdots & a_{nn} \end{vmatrix}+\begin{vmatrix} a_{11} & a_{12} & \cdots & a_{1n} \\ \vdots & \vdots & & \vdots \\ 0 & a_{i2} & \cdots & 0 \\ \vdots & \vdots & & \vdots \\ a_{n1} & a_{n2} & \cdots & a_{nn} \end{vmatrix}+\cdots+\begin{vmatrix} a_{11} & a_{12} & \cdots & a_{1n} \\ \vdots & \vdots & & \vdots \\ 0 & 0 & \cdots & a_{in} \\ \vdots & \vdots & & \vdots \\ a_{n1} & a_{n2} & \cdots & a_{nn} \end{vmatrix}$$

$$=a_{i1}A_{i1}+a_{i2}A_{i2}+\cdots+a_{in}A_{in}$$

证毕.

定理 1-3 推论　行列式的某一行(列)的各元素与另一行(列)的对应元素的代数余子式乘积之和等于 0, 即

$$a_{i1}A_{j1}+a_{i2}A_{j2}+\cdots+a_{in}A_{jn}=0 \quad i \neq j$$

或

$$a_{1i}A_{1j}+a_{2i}A_{2j}+\cdots+a_{ni}A_{nj}=0 \quad i \neq j$$

证明　将 $D=\det(a_{ij})$ 的第 j 行元素换成第 $i(i \neq j)$ 行元素, 得新行列式

$$\tilde{D}=\begin{vmatrix} a_{11} & a_{12} & \dots & a_{1n} \\ \vdots & \vdots & & \vdots \\ a_{i1} & a_{i2} & \dots & a_{in} \\ \vdots & \vdots & & \vdots \\ a_{i1} & a_{i2} & \dots & a_{in} \\ \vdots & \vdots & & \vdots \\ a_{n1} & a_{n2} & \dots & a_{nn} \end{vmatrix}\begin{matrix} \\ \\ 第\,i\,行 \\ \\ 第\,j\,行 \\ \\ \\ \end{matrix}$$

则

$$\tilde{D}=0$$

将 $\tilde{D}$ 按第 j 行展开, 得

$$\tilde{D} = a_{i1}A_{j1} + a_{i2}A_{j2} + \cdots + a_{in}A_{jn}$$

所以, 当 $i \neq j$ 时,

$$a_{i1}A_{j1} + a_{i2}A_{j2} + \cdots + a_{in}A_{jn} = 0$$

证毕.

1.9.5 克拉默法则(1.7 节)

定理 1-4 **(克拉默法则)**如果线性方程组(1-15)的系数行列式 $D \neq 0$, 则方程组(1-15)有唯一解.

$$x_1 = \frac{D_1}{D},\ x_2 = \frac{D_2}{D},\ \cdots,\ x_n = \frac{D_n}{D} \tag{1-16}$$

其中, D_j 是把系数行列式 D 中第 j 列元素用方程组右端的常数项代替后得到的 n 阶行列式, 即

$$D_j = \begin{vmatrix} a_{11} & \cdots & a_{1,j-1} & b_1 & a_{1,j+1} & \cdots & a_{1n} \\ \vdots & & \vdots & \vdots & \vdots & & \vdots \\ a_{n1} & \cdots & a_{n,j-1} & b_n & a_{n,j+1} & \cdots & a_{nn} \end{vmatrix}$$

证明 用 D 的第 1 列元素的代数余子式 $A_{11}, A_{21}, \cdots, A_{n1}$ 分别乘线性方程组(1-15)的第 1, 第 2, ⋯, 第 n 个方程, 得

$$\begin{cases} a_{11}A_{11}x_1 + a_{12}A_{11}x_2 + \cdots + a_{1n}A_{11}x_n = b_1A_{11} \\ a_{21}A_{21}x_1 + a_{22}A_{21}x_2 + \cdots + a_{2n}A_{21}x_n = b_2A_{21} \\ \cdots\cdots\cdots\cdots \\ a_{n1}A_{n1}x_1 + a_{n2}A_{n1}x_2 + \cdots + a_{nn}A_{n1}x_n = b_nA_{n1} \end{cases}$$

将上面的 n 个方程两边分别相加, 得

$$\left(\sum_{i=1}^{n} a_{i1}A_{i1}\right)x_1 = \sum_{i=1}^{n} b_iA_{i1}$$

即

$$Dx_1 = \sum_{i=1}^{n} b_iA_{i1} = \begin{vmatrix} b_1 & a_{12} & a_{13} & \cdots & a_{1n} \\ b_2 & a_{22} & a_{23} & \cdots & a_{2n} \\ \vdots & \vdots & \vdots & & \vdots \\ b_n & a_{n2} & a_{n3} & \cdots & a_{nn} \end{vmatrix} = D_1$$

同理可求出

$$Dx_j = D_j\,(j = 2, 3, \cdots, n)$$

当 $D \neq 0$ 时, 方程组(1-15)有唯一解

$$x_1 = \frac{D_1}{D},\ x_2 = \frac{D_2}{D},\ \cdots,\ x_n = \frac{D_n}{D}$$

证毕.

复 习 题 1

1. 填空题.

(1) 在函数 $f(x)=\begin{vmatrix} 2x & 1 & -1 \\ -x & -x & x \\ 1 & 2 & x \end{vmatrix}$ 中, x^3 的系数为__________;

(2) 若 $\begin{vmatrix} 1 & -2 & 2 \\ -2 & -1 & -k \\ 3 & k & 1 \end{vmatrix}=0$, 则 $k=$__________;

(3) 设 x_1,x_2,x_3 是方程 $x^3+px+q=0$ 的三个根, 则行列式 $\begin{vmatrix} x_1 & x_2 & x_3 \\ x_3 & x_1 & x_2 \\ x_2 & x_3 & x_1 \end{vmatrix}=$__________;

(4) 排列 $i_1i_2\cdots i_{n-1}i_n$ 可经__________次对换后变为排列 $i_ni_{n-1}\cdots i_2i_1$;

(5) 在五阶行列式中 $a_{12}a_{53}a_{41}a_{24}a_{35}$ 的符号为__________;

(6) 若 $D_n=|a_{ij}|=a$, 则 $D=|-a_{ij}|=$__________;

(7) 四阶行列式 $\begin{vmatrix} 2 & -1 & 0 & 0 \\ 0 & 2 & -1 & 0 \\ 0 & 0 & 2 & -1 \\ -1 & 0 & 0 & 2 \end{vmatrix}=$__________;

(8) 五阶行列式 $\begin{vmatrix} 0 & 0 & 0 & a & b \\ 0 & 0 & a & b & 0 \\ 0 & a & b & 0 & 0 \\ a & b & 0 & 0 & 0 \\ b & 0 & 0 & 0 & a \end{vmatrix}=$__________;

(9) 行列式 $D=\begin{vmatrix} 0 & 0 & \cdots & 0 & 1 & 0 \\ 0 & 0 & \cdots & 2 & 0 & 0 \\ \vdots & \vdots & & \vdots & \vdots & \vdots \\ 0 & 2015 & \cdots & 0 & 0 & 0 \\ 2016 & 0 & \cdots & 0 & 0 & 0 \\ 0 & 0 & \cdots & 0 & 0 & 1 \end{vmatrix}=$__________;

(10) 设四阶行列式 $D_4=\begin{vmatrix} a & b & c & d \\ c & b & d & a \\ d & b & c & a \\ a & b & d & c \end{vmatrix}$, 则 $A_{14}+A_{24}+A_{34}+A_{44}=$__________.

2. 计算行列式:

(1) $\begin{vmatrix} 1 & 1 & 2 & 3 & 1 \\ 3 & -1 & -1 & 2 & 2 \\ 2 & 3 & -1 & -1 & 0 \\ 1 & 2 & 3 & 0 & 1 \\ -2 & 2 & 1 & 1 & 0 \end{vmatrix}$; (2) $\begin{vmatrix} a^2 & (a+1)^2 & (a+2)^2 & (a+3)^2 \\ b^2 & (b+1)^2 & (b+2)^2 & (b+3)^2 \\ c^2 & (c+1)^2 & (c+2)^2 & (c+3)^2 \\ d^2 & (d+1)^2 & (d+2)^2 & (d+3)^2 \end{vmatrix}$;

(3) $\begin{vmatrix} x & -1 & 0 & 0 \\ 0 & x & -1 & 0 \\ 0 & 0 & x & -1 \\ a_4 & a_3 & a_2 & +a_1 \end{vmatrix}$; (4) $\begin{vmatrix} a & b & c & 1 \\ b & c & a & 1 \\ c & a & b & 1 \\ \frac{b+c}{2} & \frac{c+a}{2} & \frac{a+b}{2} & 1 \end{vmatrix}$.

3. 当λ,μ取何值时, 齐次方程组

$$\begin{cases} \lambda x_1 \quad + x_2 + x_3 = 0 \\ x_1 \quad + \mu x_2 + x_3 = 0 \\ x_1 + 2\mu x_2 + x_3 = 0 \end{cases}$$

有非零解.

第 1 章阅读材料*

1. 第 1 章知识脉络图

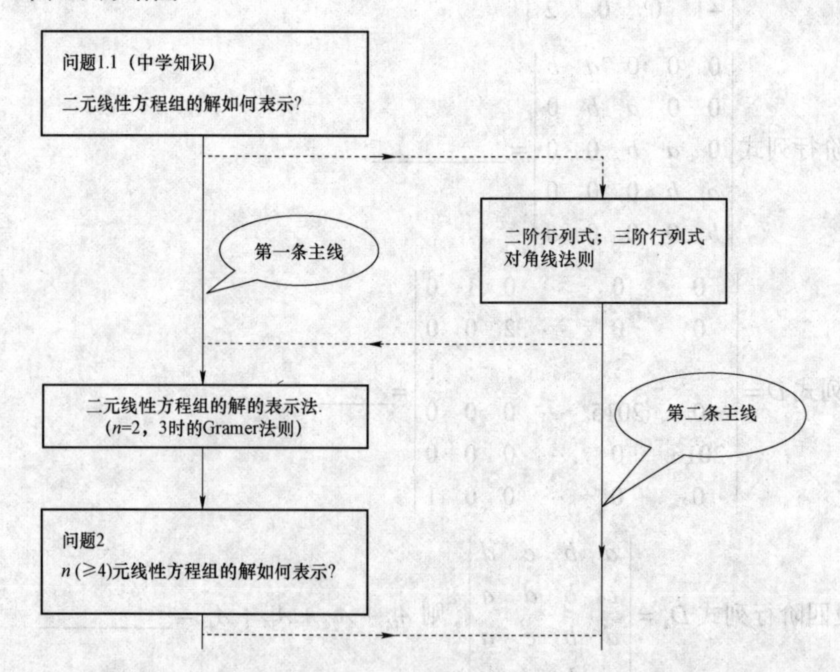

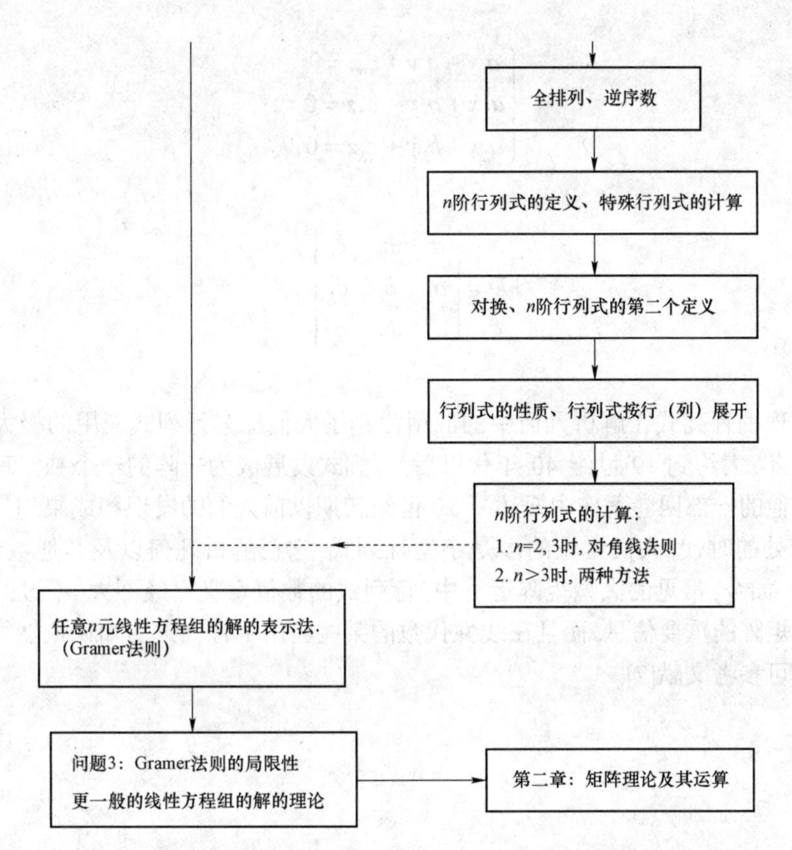

本章沿着寻找线性方程组的解这一线索进行阐述, 不断地提出新问题(第一条主线), 然后进行解答, 形成了阐述行列式理论的第二条主线. 如上图, 按照上图的思路, 读者可以很容易地从整体上把握本章内容.

2. 行列式小史

行列式本质上就是一个数, n阶行列式就是由$n\times n$个数经过运算得到的一个数值.

有一定数学基础的读者对行列式的应用应该不陌生, 例如在《高等数学》课程“空间解析几何与向量代数”一章中, 我们用行列式来求向量的矢量积, 判断两向量平行、四点共面、三角形的面积、平行六面体的体积等.

其实, 早在 1683 年和 1693 年, 日本数学家关孝和、德国数学家莱布尼兹分别提出了行列式的概念, 最初很长一段时间内, 它主要用于讨论线性方程组.

1750 年, 瑞士数学家克莱姆在他的论文中提到行列式或许也可以应用于解析几何中. 在这篇论文, 克莱姆利用行列式构造了xoy平面中某些曲线的方程, 同时他提出了利用行列式求解$n\times n$线性方程组的著名法则.

1812 年, 法国数学家柯西发表论文, 用行列式给出计算某些实心多面体体积的公式, 并且将这些公式与先前行列式的研究结果联系起来. 这些多面体包括我们熟知的四面体和平行六面体. 如果平行六面体的四个相邻顶点坐标分别是$O(0,0,0)$, $V_1(a_1,b_1,c_1)$, $V_2(a_2,b_2,c_2)$, $V_3(a_3,b_3,c_3)$, 其体积就等于齐次线性方程组

$$\begin{cases} a_1x + b_1y + c_1z = 0 \\ a_2x + b_2y + c_2z = 0 \\ a_3x + b_3y + c_3z = 0 \end{cases}$$

的系数行列式

$$D = \begin{vmatrix} a_1 & b_1 & c_1 \\ a_2 & b_2 & c_2 \\ a_3 & b_3 & c_3 \end{vmatrix}$$

的绝对值.

柯西所发现的行列式在解析几何中的应用激起了人们探究行列式应用的极大兴趣, 前后持续了近 100 年. 大约到 19 世纪 40 年代以后, 行列式发展成为矩阵的一个独立理论分支. 托马斯 · 米尔在他的一部四卷著作中概述了 20 世纪初期以前人们的发现和成果.

在柯西所处的时代, 人们讨论的多是小型行列式. 它在解析几何以及其他数学分支中都有重要的用途. 如今, 常见的大型矩阵运算中, 行列式的数值意义已经不大. 不过, 行列式公式仍然可以给出矩阵的重要信息, 而且在线性代数的某些应用中行列式的知识依然很有用.

本节内容可参考文献[7].

第2章 矩阵及其运算

本章主要内容:

1. 矩阵的运算及其基本性质;
2. 逆矩阵;
3. 矩阵分块.

本章重点要求:

1. 矩阵的乘法;
2. 矩阵求逆.

2.1 矩 阵

2.1.1 基本概念

在日常工作和生活中, 我们几乎离不开矩形数表.

引例 财务管理问题. 下面是某教研组 4 位教师在 1 月份的工资明细表.

教研组 4 位老师 1 月份工资明细表

项目 / 钱数 / 姓名	岗位工资	薪级工资	职务补贴	绩效工资	失业保险
教师 1	2000	1500	1000	2300	−50
教师 2	2000	1200	800	1800	−30
教师 3	1600	1500	1200	2000	−40
教师 4	1000	1500	1300	2600	−55

这实际上就是一个 4 行 5 列的数表.

定义 由 $m\times n$ 个数 $a_{ij}\ (i=1,2,3,\cdots,m;\ j=1,2,\cdots,n)$排成的 m 行 n 列的数表

$$\boldsymbol{A}=\begin{pmatrix} a_{11} & a_{12} & \cdots & a_{1n} \\ a_{21} & a_{22} & \cdots & a_{2n} \\ \vdots & \vdots & \vdots & \vdots \\ a_{m1} & a_{m2} & \cdots & a_{mn} \end{pmatrix}$$

叫做 m 行 n 列的矩阵, 简称 $m\times n$ 矩阵. 记为$(a_{ij})_{m\times n}$. 矩阵常用大写的英文字母 $\boldsymbol{A}$, $\boldsymbol{B}$, $\boldsymbol{C}$, …表示, 也常用 $\boldsymbol{A}_{m\times n}$ 的形式表示, 以凸显矩阵的行数和列数. 数 a_{ij} 称为矩阵 $\boldsymbol{A}$ 的第 i 行, 第 j 列元素, 也称 (i, j) 元.

引例中的数表可表示为一个4×5矩阵

$$
\boldsymbol{A}=\begin{pmatrix}2000 & 1500 & 1000 & 2300 & -50\\ 2000 & 1200 & 800 & 1800 & -30\\ 1600 & 1500 & 1200 & 2000 & -40\\ 1000 & 1500 & 1300 & 2600 & -55\end{pmatrix}
$$

下面介绍几种常见的矩阵类型:

实矩阵: 元素全为实数的矩阵.

复矩阵: 元素为复数的矩阵.

本书中的矩阵除特殊说明外, 都指实矩阵.

n阶方阵: 当$m=n$时, $\boldsymbol{A}_{n\times n}$称为$n$阶方阵, 记为$\boldsymbol{A}_n$, 即

$$
\boldsymbol{A}_n=\begin{pmatrix}a_{11} & a_{12} & \cdots & a_{1n}\\ a_{21} & a_{22} & \cdots & a_{2n}\\ \vdots & \vdots & & \vdots\\ a_{n1} & a_{n2} & \cdots & a_{nn}\end{pmatrix}
$$

行矩阵: 只有一行的矩阵

$$
\boldsymbol{A}=(a_1,a_2,\cdots,a_n)
$$

又称行向量.

列矩阵: 只有一列的矩阵

$$
\boldsymbol{B}=\begin{pmatrix}b_1\\ b_2\\ \vdots\\ b_m\end{pmatrix}
$$

又称列向量.

一阶方阵: 当$m=n=1$时, $\boldsymbol{A}_{1\times 1}$称为一阶方阵. 一阶方阵就是一个数, $(a)=a$.

零矩阵: 所有元素都是0的矩阵, 记为$\boldsymbol{O}$或$\boldsymbol{O}_{m\times n}$, 即

$$
\boldsymbol{O}_{m\times n}=\begin{pmatrix}0 & 0 & \cdots & 0\\ 0 & 0 & \cdots & 0\\ \vdots & \vdots & & \vdots\\ 0 & 0 & \cdots & 0\end{pmatrix}_{m\times n}
$$

主对角线: 在n阶方阵$\boldsymbol{A}_n$中, 由左上角的元素a_{11}到右下角的元素a_{nn}的那条对角线.

主对角线元素: 主对角线上的元素$a_{11},a_{22},\cdots,a_{nn}$, 称为主对角线元素.

对角矩阵: 除主对角线元素外, 其余元素都是0的方阵, 称为对角矩阵, 记为$\boldsymbol{\Lambda}_n$,即

$$
\boldsymbol{\Lambda}_n=\begin{pmatrix}\lambda_1 & & & \\ & \lambda_2 & & \\ & & \ddots & \\ & & & \lambda_n\end{pmatrix}
$$

也记为 $\boldsymbol{\Lambda}_n = \mathrm{diag}(\lambda_1, \lambda_2, \cdots, \lambda_n)$.

单位矩阵: 主对角线元素全为 1, 其余元素全为 0 的方阵称为单位矩阵, 记为 $\boldsymbol{E}$ 或 $\boldsymbol{E}_n$, 即

$$\boldsymbol{E}_n = \begin{pmatrix} 1 & & & \\ & 1 & & \\ & & \ddots & \\ & & & 1 \end{pmatrix}_{n\times n}$$

上三角矩阵: 主对角线以下元素全为 0 的方阵, 即

$$\begin{pmatrix} a_{11} & a_{12} & \cdots & a_{1n} \\ 0 & a_{22} & \cdots & a_{2n} \\ \vdots & \vdots & & \vdots \\ 0 & 0 & \cdots & a_{nn} \end{pmatrix}$$

下三角矩阵: 主对角线以上元素全为 0 的方阵, 即

$$\begin{pmatrix} a_{11} & 0 & \cdots & 0 \\ a_{21} & a_{22} & \cdots & 0 \\ \vdots & \vdots & & \vdots \\ a_{n1} & a_{n2} & \cdots & a_{nn} \end{pmatrix}$$

同型矩阵: 行数和列数分别相等的两个矩阵.

矩阵相等: 如果矩阵 $\boldsymbol{A} = (a_{ij})$ 与矩阵 $\boldsymbol{B} = (b_{ij})$ 是同型矩阵, 并且它们的对应元素都相等, 即

$$a_{ij} = b_{ij} \quad (i = 1, 2, \cdots, m;\quad j = 1, 2, \cdots, n)$$

那么称矩阵 $\boldsymbol{A}$ 与矩阵 $\boldsymbol{B}$ 相等, 记作

$$\boldsymbol{A} = \boldsymbol{B}$$

2.1.2　矩阵的实例

例 2-1　非齐次线性方程组

$$\begin{cases} a_{11}x_1 + a_{12}x_2 + \cdots + a_{1n}x_n = b_1 \\ a_{21}x_1 + a_{22}x_2 + \cdots + a_{2n}x_n = b_2 \\ \cdots\cdots\cdots\cdots \\ a_{m1}x_1 + a_{m2}x_2 + \cdots + a_{mn}x_n = b_m \end{cases}$$

其系数构成一个矩阵

$$\boldsymbol{A} = (a_{ij})_{m\times n}$$

称为该方程组的系数矩阵. 而矩阵

$$\boldsymbol{B} = \begin{pmatrix} a_{11} & a_{12} & \cdots & a_{1n} & b_1 \\ a_{21} & a_{22} & \cdots & a_{2n} & b_2 \\ \vdots & \vdots & & \vdots & \vdots \\ a_{m1} & a_{m2} & \cdots & a_{mn} & b_m \end{pmatrix}$$

称为该方程组的增广矩阵. 非齐次线性方程组与其增广矩阵一一对应.

特别地, 若 $b_1 = b_2 = \cdots = b_n = 0$, 方程组变为

$$\begin{cases} a_{11}x_1 + a_{12}x_2 + \cdots + a_{1n}x_n = 0 \\ a_{21}x_1 + a_{22}x_2 + \cdots + a_{2n}x_n = 0 \\ \cdots\cdots\cdots\cdots \\ a_{m1}x_1 + a_{m2}x_2 + \cdots + a_{mn}x_n = 0 \end{cases}$$

称为齐次线性方程组. 齐次线性方程组与其系数矩阵一一对应.

例 2-2 n 个变量 $x_1, x_2, \cdots, x_n$ 和 m 个变量 $y_1, y_2, \cdots, y_m$ 之间的关系式

$$\begin{cases} y_1 = a_{11}x_1 + a_{12}x_2 + \cdots + a_{1n}x_n \\ y_2 = a_{21}x_1 + a_{22}x_2 + \cdots + a_{2n}x_n \\ \cdots\cdots\cdots\cdots \\ y_m = a_{m1}x_1 + a_{m2}x_2 + \cdots + a_{mn}x_n \end{cases}$$

称为由变量 $x_1, x_2, \cdots, x_n$ 到变量 $y_1, y_2, \cdots, y_m$ 的线性变换, 其系数构成一个矩阵

$$\boldsymbol{A} = (a_{ij})_{m\times n}$$

导 读 与 提 示

本节内容:

1. 矩阵的概念;
2. 线性变换; 线性方程组的系数矩阵、增广矩阵的概念.

本节要求:

1. 掌握矩阵的有关概念; 理解矩阵的本质: 矩形数表.
2. 掌握系数矩阵、增广矩阵与线性方程组的关系.
3. 掌握线性变换与矩阵的关系.

从本节可以看出: 齐次线性方程组与其系数矩阵一一对应, 非齐次线性方程组与其增广矩阵一一对应; 这种对应关系使我们可以借助于矩阵理论去研究线性方程组.

为进一步研究线性方程组理论, 需要学习有关矩阵的知识.

本节所介绍的这些概念虽然简单, 但在今后的学习中经常用到, 是进一步学习的基础, 必须熟练掌握.

习 题 2.1

1.* 已知线性变换

$$\begin{cases} x_1 = 2y_1 + 2y_2 + y_3 \\ x_2 = 3y_1 + y_2 + 5y_3 \\ x_3 = 3y_1 + 2y_2 + 3y_3 \end{cases}$$

求从变量 x_1,x_2,x_3 到变量 y_1,y_2,y_3 的线性变换.

2.* 已知两个线性变换

$$\begin{cases} x_1 = y_1 - y_2 + 2y_3 \\ x_2 = y_1 + 3y_2 \\ x_3 = 4y_2 - y_3 \end{cases} \qquad \begin{cases} y_1 = z_1 + z_3 \\ y_2 = 2z_2 - 5z_3 \\ y_3 = 3z_1 + 7z_2 \end{cases}$$

求从 z_1,z_2,z_3 到 x_1,x_2,x_3 的线性变换.

2.2 矩阵的运算

2.2.1 矩阵的加法

定义 1 设有两个矩阵: $\boldsymbol{A}=(a_{ij})_{m\times n}$, $\boldsymbol{B}=(b_{ij})_{m\times n}$, 则两个矩阵的和

$$\boldsymbol{A}+\boldsymbol{B}=\begin{pmatrix} a_{11}+b_{11} & a_{12}+b_{12} & \cdots & a_{1n}+b_{1n} \\ a_{21}+b_{21} & a_{22}+b_{22} & \cdots & a_{2n}+b_{2n} \\ \vdots & \vdots & & \vdots \\ a_{m1}+b_{m1} & a_{m2}+b_{m2} & \cdots & a_{mn}+b_{mn} \end{pmatrix}$$

注: 只有 $\boldsymbol{A}$, $\boldsymbol{B}$ 为同型矩阵时, 才能相加.

矩阵加法满足以下运算规律(假设 $\boldsymbol{A}$, $\boldsymbol{B}$, $\boldsymbol{C}$ 为同型矩阵):

(1) $\boldsymbol{A}+\boldsymbol{B}=\boldsymbol{B}+\boldsymbol{A}$

(2) $(\boldsymbol{A}+\boldsymbol{B})+\boldsymbol{C}=\boldsymbol{A}+(\boldsymbol{B}+\boldsymbol{C})$

负矩阵: 设矩阵 $\boldsymbol{A}=(a_{ij})_{m\times n}$, 称

$$-\boldsymbol{A}=(-a_{ij})_{m\times n}$$

为矩阵 $\boldsymbol{A}$ 的负矩阵. 显然

$$\boldsymbol{A}+(-\boldsymbol{A})=\boldsymbol{O}$$

矩阵的减法

$$\boldsymbol{A}-\boldsymbol{B}=\boldsymbol{A}+(-\boldsymbol{B})$$

在第 2.1 节的引例中, 假设 1,2 月份的工资表格分别为矩阵 $\boldsymbol{A}$, $\boldsymbol{B}$, 则 $\boldsymbol{A}+\boldsymbol{B}$ 表示 1, 2 月份各项工资之和; $\boldsymbol{A}-\boldsymbol{B}$ 则反映了这两个月工资的变化.

2.2.2 数与矩阵的乘法

定义 2 数 λ 与矩阵 $\boldsymbol{A}$ 的乘积

$$\lambda\boldsymbol{A}=\boldsymbol{A}\lambda=\begin{pmatrix} \lambda a_{11} & \lambda a_{12} & \cdots & \lambda a_{1n} \\ \lambda a_{21} & \lambda a_{22} & \cdots & \lambda a_{2n} \\ \vdots & \vdots & & \vdots \\ \lambda a_{m1} & \lambda a_{m2} & \cdots & \lambda a_{mn} \end{pmatrix}$$

假设 $\boldsymbol{A}$, $\boldsymbol{B}$ 为同型矩阵, λ,μ 是两个实数, 则数与矩阵的乘法满足如下运算规律:

(1) $(\lambda\mu)\boldsymbol{A}=\lambda(\mu\boldsymbol{A})$;

(2) $(\lambda+\mu)\boldsymbol{A}=\lambda\boldsymbol{A}+\mu\boldsymbol{A}$;

(3) $\lambda(\boldsymbol{A}+\boldsymbol{B})=\lambda\boldsymbol{A}+\lambda\boldsymbol{B}$.

矩阵的线性运算: 矩阵的加法和数与矩阵的乘法, 统称为矩阵的线性运算.

2.2.3 矩阵与矩阵的乘法

1. 矩阵与矩阵的乘法

定义 3 设矩阵 $\boldsymbol{A}=(a_{ij})_{m\times s}$, $\boldsymbol{B}=(b_{ij})_{s\times n}$. 矩阵 $\boldsymbol{A}$ 与 $\boldsymbol{B}$ 的乘积是一个 $m\times n$ 矩阵

$$\boldsymbol{C}=(c_{ij})_{m\times n}$$

其中

$$\begin{aligned}c_{ij}&=a_{i1}b_{1j}+a_{i2}b_{2j}+\cdots+a_{is}b_{sj}\\&=\sum_{k=1}^{s}a_{ik}b_{kj}\quad(i=1,2,\cdots,m;\ j=1,2,\cdots,n)\end{aligned}$$

并将此乘积记为

$$\boldsymbol{C}=\boldsymbol{AB}$$

注:(1) 并不是任意两个矩阵都可以相乘. 矩阵乘积 $\boldsymbol{AB}$ 有意义的条件是

$\boldsymbol{A}$ 的列数= $\boldsymbol{B}$ 的行数

(2) 如果矩阵 $\boldsymbol{A}$, $\boldsymbol{B}$ 可以相乘, 则

$\boldsymbol{AB}$ 的行数= $\boldsymbol{A}$ 的行数; $\boldsymbol{AB}$ 的列数= $\boldsymbol{B}$ 的列数

(3) 乘积 $\boldsymbol{AB}$ 的 (i,j) 元= $\boldsymbol{A}$ 的第 i 行与 $\boldsymbol{B}$ 的第 j 列对应元素之积之和, 即

$$c_{ij}=(a_{i1},a_{i2},\cdots,a_{is})\begin{pmatrix}b_{1j}\\b_{2j}\\\vdots\\b_{sj}\end{pmatrix}=a_{i1}b_{1j}+a_{i2}b_{2j}+\cdots+a_{is}b_{sj}$$

例 2-3 求矩阵

$$\boldsymbol{A}=\begin{pmatrix}1&0&3&-1\\2&1&0&2\end{pmatrix}\text{ 与 }\boldsymbol{B}=\begin{pmatrix}4&1&0\\-1&1&3\\2&0&1\\1&3&4\end{pmatrix}$$

的乘积 $\boldsymbol{AB}$.

分析 $\boldsymbol{A}$ 是 2×4 矩阵, $\boldsymbol{B}$ 是 4×3 矩阵, $\boldsymbol{A}$ 的列数= $\boldsymbol{B}$ 的行数, 所以矩阵 $\boldsymbol{A}$ 与 $\boldsymbol{B}$ 可以相乘, 其乘积 $\boldsymbol{AB}=\boldsymbol{C}$ 是一个 2×3 矩阵.

解

$$\boldsymbol{C}=\boldsymbol{AB}=\begin{pmatrix}1&0&3&-1\\2&1&0&2\end{pmatrix}\begin{pmatrix}4&1&0\\-1&1&3\\2&0&1\\1&3&4\end{pmatrix}$$

$$=\begin{pmatrix} 1\times4+0\times(-1) & 1\times1+0\times1 & 1\times0+0\times3 \\ +3\times2+(-1)\times1 & +3\times0+(-1)\times3 & +3\times1+(-1)\times4 \\ 2\times4+1\times(-1) & 2\times1+1\times1 & 2\times0+1\times3 \\ +0\times2+2\times1 & +0\times0+2\times3 & +0\times1+2\times4 \end{pmatrix}$$

$$=\begin{pmatrix} 9 & -2 & -1 \\ 9 & 9 & 11 \end{pmatrix}$$

在此例中, 虽然 $\boldsymbol{AB}$ 有意义, 但 $\boldsymbol{BA}$ 却没有意义. 因为, $\boldsymbol{B}$ 的列数 $\neq \boldsymbol{A}$ 的行数.

例 2-4　求矩阵

$$\boldsymbol{A}=\begin{pmatrix} -2 & 4 \\ 1 & -2 \end{pmatrix} \text{ 与 } \boldsymbol{B}=\begin{pmatrix} 2 & 4 \\ -3 & -6 \end{pmatrix}$$

的乘积 $\boldsymbol{AB}$ 与 $\boldsymbol{BA}$.

解

$$\boldsymbol{AB}=\begin{pmatrix} -2 & 4 \\ 1 & -2 \end{pmatrix}\begin{pmatrix} 2 & 4 \\ -3 & -6 \end{pmatrix}=\begin{pmatrix} -16 & -32 \\ 8 & 16 \end{pmatrix}$$

$$\boldsymbol{BA}=\begin{pmatrix} 2 & 4 \\ -3 & -6 \end{pmatrix}\begin{pmatrix} -2 & 4 \\ 1 & -2 \end{pmatrix}=\begin{pmatrix} 0 & 0 \\ 0 & 0 \end{pmatrix}$$

此例表明:

(1) 尽管乘积 $\boldsymbol{AB}$ 与 $\boldsymbol{BA}$ 都有意义, 但 $\boldsymbol{AB}\neq\boldsymbol{BA}$, 所以矩阵与矩阵的乘法不满足交换律, 在矩阵的乘法中必须注意矩阵相乘的顺序. $\boldsymbol{AB}$ 是 $\boldsymbol{A}$ 左乘 $\boldsymbol{B}$ ($\boldsymbol{B}$ 被 $\boldsymbol{A}$ 左乘)的乘积, $\boldsymbol{BA}$ 是 $\boldsymbol{A}$ 右乘 $\boldsymbol{B}$ ($\boldsymbol{B}$ 被 $\boldsymbol{A}$ 右乘)的乘积.

(2) 虽然矩阵 $\boldsymbol{A}$ 与 $\boldsymbol{B}$ 都不是零矩阵, 但乘积 $\boldsymbol{BA}=\boldsymbol{O}$. 所以

1) 由 $\boldsymbol{BA}=\boldsymbol{O}$, 不能推出 $\boldsymbol{A}=\boldsymbol{O}$ 或 $\boldsymbol{B}=\boldsymbol{O}$;

2) 若 $\boldsymbol{A}\neq\boldsymbol{O}$ 而 $\boldsymbol{AX}=\boldsymbol{AY}$, 也不能推出 $\boldsymbol{X}=\boldsymbol{Y}$ 的结论.

事实上, $\boldsymbol{AX}=\boldsymbol{AY}$, 即 $\boldsymbol{A}(\boldsymbol{X}-\boldsymbol{Y})=\boldsymbol{O}$, 不能推出 $\boldsymbol{X}-\boldsymbol{Y}=\boldsymbol{O}$, 即 $\boldsymbol{X}=\boldsymbol{Y}$.

对于两个 n 阶方阵 $\boldsymbol{A}$、$\boldsymbol{B}$, 若 $\boldsymbol{AB}=\boldsymbol{BA}$, 则称方阵 $\boldsymbol{A}$ 和 $\boldsymbol{B}$ 是可交换的.

例如

$$\begin{pmatrix} 1 & 1 \\ 0 & 1 \end{pmatrix}\begin{pmatrix} 2 & 3 \\ 0 & 2 \end{pmatrix}=\begin{pmatrix} 2 & 3 \\ 0 & 2 \end{pmatrix}\begin{pmatrix} 1 & 1 \\ 0 & 1 \end{pmatrix}=\begin{pmatrix} 2 & 5 \\ 0 & 2 \end{pmatrix}$$

所以, 这两个矩阵是可交换的.

易知, 纯量矩阵

$$\lambda\boldsymbol{E}=\begin{pmatrix} \lambda & & & \\ & \lambda & & \\ & & \ddots & \\ & & & \lambda \end{pmatrix}$$

与任何同阶方阵都是可交换的.

矩阵乘法的性质(假如运算都是可行的, 证明见 2.5 节):

(1) $(AB)C = A(BC)$;

(2) $A(B+C) = AB + AC$, $(A+B)C = AC + BC$;

(3) $\lambda(AB) = (\lambda A)B = A(\lambda B)$, λ是数;

(4) $E_m A_{m\times n} = A$, $A_{m\times n}E_n = A$; 简记为$EA = AE = A$.

2. 方阵的幂

方阵的幂: 设A为n阶方阵, 定义

$$A^1 = A,\ A^{k+1} = A^k A\ (k = 1,2,\cdots),\ \text{其中, } k\text{为正整数}.$$

其运算规律:

(1) $A^k A^l = A^{k+l}$; (2) $(A^k)^l = A^{kl}$. 其中, k,l为正整数.

例如

$$\text{由}\quad A = \begin{pmatrix} 0 & 1 & 1 & 1 \\ 1 & 0 & 0 & 0 \\ 0 & 1 & 0 & 0 \\ 1 & 0 & 1 & 0 \end{pmatrix},\ \text{有}\ A^2 = AA = \begin{pmatrix} 2 & 1 & 1 & 0 \\ 0 & 1 & 1 & 1 \\ 1 & 0 & 0 & 0 \\ 0 & 2 & 1 & 1 \end{pmatrix}$$

注: 一般情况下,

$$(AB)^k \neq A^k B^k,\ (A+B)^2 \neq A^2 + 2AB + B^2,\ (A+B)(A-B) \neq A^2 - B^2$$

这些公式只有当$AB = BA$时才成立.

3. 矩阵乘法的应用实例

若记

$$A = (a_{ij})_{m\times n},\ x = \begin{pmatrix} x_1 \\ x_2 \\ \vdots \\ x_n \end{pmatrix},\ y = \begin{pmatrix} y_1 \\ y_2 \\ \vdots \\ y_m \end{pmatrix},\ b = \begin{pmatrix} b_1 \\ b_2 \\ \vdots \\ b_m \end{pmatrix}$$

则由变量$x_1, x_2, \cdots, x_n$到变量$y_1, y_2, \cdots, y_m$的线性变换

$$\begin{cases} y_1 = a_{11}x_1 + a_{12}x_2 + \cdots + a_{1n}x_n \\ y_2 = a_{21}x_1 + a_{22}x_2 + \cdots + a_{2n}x_n \\ \cdots\cdots\cdots\cdots \\ y_m = a_{m1}x_1 + a_{m2}x_2 + \cdots + a_{mn}x_n \end{cases}$$

可以简记为

$$y = Ax$$

线性方程组

$$\begin{cases} a_{11}x_1 + a_{12}x_2 + \cdots + a_{1n}x_n = b_1 \\ a_{12}x_1 + a_{21}x_2 + \cdots + a_{2n}x_n = b_2 \\ \cdots\cdots\cdots\cdots \\ a_{m1}x_1 + a_{m2}x_2 + \cdots + a_{mn}x_n = b_m \end{cases}$$

可以表示为

$$\boldsymbol{Ax}=\boldsymbol{b}$$

例如, 线性方程组

$$\begin{cases}2x-4y+z=1\\ x-5y+3z=2\\ x-y+z=-1\end{cases}$$

可表示为

$$\begin{pmatrix}2 & -4 & 1\\ 1 & -5 & 3\\ 1 & -1 & 1\end{pmatrix}\begin{pmatrix}x\\ y\\ z\end{pmatrix}=\begin{pmatrix}1\\ 2\\ -1\end{pmatrix}$$

2.2.4　矩阵的转置

设

$$\boldsymbol{A}=\begin{pmatrix}a_{11} & a_{12} & \cdots & a_{1n}\\ a_{21} & a_{22} & \cdots & a_{2n}\\ \vdots & \vdots & & \vdots\\ a_{m1} & a_{m2} & \cdots & a_{mn}\end{pmatrix}_{m\times n}$$

则

$$\boldsymbol{A}^{\mathrm{T}}=\begin{pmatrix}a_{11} & a_{21} & \cdots & a_{m1}\\ a_{12} & a_{22} & \cdots & a_{m2}\\ \vdots & \vdots & & \vdots\\ a_{1n} & a_{2n} & \cdots & a_{mn}\end{pmatrix}_{n\times m}$$

称为 $\boldsymbol{A}$ 的转置矩阵.

例如, $\boldsymbol{A}=\begin{pmatrix}1 & 2 & 3\\ 4 & 5 & 6\end{pmatrix}$, 则 $\boldsymbol{A}^{\mathrm{T}}=\begin{pmatrix}1 & 4\\ 2 & 5\\ 3 & 6\end{pmatrix}$; $\boldsymbol{B}=\begin{pmatrix}1 & 2 & 3\end{pmatrix}$, 则 $\boldsymbol{B}^{\mathrm{T}}=\begin{pmatrix}1\\ 2\\ 3\end{pmatrix}$.

矩阵转置满足以下的运算律(证明见 2.5 节):

(1) $(\boldsymbol{A}^{\mathrm{T}})^{\mathrm{T}}=\boldsymbol{A}$;

(2) $(\boldsymbol{A}+\boldsymbol{B})^{\mathrm{T}}=\boldsymbol{A}^{\mathrm{T}}+\boldsymbol{B}^{\mathrm{T}}$;

(3) $(\lambda\boldsymbol{A})^{\mathrm{T}}=\lambda\boldsymbol{A}^{\mathrm{T}}$;

(4) $(\boldsymbol{AB})^{\mathrm{T}}=\boldsymbol{B}^{\mathrm{T}}\boldsymbol{A}^{\mathrm{T}}$.

推广: $(\boldsymbol{ABC})^{\mathrm{T}}=\boldsymbol{C}^{\mathrm{T}}\boldsymbol{B}^{\mathrm{T}}\boldsymbol{A}^{\mathrm{T}}$; $(\boldsymbol{A}_1\boldsymbol{A}_2\cdots\boldsymbol{A}_k)^{\mathrm{T}}=\boldsymbol{A}_k^{\mathrm{T}}\cdots\boldsymbol{A}_2^{\mathrm{T}}\boldsymbol{A}_1^{\mathrm{T}}$.

例 2-5　已知 $\boldsymbol{A}=\begin{pmatrix}2 & 0 & -1\\ 1 & 3 & 2\end{pmatrix}$, $\boldsymbol{B}=\begin{pmatrix}1 & 7 & -1\\ 4 & 2 & 3\\ 2 & 0 & 1\end{pmatrix}$, 求 $(\boldsymbol{AB})^{\mathrm{T}}$.

解法 1　因为

$$AB=\begin{pmatrix}2&0&-1\\1&3&2\end{pmatrix}\begin{pmatrix}1&7&-1\\4&2&3\\2&0&1\end{pmatrix}=\begin{pmatrix}0&14&-3\\17&13&10\end{pmatrix}$$

所以
$$(AB)^{\mathrm{T}}=\begin{pmatrix}0&17\\14&13\\-3&10\end{pmatrix}$$

解法 2

$$(AB)^{\mathrm{T}}=B^{\mathrm{T}}A^{\mathrm{T}}=\begin{pmatrix}1&4&2\\7&2&0\\-1&3&1\end{pmatrix}\begin{pmatrix}2&1\\0&3\\-1&2\end{pmatrix}=\begin{pmatrix}0&17\\14&13\\-3&10\end{pmatrix}$$

对称矩阵: 指 $A_{n\times n}$ 满足 $A^{\mathrm{T}}=A$, 即 $a_{ij}=a_{ji}\ (i,j=1,2,\cdots,n)$.

例如

$$\begin{pmatrix}1&2&3\\2&4&-1\\3&-1&6\end{pmatrix}$$

就是对称矩阵.

反对称矩阵: 指 $A_{n\times n}$ 满足 $A^{\mathrm{T}}=-A$, 即 $a_{ij}=-a_{ji}\ (i,j=1,2,\cdots,n)$. 若 $i=j$, $a_{ii}=0$. 即反对称矩阵的主对角元素都等于 0.

例如

$$\begin{pmatrix}0&2&3\\-2&0&-1\\-3&1&0\end{pmatrix}$$

是反对称矩阵.

例 2-6* 设 $X=(x_1,x_2,\cdots,x_n)^{\mathrm{T}}$ 满足 $x_1^2+x_2^2+\cdots+x_n^2=1$, 即 $x^{\mathrm{T}}x=1$, 则称 $H=E-2XX^{\mathrm{T}}$ 为豪斯豪尔德(Householder)矩阵或反射矩阵.试证 $H^{\mathrm{T}}=H$, 且 $H^{\mathrm{T}}H=E$.

证明 $H^{\mathrm{T}}=(E-2XX^{\mathrm{T}})^{\mathrm{T}}=E^{\mathrm{T}}-2(XX^{\mathrm{T}})^{\mathrm{T}}=E-2XX^{\mathrm{T}}=H$

$$H^{\mathrm{T}}H=(E-2XX^{\mathrm{T}})^2=E-4XX^{\mathrm{T}}+4(XX^{\mathrm{T}})(XX^{\mathrm{T}})$$
$$=E-4XX^{\mathrm{T}}+4X(X^{\mathrm{T}}X)X^{\mathrm{T}}=E-4XX^{\mathrm{T}}+4XX^{\mathrm{T}}=E$$ 证毕.

利用豪斯豪尔德矩阵可构造 Householder 变换, 在数值计算中用到.

2.2.5 方阵的行列式

方阵的行列式: 指 $A=(a_{ij})_{n\times n}$ 的元素按照原来的相对位置构成的行列式, 记作 $|A|$, 或 $\det A$. 其运算律(证明见 2.5 节):

(1) $|A^{\mathrm{T}}|=|A|$;

(2) $|\lambda A|=\lambda^n|A|$;

(3) $|AB| = |A||B|$.

注: 方阵是数表, 而行列式是数值. 虽然一般情况下, $AB \neq BA$, 但 $|AB| = |BA|$.

2.2.6　矩阵的共轭

设 $A = (a_{ij})$ 为复矩阵, 称矩阵 $\overline{A} = (\overline{a_{ij}})$ 为 A 的共轭矩阵. 例如

$$A = \begin{pmatrix} 1 & 1 & 1-i \\ 3i & 0 & 4+2i \end{pmatrix},\ \overline{A} = \begin{pmatrix} 1 & 1 & 1+i \\ -3i & 0 & 4-2i \end{pmatrix}$$

其运算规律:

(1) $\overline{A+B} = \overline{A} + \overline{B}$;

(2) $\overline{\lambda A} = \overline{\lambda}\ \overline{A}$;

(3) $\overline{AB} = \overline{A}\ \overline{B}$.

导 读 与 提 示

本节内容:

矩阵的基本运算: 矩阵的加、减法; 数与矩阵的乘法, 矩阵与矩阵的乘法, 矩阵的转置, 方阵的行列式, 矩阵的共轭等.

本节要求:

1. 掌握这些运算;

2. 重点掌握矩阵与矩阵的乘法:

(1) 矩阵与矩阵的可乘条件; 矩阵相乘的法则、性质;

(2) 方阵的幂;

(3) 矩阵乘法的运用: 线性变换的简单记法; 线性方程组的简单记法.

在本节介绍的一些矩阵基本运算中, 矩阵的乘法较复杂, 也较为重要, 要熟练掌握.

利用矩阵的乘法, 可以将线性变换

$$\begin{cases} y_1 = a_{11}x_1 + a_{12}x_2 + \cdots + a_{1n}x_n \\ y_2 = a_{21}x_1 + a_{22}x_2 + \cdots + a_{2n}x_n \\ \quad\cdots\cdots\cdots\cdots \\ y_m = a_{m1}x_1 + a_{m2}x_2 + \cdots + a_{mn}x_n \end{cases}$$

简记为

$$y = Ax$$

特别是可将一般方程组

$$\begin{cases} a_{11}x_1 + a_{12}x_2 + \cdots + a_{1n}x_n = b_1 \\ a_{12}x_1 + a_{21}x_2 + \cdots + a_{2n}x_n = b_2 \\ \quad\cdots\cdots\cdots\cdots \\ a_{m1}x_1 + a_{m2}x_2 + \cdots + a_{mn}x_n = b_m \end{cases}$$

简记为

$$\boldsymbol{Ax}=\boldsymbol{b}$$

这样表示方法, 不但形式简单, 将来在进行相关计算时, 也更加便捷. 这可以说是本书中矩阵运算在线性方程组理论中的首次应用, 初步显示了其优越性.

习 题 2.2

1. 设 $\boldsymbol{A}=\begin{pmatrix}1&2&1&2\\2&1&2&1\\1&2&3&4\end{pmatrix}$, $\boldsymbol{B}=\begin{pmatrix}4&3&2&1\\-2&1&-2&1\\0&-1&0&-1\end{pmatrix}$.

(1) 求 $3\boldsymbol{A}-\boldsymbol{B}$;

(2) 求 $\boldsymbol{X}$, 使得 $\boldsymbol{A}+\boldsymbol{X}=\boldsymbol{B}$;

(3) 求 $\boldsymbol{Y}$, 满足 $(2\boldsymbol{A}-\boldsymbol{Y})+2(\boldsymbol{B}-\boldsymbol{Y})=\boldsymbol{O}$.

2. 计算下列乘积:

(1) $\begin{pmatrix}3&-2\\5&-4\end{pmatrix}\begin{pmatrix}3&4\\2&5\end{pmatrix}$;

(2) $\begin{pmatrix}3&-2&1\\1&-1&2\end{pmatrix}\begin{pmatrix}-1&5\\-2&4\\3&-1\end{pmatrix}$;

(3) $(1,2,3)\begin{pmatrix}3\\2\\1\end{pmatrix}$;

(4) $\begin{pmatrix}1\\2\\3\end{pmatrix}(1,2,3)$;

(5) $\begin{pmatrix}3&1&2&-1\\0&3&1&0\end{pmatrix}\begin{pmatrix}1&0&5\\0&2&0\\1&0&1\\0&3&0\end{pmatrix}\begin{pmatrix}-1&0\\1&5\\0&2\end{pmatrix}$;

(6) $(x,y,z)\begin{pmatrix}a_{11}&a_{12}&a_{13}\\a_{12}&a_{22}&a_{23}\\a_{13}&a_{23}&a_{33}\end{pmatrix}\begin{pmatrix}x\\y\\z\end{pmatrix}$.

3. 设 $\boldsymbol{A}=\begin{pmatrix}1&1\\0&3\end{pmatrix}$, $\boldsymbol{B}=\begin{pmatrix}1&0\\2&1\end{pmatrix}$, 讨论:

(1) $\boldsymbol{AB}$ 与 $\boldsymbol{BA}$ 是否相等?

(2) $(\boldsymbol{A}+\boldsymbol{B})^2$ 与 $\boldsymbol{A}^2+2\boldsymbol{AB}+\boldsymbol{B}^2$ 是否相等?

(3) $\boldsymbol{A}^2-\boldsymbol{B}^2$ 与 $(\boldsymbol{A}+\boldsymbol{B})(\boldsymbol{A}-\boldsymbol{B})$ 是否相等?

4. 举反例说明下列命题是错误的.

(1) 若 $\boldsymbol{C}^2=\boldsymbol{O}$, 则 $\boldsymbol{C}=\boldsymbol{O}$;

(2) 若 $\boldsymbol{C}^2=\boldsymbol{C}$, 则 $\boldsymbol{C}=\boldsymbol{O}$ 或 $\boldsymbol{C}=\boldsymbol{E}$;

(3) 若 $\boldsymbol{CX}=\boldsymbol{CY}$, 且 $\boldsymbol{C}\neq\boldsymbol{O}$, 则 $\boldsymbol{X}=\boldsymbol{Y}$.

5. 设 $\boldsymbol{A}$, $\boldsymbol{B}$ 为 n 阶矩阵, 且 $\boldsymbol{A}$ 为对称阵. 证明 $\boldsymbol{B}^{\mathrm{T}}\boldsymbol{AB}$ 也是对称阵.

6. 设 $\boldsymbol{A}$, $\boldsymbol{B}$ 都是 n 阶对称矩阵, 证明: $\boldsymbol{AB}$ 是对称阵充要条件是 $\boldsymbol{AB}=\boldsymbol{BA}$.

7. 将方程组

$$\begin{cases} x_1 - x_3 - x_4 - 5x_5 = -2 \\ x_2 + 2x_3 + 2x_4 + 6x_5 = 3 \end{cases}$$

表示成矩阵乘积的形式.

8. 设 $\boldsymbol{A}=\begin{pmatrix} 1 & 2 \\ 1 & -1 \end{pmatrix}$, $\boldsymbol{B}=\begin{pmatrix} a & b \\ 3 & 2 \end{pmatrix}$. 若矩阵 $\boldsymbol{A}$ 与 $\boldsymbol{B}$ 可交换, 求 a,b.

9. 求与 $\boldsymbol{A}=\begin{pmatrix} 1 & 0 & 0 \\ 0 & 2 & 0 \\ 0 & 0 & 3 \end{pmatrix}$ 可交换的矩阵.

10. 计算:

(1) $\begin{pmatrix} 1 & 1 \\ -2 & -2 \end{pmatrix}^3$;　　(2) $\begin{pmatrix} 1 & 0 & 0 & 0 \\ 1 & 1 & 0 & 0 \\ 1 & 1 & 1 & 0 \\ 1 & 1 & 1 & 1 \end{pmatrix}^4$;　　(3) $\begin{pmatrix} a & 1 & 0 \\ 0 & a & 1 \\ 0 & 0 & a \end{pmatrix}^n$.

11. 设 $\boldsymbol{A}$ 与 $\boldsymbol{B}$ 为同阶方阵, 且满足 $\boldsymbol{A}=\dfrac{1}{2}(\boldsymbol{B}+\boldsymbol{E})$. 求证: $\boldsymbol{A}^2=\boldsymbol{A}$ 的充要条件是 $\boldsymbol{B}^2=\boldsymbol{E}$.

12. 设 $\boldsymbol{A}$ 是 n 阶方阵, 证明: $\boldsymbol{A}=\boldsymbol{O}$ 的充要条件是 $\boldsymbol{A}\boldsymbol{A}^{\mathrm{T}}=\boldsymbol{O}$.

13. 设 $\boldsymbol{A}=\begin{pmatrix} a & b \\ c & d \end{pmatrix}$.

(1) 计算 $\boldsymbol{A}^2$, 并将 $\boldsymbol{A}^2$ 用 $\boldsymbol{A}$ 和 $\boldsymbol{E}$ 表出;

(2) 设 $\boldsymbol{A}$ 是二阶方阵, 当 $k>2$ 时, 证明: $\boldsymbol{A}^k=\boldsymbol{O}$ 充要条件是 $\boldsymbol{A}^2=\boldsymbol{O}$.

14. 设 $\boldsymbol{A}$ 与 $\boldsymbol{B}$ 为 n 阶方阵, $\boldsymbol{AB}+\boldsymbol{BA}=\boldsymbol{E}$, 证明: $\boldsymbol{A}^3\boldsymbol{B}+\boldsymbol{B}\boldsymbol{A}^3=\boldsymbol{A}^2$.

15. 证明: 任何方阵都可以表示成一个对称阵和一个反对称阵的和.

16. 设 $\boldsymbol{A}$ 与 $\boldsymbol{B}$ 为 n 阶方阵, 且满足 $\boldsymbol{A}^2=\boldsymbol{A},\boldsymbol{B}^2=\boldsymbol{B},(\boldsymbol{A}+\boldsymbol{B})^2=\boldsymbol{A}+\boldsymbol{B}$. 证明: $\boldsymbol{AB}=\boldsymbol{BA}$ 且 $\boldsymbol{AB}=\boldsymbol{O}$.

2.3 逆　矩　阵

2.3.1 方阵的伴随矩阵

设 $\boldsymbol{A}=(a_{ij})_{n\times n}$, A_{ij} 为元素 a_{ij} 的代数余子式, 则称 n 阶方阵

$$\boldsymbol{A}^*=\begin{pmatrix} A_{11} & A_{21} & \cdots & A_{n1} \\ A_{12} & A_{22} & \cdots & A_{n2} \\ \vdots & \vdots & & \vdots \\ A_{1n} & A_{2n} & \cdots & A_{nn} \end{pmatrix}$$

为矩阵 $\boldsymbol{A}$ 的伴随矩阵(注意 A_{ij} 在 $\boldsymbol{A}^*$ 中的位置).

重要性质: $\boldsymbol{A}\boldsymbol{A}^*=\boldsymbol{A}^*\boldsymbol{A}=|\boldsymbol{A}|\boldsymbol{E}$ (证明见 2.5 节).

例 2-7 求方阵 $A=\begin{pmatrix}1&2&3\\2&2&1\\3&4&3\end{pmatrix}$ 的伴随矩阵.

解 $|A|$ 的各元素的代数余子式分别为

$$A_{11}=(-1)^{1+1}\begin{vmatrix}2&1\\4&3\end{vmatrix}=2,\quad A_{12}=(-1)^{1+2}\begin{vmatrix}2&1\\3&3\end{vmatrix}=-3,\quad A_{13}=(-1)^{1+3}\begin{vmatrix}2&2\\3&4\end{vmatrix}=2$$

$$A_{21}=(-1)^{2+1}\begin{vmatrix}2&3\\4&3\end{vmatrix}=6,\quad A_{22}=(-1)^{2+2}\begin{vmatrix}1&3\\3&3\end{vmatrix}=-6,\quad A_{23}=(-1)^{2+3}\begin{vmatrix}1&2\\3&4\end{vmatrix}=2$$

$$A_{31}=(-1)^{3+1}\begin{vmatrix}2&3\\2&1\end{vmatrix}=-4,\quad A_{32}=(-1)^{3+2}\begin{vmatrix}1&3\\2&1\end{vmatrix}=5,\quad A_{33}=(-1)^{3+3}\begin{vmatrix}1&2\\2&2\end{vmatrix}=-2$$

得 A 的伴随矩阵

$$A^*=\begin{pmatrix}A_{11}&A_{21}&A_{31}\\A_{12}&A_{22}&A_{32}\\A_{13}&A_{23}&A_{33}\end{pmatrix}=\begin{pmatrix}2&6&-4\\-3&-6&5\\2&2&-2\end{pmatrix}$$

容易算出 $|A|=2$, $A^*A=AA^*=\begin{pmatrix}2&0&0\\0&2&0\\0&0&2\end{pmatrix}=2\begin{pmatrix}1&0&0\\0&1&0\\0&0&1\end{pmatrix}=|A|E$.

2.3.2 逆矩阵

1. 逆矩阵的定义和求法

定义 对于 $A_{n\times n}$, 若有 $B_{n\times n}$ 满足

$$AB=BA=E$$

则称 A 为可逆矩阵, 且称 B 为 A 的逆矩阵, 记作 $A^{-1}=B$.

注: 若 $A_{n\times n}$ 为可逆矩阵, 则 A 的逆矩阵唯一.

事实上, 若 B 与 C 都是 A 的逆矩阵, 则有

$$AB=BA=E,\ AC=CA=E$$

从而

$$B=BE=B(AC)=(BA)C=EC=C$$

定理 2-1 $A_{n\times n}$ 为可逆矩阵 $\Leftrightarrow |A|\neq 0$, 且 $A^{-1}=\dfrac{1}{|A|}A^*$.

证明

必要性 已知 A^{-1} 存在, 则有

$$AA^{-1}=E\Rightarrow |A||A^{-1}|=1\Rightarrow |A|\neq 0$$

充分性 已知 $|A|\neq 0$, 则有

$$AA^*=A^*A=|A|E\Rightarrow A\left(\frac{1}{|A|}A^*\right)=\left(\frac{1}{|A|}A^*\right)A=E$$

由定义知 $\boldsymbol{A}$ 为可逆矩阵, 且 $\boldsymbol{A}^{-1}=\dfrac{1}{|\boldsymbol{A}|}\boldsymbol{A}^*$.　　证毕.

注: 当 $|\boldsymbol{A}|\neq 0$ 时, 亦称 $\boldsymbol{A}$ 为非奇异矩阵; 当 $|\boldsymbol{A}|=0$ 时, 亦称 $\boldsymbol{A}$ 为奇异矩阵. 由定理 2-1, $\boldsymbol{A}_{n\times n}$ 为可逆矩阵 $\Leftrightarrow|\boldsymbol{A}|\neq 0$, 即 $\boldsymbol{A}_{n\times n}$ 为可逆矩阵 $\Leftrightarrow$ $\boldsymbol{A}$ 为非奇异矩阵.

定理 2-1 提供了一种求逆矩阵的方法——伴随矩阵法.

例 2-8　求方阵 $\boldsymbol{A}=\begin{pmatrix}1&2&3\\2&2&1\\3&4&3\end{pmatrix}$ 的逆矩阵.

解　求得 $|\boldsymbol{A}|=2\neq 0$, 知 $\boldsymbol{A}^{-1}$ 存在. $|\boldsymbol{A}|$ 的各元素的代数余子式(同前例)分别为

$$A_{11}=(-1)^{1+1}\begin{vmatrix}2&1\\4&3\end{vmatrix}=2,\quad A_{12}=(-1)^{1+2}\begin{vmatrix}2&1\\3&3\end{vmatrix}=-3,\quad A_{13}=(-1)^{1+3}\begin{vmatrix}2&2\\3&4\end{vmatrix}=2$$

$$A_{21}=(-1)^{2+1}\begin{vmatrix}2&3\\4&3\end{vmatrix}=6,\quad A_{22}=(-1)^{2+2}\begin{vmatrix}1&3\\3&3\end{vmatrix}=-6,\quad A_{23}=(-1)^{2+3}\begin{vmatrix}1&2\\3&4\end{vmatrix}=2$$

$$A_{31}=(-1)^{3+1}\begin{vmatrix}2&3\\2&1\end{vmatrix}=-4,\quad A_{32}=(-1)^{3+2}\begin{vmatrix}1&3\\2&1\end{vmatrix}=5,\quad A_{33}=(-1)^{3+3}\begin{vmatrix}1&2\\2&2\end{vmatrix}=-2$$

得 $\boldsymbol{A}$ 的伴随矩阵

$$\boldsymbol{A}^*=\begin{pmatrix}A_{11}&A_{21}&A_{31}\\A_{12}&A_{22}&A_{32}\\A_{13}&A_{23}&A_{33}\end{pmatrix}=\begin{pmatrix}2&6&-4\\-3&-6&5\\2&2&-2\end{pmatrix}$$

所以

$$\boldsymbol{A}^{-1}=\frac{1}{|\boldsymbol{A}|}\boldsymbol{A}^*=\begin{pmatrix}1&3&-2\\-\dfrac{3}{2}&-3&\dfrac{5}{2}\\1&1&-1\end{pmatrix}$$

推论　若 $\boldsymbol{AB}=\boldsymbol{E}$ (或 $\boldsymbol{BA}=\boldsymbol{E}$), 则 $\boldsymbol{A}$ 可逆, 且 $\boldsymbol{A}^{-1}=\boldsymbol{B}$.

证明　$\boldsymbol{AB}=\boldsymbol{E}\Rightarrow|\boldsymbol{A}||\boldsymbol{B}|=1\Rightarrow|\boldsymbol{A}|\neq 0\Rightarrow\boldsymbol{A}$ 可逆.

$$\boldsymbol{A}^{-1}=\boldsymbol{A}^{-1}\boldsymbol{E}=\boldsymbol{A}^{-1}(\boldsymbol{AB})=(\boldsymbol{A}^{-1}\boldsymbol{A})\boldsymbol{B}=\boldsymbol{EB}=\boldsymbol{B}$$　　证毕.

注: 由推论知, 要证明 $\boldsymbol{B}=\boldsymbol{A}^{-1}$, 只需证明 $\boldsymbol{AB}=\boldsymbol{E}$ 或 $\boldsymbol{BA}=\boldsymbol{E}$; 而无须像定义中所说的那样要使 $\boldsymbol{AB}=\boldsymbol{E}$ 和 $\boldsymbol{BA}=\boldsymbol{E}$ 两个式子同时成立.

例如, 由

$$\begin{pmatrix}3&1\\2&-5\end{pmatrix}\begin{pmatrix}\dfrac{5}{17}&\dfrac{1}{17}\\\dfrac{2}{17}&-\dfrac{3}{17}\end{pmatrix}=\begin{pmatrix}1&0\\0&1\end{pmatrix}$$

即可得

$$\begin{pmatrix}3&1\\2&-5\end{pmatrix}^{-1}=\begin{pmatrix}\dfrac{5}{17}&\dfrac{1}{17}\\\dfrac{2}{17}&-\dfrac{3}{17}\end{pmatrix}$$

而不需要再验证

$$\begin{pmatrix} \frac{5}{17} & \frac{1}{17} \\ \frac{2}{17} & -\frac{3}{17} \end{pmatrix}\begin{pmatrix} 3 & 1 \\ 2 & -5 \end{pmatrix}=\begin{pmatrix} 1 & 0 \\ 0 & 1 \end{pmatrix}$$

这使得计算量减少一半.

方阵的逆矩阵满足下述运算规律:

(1) $\boldsymbol{A}$ 可逆 $\Rightarrow \boldsymbol{A}^{-1}$ 可逆, 且 $(\boldsymbol{A}^{-1})^{-1}=\boldsymbol{A}$.

事实上, 对于 $\boldsymbol{A}^{-1}$, 取 $\boldsymbol{B}=\boldsymbol{A}$, 有 $\boldsymbol{A}^{-1}\boldsymbol{B}=\boldsymbol{A}^{-1}\boldsymbol{A}=\boldsymbol{E}$.

(2) $\boldsymbol{A}$ 可逆, $\lambda\neq 0 \Rightarrow \lambda\boldsymbol{A}$ 可逆, 且 $(\lambda\boldsymbol{A})^{-1}=\frac{1}{\lambda}\boldsymbol{A}^{-1}$.

事实上, 对于 $\lambda\boldsymbol{A}$, 取 $\boldsymbol{B}=\frac{1}{\lambda}\boldsymbol{A}^{-1}$, 有 $(\lambda\boldsymbol{A})\boldsymbol{B}=(\lambda\boldsymbol{A})(\frac{1}{\lambda}\boldsymbol{A}^{-1})=\boldsymbol{A}\boldsymbol{A}^{-1}=\boldsymbol{E}$.

(3) $\boldsymbol{A}$ 与 $\boldsymbol{B}$ 都可逆 $\Rightarrow \boldsymbol{AB}$ 可逆, 且 $(\boldsymbol{AB})^{-1}=\boldsymbol{B}^{-1}\boldsymbol{A}^{-1}$.

事实上, 对于 $\boldsymbol{AB}$, 取 $\boldsymbol{C}=\boldsymbol{B}^{-1}\boldsymbol{A}^{-1}$, 有 $(\boldsymbol{AB})\boldsymbol{C}=(\boldsymbol{AB})(\boldsymbol{B}^{-1}\boldsymbol{A}^{-1})=\boldsymbol{A}(\boldsymbol{B}\boldsymbol{B}^{-1})\boldsymbol{A}^{-1}=\boldsymbol{E}$.

推广: $(\boldsymbol{ABC})^{-1}=\boldsymbol{C}^{-1}\boldsymbol{B}^{-1}\boldsymbol{A}^{-1}$; $(\boldsymbol{A}_1\boldsymbol{A}_2\cdots\boldsymbol{A}_k)^{-1}=\boldsymbol{A}_k^{-1}\cdots\boldsymbol{A}_2^{-1}\boldsymbol{A}_1^{-1}$.

(4) $\boldsymbol{A}$ 可逆 $\Rightarrow \boldsymbol{A}^{\mathrm{T}}$ 可逆, 且 $(\boldsymbol{A}^{\mathrm{T}})^{-1}=(\boldsymbol{A}^{-1})^{\mathrm{T}}$.

事实上, 对于 $\boldsymbol{A}^{\mathrm{T}}$, 取 $\boldsymbol{B}=(\boldsymbol{A}^{-1})^{\mathrm{T}}$, 有 $\boldsymbol{A}^{\mathrm{T}}\boldsymbol{B}=\boldsymbol{A}^{\mathrm{T}}(\boldsymbol{A}^{-1})^{\mathrm{T}}=(\boldsymbol{A}^{-1}\boldsymbol{A})^{\mathrm{T}}=\boldsymbol{E}$.

2. 可逆矩阵的负幂

负幂: 若 $\boldsymbol{A}$ 可逆, 定义 $\boldsymbol{A}^0=\boldsymbol{E}$, $\boldsymbol{A}^{-k}=(\boldsymbol{A}^{-1})^k (k=1,2,\cdots)$, 则有

$$\boldsymbol{A}^k\boldsymbol{A}^l=\boldsymbol{A}^{k+l},\ (\boldsymbol{A}^k)^l=\boldsymbol{A}^{kl}\ (k,l \text{ 为整数})$$

例如: $\boldsymbol{A}=\begin{pmatrix} 3 & -1 & 0 \\ -2 & 1 & 1 \\ 2 & -1 & 4 \end{pmatrix}$, $\boldsymbol{A}^{-1}=\frac{1}{5}\boldsymbol{A}^*=\frac{1}{5}\begin{pmatrix} 5 & 4 & -1 \\ 10 & 12 & -3 \\ 0 & 1 & 1 \end{pmatrix}$, $\boldsymbol{A}^{-2}=\boldsymbol{A}^{-1}\boldsymbol{A}^{-1}$

这样, 对于任一 n 阶方阵 $\boldsymbol{A}$, 可定义其正整数次方幂

$$\boldsymbol{A}^1(=\boldsymbol{A}), \boldsymbol{A}^2, \cdots, \boldsymbol{A}^k, \cdots$$

而对 n 阶非奇异矩阵 $\boldsymbol{A}$, 可定义其任何整数次方幂

$$\cdots, \boldsymbol{A}^{-k}, \cdots, \boldsymbol{A}^{-2}, \boldsymbol{A}^{-1}, \boldsymbol{A}^0(=\boldsymbol{E}), \boldsymbol{A}^1(=\boldsymbol{A}), \boldsymbol{A}^2, \cdots, \boldsymbol{A}^k, \cdots$$

3. 逆矩阵的应用

(1) n 元线性方程组求解: $\boldsymbol{A}_{n\times n}\boldsymbol{x}=\boldsymbol{b}$, $|\boldsymbol{A}|\neq 0 \Rightarrow \boldsymbol{x}=\boldsymbol{A}^{-1}\boldsymbol{b}$.

(2) 求线性变换的逆变换: $\boldsymbol{y}=\boldsymbol{A}_{n\times n}\boldsymbol{x}$, $|\boldsymbol{A}|\neq 0 \Rightarrow \boldsymbol{x}=\boldsymbol{A}^{-1}\boldsymbol{y}$.

(3) 矩阵方程求解: 设 $\boldsymbol{A}_{m\times m}$ 可逆, $\boldsymbol{B}_{n\times n}$ 可逆, 且 $\boldsymbol{C}_{m\times n}$ 已知, 则

$$\boldsymbol{AX}=\boldsymbol{C} \Rightarrow \boldsymbol{X}=\boldsymbol{A}^{-1}\boldsymbol{C}$$

$$\boldsymbol{XB}=\boldsymbol{C} \Rightarrow \boldsymbol{X}=\boldsymbol{C}\boldsymbol{B}^{-1}$$

$$\boldsymbol{AXB}=\boldsymbol{C} \Rightarrow \boldsymbol{X}=\boldsymbol{A}^{-1}\boldsymbol{C}\boldsymbol{B}^{-1}$$

例 2-9　设 $\boldsymbol{A}=\begin{pmatrix}5&-1&0\\-2&3&1\\2&-1&6\end{pmatrix}$, $\boldsymbol{C}=\begin{pmatrix}2&1\\2&0\\3&5\end{pmatrix}$, 满足 $\boldsymbol{AX}=\boldsymbol{C}+2\boldsymbol{X}$, 求 $\boldsymbol{X}$.

解　移项合并得 $(\boldsymbol{A}-2\boldsymbol{E})\boldsymbol{X}=\boldsymbol{C}$, 从而 $\boldsymbol{X}=(\boldsymbol{A}-2\boldsymbol{E})^{-1}\boldsymbol{C}$.

因为

$$\boldsymbol{A}-2\boldsymbol{E}=\begin{pmatrix}3&-1&0\\-2&1&1\\2&-1&4\end{pmatrix}$$

可求得

$$(\boldsymbol{A}-2\boldsymbol{E})^{-1}=\frac{1}{5}\begin{pmatrix}5&4&-1\\10&12&-3\\0&1&1\end{pmatrix}$$

故

$$\boldsymbol{X}=\frac{1}{5}\begin{pmatrix}5&4&-1\\10&12&-3\\0&1&1\end{pmatrix}\begin{pmatrix}2&1\\2&0\\3&5\end{pmatrix}=\begin{pmatrix}3&0\\7&-1\\1&1\end{pmatrix}$$

例 2-10　设

$$\boldsymbol{A}=\begin{pmatrix}1&2&3\\2&2&1\\3&4&3\end{pmatrix},\ \boldsymbol{B}=\begin{pmatrix}2&1\\5&3\end{pmatrix},\ \boldsymbol{C}=\begin{pmatrix}1&3\\2&0\\3&1\end{pmatrix}$$

求矩阵 $\boldsymbol{X}$ 使其满足 $\boldsymbol{AXB}=\boldsymbol{C}$.

解　$|\boldsymbol{A}|=2$, $|\boldsymbol{B}|=1$, 故 $\boldsymbol{A}, \boldsymbol{B}$ 都可逆.

$$\boldsymbol{A}^{-1}=\begin{pmatrix}1&3&-2\\-\dfrac{3}{2}&-3&\dfrac{5}{2}\\1&1&-1\end{pmatrix},\ \boldsymbol{B}^{-1}=\begin{pmatrix}3&-1\\-5&2\end{pmatrix}$$

用 $\boldsymbol{A}^{-1}$ 左乘上式, 用 $\boldsymbol{B}^{-1}$ 右乘上式得

$$\boldsymbol{X}=\boldsymbol{A}^{-1}\boldsymbol{C}\boldsymbol{B}^{-1}=\begin{pmatrix}1&3&-2\\-\dfrac{3}{2}&-3&\dfrac{5}{2}\\1&1&-1\end{pmatrix}\begin{pmatrix}1&3\\2&0\\3&1\end{pmatrix}\begin{pmatrix}3&-1\\-5&2\end{pmatrix}=\begin{pmatrix}-2&1\\10&-4\\-10&4\end{pmatrix}$$

例 2-11　设 $\boldsymbol{A}^2-\boldsymbol{A}-6\boldsymbol{E}=\boldsymbol{O}$, 证明 $\boldsymbol{A}+3\boldsymbol{E}$ 是可逆矩阵, 并求其逆矩阵.

证明　由已知条件 $\boldsymbol{A}^2-\boldsymbol{A}-6\boldsymbol{E}=\boldsymbol{O}$, 可得

$$(\boldsymbol{A}+3\boldsymbol{E})(\boldsymbol{A}-4\boldsymbol{E})=-6\boldsymbol{E}$$

即

$$(\boldsymbol{A}+3\boldsymbol{E})\left[-\frac{1}{6}(\boldsymbol{A}-4\boldsymbol{E})\right]=\boldsymbol{E}$$

故 $\boldsymbol{A}+3\boldsymbol{E}$ 可逆, 且

$$(\boldsymbol{A}+3\boldsymbol{E})^{-1}=-\frac{1}{6}(\boldsymbol{A}-4\boldsymbol{E})$$

导读与提示

本节内容:

1. 伴随矩阵的定义和性质;
2. 逆矩阵的定义,性质,矩阵可逆的充要条件;
3. 求逆矩阵的第一种方法——伴随矩阵法;
4. 可逆方阵的负整数次方幂.

本节要求:

1. 理解伴随矩阵,可逆矩阵的定义和性质;
2. 会判断矩阵的可逆性,并会求逆矩阵;
3. 会利用逆矩阵求解线性方程组和矩阵方程.

习 题 2.3

1. 求下列矩阵的逆矩阵:

(1) $\begin{pmatrix} 1 & 3 \\ 2 & 4 \end{pmatrix}$;　　(2) $\begin{pmatrix} a & b \\ c & d \end{pmatrix} (ad-bc \neq 0)$;

(3) $\begin{pmatrix} 0 & 2 & 1 \\ 1 & -1 & 1 \\ 3 & -1 & 2 \end{pmatrix}$;　　(4) $\begin{pmatrix} a_1 & & & \\ & a_2 & & \\ & & \ddots & \\ & & & a_n \end{pmatrix} (a_1 a_2 \cdots a_n \neq 0)$.

2. 解下列矩阵方程:

(1) $\begin{pmatrix} 3 & 5 \\ 1 & 2 \end{pmatrix} \boldsymbol{X} = \begin{pmatrix} 4 & -1 & 2 \\ 3 & 0 & -1 \end{pmatrix}$;　　(2) $\boldsymbol{X} \begin{pmatrix} 1 & 1 & -1 \\ 2 & 1 & 0 \\ 1 & -1 & 1 \end{pmatrix} = \begin{pmatrix} 1 & 1 & 3 \\ 4 & 3 & 2 \\ 1 & 2 & 5 \end{pmatrix}$;

(3) $\begin{pmatrix} 2 & 1 \\ -2 & 3 \end{pmatrix} \boldsymbol{X} \begin{pmatrix} -2 & -1 \\ 1 & 1 \end{pmatrix} = \begin{pmatrix} -2 & 3 \\ -6 & 1 \end{pmatrix}$;

(4) $\begin{pmatrix} 0 & 1 & 0 \\ 1 & 0 & 0 \\ 0 & 0 & 1 \end{pmatrix} \boldsymbol{X} \begin{pmatrix} 1 & 0 & 0 \\ 0 & 0 & 1 \\ 0 & 1 & 0 \end{pmatrix} = \begin{pmatrix} 1 & -4 & 3 \\ 2 & 0 & -1 \\ 1 & -2 & 0 \end{pmatrix}$.

3. 利用逆矩阵解下列线性方程组:

$$\begin{cases} x_1 + x_2 - x_3 = 2, \\ -2x_1 + x_2 + x_3 = 3, \\ x_1 + x_2 + x_3 = 6. \end{cases}$$

4. 设 $\boldsymbol{A}^k = \boldsymbol{O}$ (k 为正整数), 证明:

$$(\boldsymbol{E} - \boldsymbol{A})^{-1} = \boldsymbol{E} + \boldsymbol{A} + \boldsymbol{A}^2 + \cdots + \boldsymbol{A}^{k-1}$$

5. 设方阵 $\boldsymbol{A}$ 满足 $\boldsymbol{A}^2 - 3\boldsymbol{A} - 2\boldsymbol{E} = \boldsymbol{O}$, 证明 $\boldsymbol{A}$ 可逆, 并求 $\boldsymbol{A}^{-1}$.

6. 设 $\boldsymbol{A}$ 为 3 阶矩阵, $|\boldsymbol{A}|=\dfrac{1}{2}$, 求 $\left|(3\boldsymbol{A})^{-1}-2\boldsymbol{A}^*\right|$.

7. 设 $\boldsymbol{A}=\begin{pmatrix}0&1&0\\-1&1&1\\-1&0&-1\end{pmatrix}$, $\boldsymbol{B}=\begin{pmatrix}1&-1\\2&0\\5&-3\end{pmatrix}$, 且 $\boldsymbol{AX}+\boldsymbol{B}=\boldsymbol{X}$, 求 $\boldsymbol{X}$.

8. 设 $\boldsymbol{A}=\begin{pmatrix}1&0&1\\0&2&0\\1&0&1\end{pmatrix}$, 且 $\boldsymbol{AB}+\boldsymbol{E}=\boldsymbol{A}^2+\boldsymbol{B}$, 求 $\boldsymbol{B}$.

9. 设 $\boldsymbol{A},\boldsymbol{B},\boldsymbol{C}$ 为同阶矩阵, 且 $\boldsymbol{C}$ 为非奇异矩阵, 满足 $\boldsymbol{C}^{-1}\boldsymbol{AC}=\boldsymbol{B}$, 求证: $\boldsymbol{C}^{-1}\boldsymbol{A}^m\boldsymbol{C}=\boldsymbol{B}^m$ (m 是正整数).

10. 设 $\boldsymbol{P}^{-1}\boldsymbol{AP}=\boldsymbol{\Lambda}$, 其中 $\boldsymbol{P}=\begin{pmatrix}-1&-4\\1&1\end{pmatrix}$, $\boldsymbol{\Lambda}=\begin{pmatrix}-1&0\\0&2\end{pmatrix}$, 求 $\boldsymbol{A}^{11}$.

11. 设 $\boldsymbol{B}$ 是可逆矩阵, $\boldsymbol{A}$ 与 $\boldsymbol{B}$ 同阶, 且满足 $\boldsymbol{A}^2+\boldsymbol{AB}+\boldsymbol{B}^2=\boldsymbol{O}$, 证明 $\boldsymbol{A}$ 与 $\boldsymbol{A}+\boldsymbol{B}$ 都是可逆矩阵, 并求 $\boldsymbol{A}^{-1}$ 和 $(\boldsymbol{A}+\boldsymbol{B})^{-1}$.

12. 设 $\boldsymbol{A},\boldsymbol{B}$ 为 n 阶可逆矩阵. (1) 举例说明 $\boldsymbol{A}+\boldsymbol{B}$ 不一定可逆; (2) 若已知 $\boldsymbol{A}^{-1}+\boldsymbol{B}^{-1}$ 可逆, 证明 $\boldsymbol{A}+\boldsymbol{B}$ 可逆, 并求 $(\boldsymbol{A}+\boldsymbol{B})^{-1}$.

13. 证明可逆的对称矩阵的逆矩阵仍然是对称阵.

14. 证明 $|\boldsymbol{A}^*|=|\boldsymbol{A}|^{n-1}$, 当 $\boldsymbol{A}^{-1}=\begin{pmatrix}2&1&1\\1&2&1\\1&1&2\end{pmatrix}$ 时, 求 $|\boldsymbol{A}^*|$.

15. 设 $\boldsymbol{A}$ 为 n 阶可逆矩阵, 证明:

(1) $(\boldsymbol{A}^{-1})^{\mathrm{T}}=(\boldsymbol{A}^{\mathrm{T}})^{-1}$;　　(2) $(\boldsymbol{A}^{\mathrm{T}})^*=(\boldsymbol{A}^*)^{\mathrm{T}}$;　　(3) $(\boldsymbol{A}^{-1})^*=(\boldsymbol{A}^*)^{-1}$.

16. 设矩阵 $\boldsymbol{A}$ 的伴随矩阵 $\boldsymbol{A}^*=\begin{pmatrix}1&0&0&0\\0&1&0&0\\1&0&1&0\\0&-3&0&8\end{pmatrix}$, 且 $\boldsymbol{ABA}^{-1}=\boldsymbol{BA}^{-1}+3\boldsymbol{E}$, 求 $\boldsymbol{B}$.

2.4 分 块 矩 阵

2.4.1 分块矩阵

对于行数和列数都较大的矩阵 $\boldsymbol{A}$, 运算时常采用分块法, 使大矩阵的运算化成小矩阵的运算. 用若干条横线与纵线将矩阵 $\boldsymbol{A}$ 划分为若干个小矩阵, 称这些小矩阵为 $\boldsymbol{A}$ 的子矩阵, 以子矩阵为其元素的矩阵称为分块矩阵. 例如

$$\boldsymbol{A}=\left(\begin{array}{cc:cc}1&0&-1&1\\-1&0&1&0\\\hdashline 0&0&2&-1\\0&0&0&-3\end{array}\right)=\begin{pmatrix}\boldsymbol{A}_{11}&\boldsymbol{A}_{12}\\\boldsymbol{A}_{21}&\boldsymbol{A}_{22}\end{pmatrix}$$

$$A=\left(\begin{array}{c:c:c:c} 1 & 0 & -1 & 1 \\ -1 & 0 & 1 & 0 \\ 0 & 0 & 2 & -1 \\ 0 & 0 & 0 & -3 \end{array}\right)=\begin{pmatrix} B_1 & B_2 & B_3 & B_4 \end{pmatrix}$$

特点: 同行上的子矩阵有相同的“行数”; 同列上的子矩阵有相同的“列数”.

2.4.2 分块矩阵的运算

1. 加法

设 A 与 B 为同型矩阵, 且分块方式相同, 即

$$A_{m\times n}=\begin{pmatrix} A_{11} & \cdots & A_{1r} \\ \vdots & & \vdots \\ A_{s1} & \cdots & A_{sr} \end{pmatrix},\ B_{m\times n}=\begin{pmatrix} B_{11} & \cdots & B_{1r} \\ \vdots & & \vdots \\ B_{s1} & \cdots & B_{sr} \end{pmatrix}$$

中 A_{ij} 与 B_{ij} 也是同型矩阵, 则

$$A+B=\begin{pmatrix} A_{11}+B_{11} & \cdots & A_{1r}+B_{1r} \\ \vdots & & \vdots \\ A_{s1}+B_{s1} & \cdots & A_{sr}+B_{sr} \end{pmatrix}$$

2. 数乘

$$kA_{m\times n}=\begin{pmatrix} kA_{11} & \cdots & kA_{1r} \\ \vdots & & \vdots \\ kA_{s1} & \cdots & kA_{sr} \end{pmatrix}$$

3. 分块矩阵的乘法

设 A 为 $m\times l$ 矩阵, B 为 $l\times n$ 矩阵, 分块成

$$A_{m\times l}=\begin{pmatrix} A_{11} & \cdots & A_{1t} \\ \vdots & & \vdots \\ A_{s1} & \cdots & A_{st} \end{pmatrix},\ B_{l\times n}=\begin{pmatrix} B_{11} & \cdots & B_{1r} \\ \vdots & & \vdots \\ B_{t1} & \cdots & B_{tr} \end{pmatrix}$$

要求 A 的列划分方式与 B 的行划分方式相同, 则

$$AB=\begin{pmatrix} C_{11} & \cdots & C_{1r} \\ \vdots & & \vdots \\ C_{s1} & \cdots & C_{sr} \end{pmatrix}$$

其中

$$C_{ij}=\begin{pmatrix} A_{i1} & \cdots & A_{it} \end{pmatrix}\begin{pmatrix} B_{1j} \\ \vdots \\ B_{tj} \end{pmatrix}=A_{i1}B_{1j}+\cdots+A_{it}B_{tj}\ (1\leqslant i\leqslant s,\ 1\leqslant j\leqslant r)$$

注: 分块矩阵乘法的运算方法与普通矩阵的乘法一致.

例 2-12 $A=\left(\begin{array}{cc|cc} 1 & 0 & 0 & 0 \\ 0 & 1 & 0 & 0 \\ \hline -1 & 2 & 1 & 0 \\ 1 & 1 & 0 & 1 \end{array}\right)=\begin{pmatrix} \boldsymbol{E} & \boldsymbol{O} \\ \boldsymbol{A}_{21} & \boldsymbol{E} \end{pmatrix}$

$$\boldsymbol{B}=\left(\begin{array}{cc|cc} 1 & 0 & 1 & 0 \\ -1 & 2 & 0 & 1 \\ \hline 1 & 0 & 4 & 1 \\ -1 & -1 & 2 & 0 \end{array}\right)=\begin{pmatrix} \boldsymbol{B}_{11} & \boldsymbol{E} \\ \boldsymbol{B}_{21} & \boldsymbol{B}_{22} \end{pmatrix}$$

$$\boldsymbol{AB}=\begin{pmatrix} \boldsymbol{B}_{11} & \boldsymbol{E} \\ \boldsymbol{A}_{21}\boldsymbol{B}_{11}+\boldsymbol{B}_{21} & \boldsymbol{A}_{21}+\boldsymbol{B}_{22} \end{pmatrix}=\left(\begin{array}{cc|cc} 1 & 0 & 1 & 0 \\ -1 & 2 & 0 & 1 \\ \hline -2 & 4 & 3 & 3 \\ -1 & 1 & 3 & 1 \end{array}\right)$$

4. 转置

$$\boldsymbol{A}_{m\times n}=\begin{pmatrix} \boldsymbol{A}_{11} & \cdots & \boldsymbol{A}_{1r} \\ \vdots & & \vdots \\ \boldsymbol{A}_{s1} & \cdots & \boldsymbol{A}_{sr} \end{pmatrix},\ \boldsymbol{A}^{\mathrm{T}}=\begin{pmatrix} \boldsymbol{A}_{11}^{\mathrm{T}} & \cdots & \boldsymbol{A}_{s1}^{\mathrm{T}} \\ \vdots & & \vdots \\ \boldsymbol{A}_{1r}^{\mathrm{T}} & \cdots & \boldsymbol{A}_{sr}^{\mathrm{T}} \end{pmatrix}$$

特点:“大转”+“小转”.

5. 分块对角矩阵

设 $\boldsymbol{A}_1,\boldsymbol{A}_2,\cdots,\boldsymbol{A}_s$ 都是方阵, 得

$$\boldsymbol{A}=\mathrm{diag}(\boldsymbol{A}_1,\boldsymbol{A}_2,\cdots,\boldsymbol{A}_s)=\begin{pmatrix} \boldsymbol{A}_1 & & & \\ & \boldsymbol{A}_2 & & \\ & & \ddots & \\ & & & \boldsymbol{A}_s \end{pmatrix}$$

称为分块对角矩阵.

分块对角矩阵的性质:

(1) $|\boldsymbol{A}|=|\boldsymbol{A}_1||\boldsymbol{A}_2|\cdots|\boldsymbol{A}_s|$

(2) $\boldsymbol{A}$ 可逆 $\Leftrightarrow \boldsymbol{A}_i\ (i=1,2,\cdots,s)$ 可逆; 且 $\boldsymbol{A}^{-1}=\begin{pmatrix} \boldsymbol{A}_1^{-1} & & & \\ & \boldsymbol{A}_2^{-1} & & \\ & & \ddots & \\ & & & \boldsymbol{A}_s^{-1} \end{pmatrix}$

例 2-13 $\boldsymbol{A}=\left(\begin{array}{c|cc} 5 & 0 & 0 \\ \hline 0 & 3 & 1 \\ 0 & 2 & 1 \end{array}\right)=\begin{pmatrix} \boldsymbol{A}_1 & \boldsymbol{O} \\ \boldsymbol{O} & \boldsymbol{A}_2 \end{pmatrix}$.

解 $\boldsymbol{A}_1=(5),\ \boldsymbol{A}_1^{-1}=\left(\frac{1}{5}\right)$

$$A_2=\begin{pmatrix}3&1\\2&1\end{pmatrix},\ A_2^{-1}=\begin{pmatrix}1&-1\\-2&3\end{pmatrix}$$

所以

$$A^{-1}=\begin{pmatrix}A_1^{-1}&O\\O&A_2^{-1}\end{pmatrix}=\begin{pmatrix}\frac{1}{5}&0&0\\0&1&-1\\0&-2&3\end{pmatrix}$$

例 2-14 设 $A_{m\times m}$ 与 $B_{n\times n}$ 都可逆，C 为 $m\times n$ 矩阵，$M=\begin{pmatrix}A&C\\O&B\end{pmatrix}$，求 M^{-1}.

解 $|M|=|A||B|\neq 0\Rightarrow M$ 可逆. 设 $M^{-1}=\begin{pmatrix}X_1&X_2\\X_3&X_4\end{pmatrix}$，则

$$\begin{pmatrix}A&C\\O&B\end{pmatrix}\begin{pmatrix}X_1&X_2\\X_3&X_4\end{pmatrix}=\begin{pmatrix}E_m&O\\O&E_n\end{pmatrix}$$

所以

$$\begin{cases}AX_1+CX_3=E_m\\AX_2+CX_4=O\\BX_3=O\\BX_4=E_n\end{cases}$$

可得到

$$\begin{cases}X_1=A^{-1}\\X_2=-A^{-1}CB^{-1}\\X_3=O\\X_4=B^{-1}\end{cases}$$

故

$$M^{-1}=\begin{pmatrix}A^{-1}&-A^{-1}CB^{-1}\\O&B^{-1}\end{pmatrix}$$

导 读 与 提 示

本节内容.

1. 矩阵分块的方法.
2. 分块矩阵的运算: 加、减法; 数乘; 乘法; 转置.
3. 分块对角矩阵.

本节要求:

1. 掌握分块矩阵的加、减法; 数乘; 转置等运算;
2. 熟练掌握分块矩阵的乘法, 掌握它对分块矩阵的要求和运算法则;
3. 对分块对角矩阵, 要掌握其可逆的充要条件, 记住其求逆的公式, 以便今后使用.

在工程实践和科学研究中, 常常会遇到大型矩阵, 如 $A_{100\,000}$. 要计算这些大型矩阵, 通常把它们分割成子块, 通过这些子块——小型矩阵的运算来实现.

在分块矩阵的计算中, 矩阵与矩阵的乘法相对复杂, 需要重点关注.

分块矩阵的思想、方法在本书后面, 以及在相关课程的学习中经常用到, 要熟练掌握, 不要误以为不进行大型运算, 就不会用到分块矩阵的思想, 而对这部分内容不予重视.

习 题 2.4

1. 用分块矩阵的方法计算 $\begin{pmatrix} 1 & 2 & 1 & 0 \\ 0 & 1 & 0 & 1 \\ 0 & 0 & 2 & 1 \\ 0 & 0 & 0 & 3 \end{pmatrix}\begin{pmatrix} 1 & 0 & 3 & 1 \\ 0 & 1 & 2 & -1 \\ 0 & 0 & -2 & 3 \\ 0 & 0 & 0 & -3 \end{pmatrix}$.

2. 求分块矩阵的逆矩阵:

(1) $\boldsymbol{A}=\begin{pmatrix} \boldsymbol{O} & \boldsymbol{A}_{12} \\ \boldsymbol{A}_{21} & \boldsymbol{O} \end{pmatrix}$, 其中 $\boldsymbol{A}_{12}=\begin{pmatrix} 1 & 1 \\ 2 & 1 \end{pmatrix}$, $\boldsymbol{A}_{21}=\begin{pmatrix} 1 & 3 \\ 2 & 5 \end{pmatrix}$;

(2) $\boldsymbol{B}=\begin{pmatrix} \boldsymbol{B}_{11} & \boldsymbol{O} \\ \boldsymbol{O} & \boldsymbol{B}_{22} \end{pmatrix}$, 其中 $\boldsymbol{B}_{11}$ 为 n 阶可逆矩阵及 $\boldsymbol{B}_{22}$ 为 s 阶可逆矩阵;

(3) $\boldsymbol{C}=\begin{pmatrix} \boldsymbol{C}_{11} & \boldsymbol{C}_{12} \\ \boldsymbol{O} & \boldsymbol{C}_{22} \end{pmatrix}$, 其中 $\boldsymbol{C}_{11}=\begin{pmatrix} 1 & -1 & 2 \\ -2 & -1 & -2 \\ 4 & 3 & 3 \end{pmatrix}$, $\boldsymbol{C}_{12}=\begin{pmatrix} -1 \\ 1 \\ 1 \end{pmatrix}$, $\boldsymbol{C}_{22}=2$.

3. 求下列矩阵的逆矩阵:

(1) $\begin{pmatrix} 5 & 2 & 0 & 0 \\ 2 & 1 & 0 & 0 \\ 0 & 0 & 1 & -2 \\ 0 & 0 & 1 & 1 \end{pmatrix}$; (2) $\begin{pmatrix} 1 & 0 & 0 & 0 \\ 1 & 2 & 0 & 0 \\ 2 & 1 & 3 & 0 \\ 1 & 2 & 1 & 4 \end{pmatrix}$.

2.5* 相 关 理 论 证 明

2.5.1 矩阵的运算（2.2 节）

1. 矩阵乘法的性质(假如运算都是可行的)

(1) $(\boldsymbol{AB})\boldsymbol{C}=\boldsymbol{A}(\boldsymbol{BC})$;

(2) $\boldsymbol{A}(\boldsymbol{B}+\boldsymbol{C})=\boldsymbol{AB}+\boldsymbol{AC}$, $(\boldsymbol{A}+\boldsymbol{B})\boldsymbol{C}=\boldsymbol{AC}+\boldsymbol{BC}$;

(3) $\lambda(\boldsymbol{AB})=(\lambda\boldsymbol{A})\boldsymbol{B}=\boldsymbol{A}(\lambda\boldsymbol{B})$, λ 是数;

(4) $\boldsymbol{E}_m\boldsymbol{A}_{m\times n}=\boldsymbol{A}$, $\boldsymbol{A}_{m\times n}\boldsymbol{E}_n=\boldsymbol{A}$; 简记为 $\boldsymbol{EA}=\boldsymbol{AE}=\boldsymbol{A}$.

证明 只证明(1). 类似可以证明其他几个式子:

设 $\boldsymbol{A}=(a_{ij})_{s\times n}$, $\boldsymbol{B}=(b_{ij})_{n\times m}$, $\boldsymbol{C}=(c_{ij})_{m\times r}$, 则 $(\boldsymbol{AB})\boldsymbol{C}$, $\boldsymbol{A}(\boldsymbol{BC})$ 都是 $s\times r$ 矩阵. 只需证明它们的

(i,j) 元素对应相等, 即

$$((AB)C)_{ij}=(A(BC))_{ij}$$

事实上

$$((AB)C)_{ij}=\sum_{l=1}^{m}((AB)_{il})c_{lj}=\sum_{l=1}^{m}\left(\sum_{k=1}^{n}a_{ik}b_{kl}\right)c_{lj}=\sum_{l=1}^{m}\sum_{k=1}^{n}a_{ik}b_{kl}c_{lj}$$

$$(A(BC))_{ij}=\sum_{k=1}^{n}a_{ik}((BC)_{kj})=\sum_{k=1}^{n}a_{ik}\left(\sum_{l=1}^{m}b_{kl}c_{lj}\right)=\sum_{k=1}^{n}\sum_{l=1}^{m}a_{ik}b_{kl}c_{lj}$$

因为

$$\sum_{k=1}^{n}\sum_{l=1}^{m}a_{ik}b_{kl}c_{lj}=\sum_{l=1}^{m}\sum_{k=1}^{n}a_{ik}b_{kl}c_{lj}$$

所以, $(AB)C=A(BC)$. 证毕.

2. 矩阵转置满足以下的运算律

(1) $(A^{T})^{T}=A$;

(2) $(A+B)^{T}=A^{T}+B^{T}$;

(3) $(\lambda A)^{T}=\lambda A^{T}$;

(4) $(AB)^{T}=B^{T}A^{T}$.

推广: $(ABC)^{T}=C^{T}B^{T}A^{T}$; $(A_1A_2\cdots A_k)^{T}=A_k{}^{T}\cdots A_2{}^{T}A_1{}^{T}$.

证明 只证明(4).

设 $A=(a_{ij})_{m\times s}$, $B=(b_{ij})_{s\times n}$, 则 $(AB)^{T}$, $B^{T}A^{T}$ 都是 $n\times m$ 矩阵. 又因为

$$((AB)^{T})_{ij}=(AB)_{ji}=\sum_{t=1}^{s}a_{jt}b_{ti}=\sum_{t=1}^{s}b_{ti}a_{jt}=(B^{T}A^{T})_{ij}$$

所以, $((AB)^{T})_{ij}=(B^{T}A^{T})_{ij}$. 证毕.

3. 方阵的行列式运算律

(1) $|A^{T}|=|A|$;

(2) $|\lambda A|=\lambda^{n}|A|$;

(3) $|AB|=|A||B|$.

证明 只证明(3).

设 $A=(a_{ij})$, $B=(b_{ij})$ 是 n 阶方阵, 构造 $2n$ 阶方阵

$$D=\begin{vmatrix} a_{11} & \cdots & a_{1n} & & & \\ \vdots & \ddots & \vdots & & O & \\ a_{n1} & \cdots & a_{nn} & & & \\ -1 & & & b_{11} & \cdots & b_{1n} \\ & \ddots & & \vdots & \ddots & \vdots \\ & & -1 & b_{n1} & \cdots & b_{nn} \end{vmatrix}=\begin{vmatrix} A & O \\ -E & B \end{vmatrix}$$

根据例 1-11 的结论可得

$$D=|A||B|$$

在 D 中, 依次进行下列运算:

将第 1 列乘以 b_{1j} 加到第 $n+j$ $(j=1,2,\cdots,n)$ 列;

将第 2 列乘以 b_{2j} 加到第 $n+j$ ($j=1,2,\cdots,n$) 列;

…………

将第 n 列乘以 b_{nj} 加到第 $n+j$ ($j=1,2,\cdots,n$) 列.

有

$$D=\begin{vmatrix} \boldsymbol{A} & \boldsymbol{C} \\ -\boldsymbol{E} & \boldsymbol{O} \end{vmatrix}$$

其中, $\boldsymbol{C}=(c_{ij})$, $c_{ij}=\sum_{t=1}^{n}a_{it}b_{tj}$, 因而, $\boldsymbol{C}=\boldsymbol{AB}$.

在 D 中做 n 次行对调 $r_i \leftrightarrow r_{n+i}(i=1,2,\cdots,n)$, 得

$$D=(-1)^n\begin{vmatrix} -\boldsymbol{E} & \boldsymbol{O} \\ \boldsymbol{A} & \boldsymbol{C} \end{vmatrix}=(-1)^n\left|-\boldsymbol{E}\right|\left|\boldsymbol{C}\right|=\left|\boldsymbol{AB}\right|$$

证毕.

2.5.2　逆矩阵（2.3 节）

伴随矩阵的性质: $\boldsymbol{AA}^*=\boldsymbol{A}^*\boldsymbol{A}=|\boldsymbol{A}|\boldsymbol{E}$

证明　设 $\boldsymbol{A}=(a_{ij})$, $\boldsymbol{AA}^*=(b_{ij})$, 则

$$b_{ij}=\sum_{t=1}^{n}a_{it}A_{tj}=\begin{cases}|\boldsymbol{A}|, i=j \\ 0, \ i\neq j\end{cases}$$

所以

$$\boldsymbol{AA}^*=\begin{pmatrix} |\boldsymbol{A}| & 0 & \cdots & 0 \\ 0 & |\boldsymbol{A}| & \cdots & 0 \\ \vdots & \vdots & & \vdots \\ 0 & 0 & \cdots & |\boldsymbol{A}| \end{pmatrix}=|\boldsymbol{A}|\boldsymbol{E}$$

同样可以证明, $\boldsymbol{A}^*\boldsymbol{A}=|\boldsymbol{A}|\boldsymbol{E}$.　　证毕.

复　习　题　2

1. 填空题.

(1) 设 3 阶方阵 $\boldsymbol{A}\neq\boldsymbol{O}$, $\boldsymbol{B}=\begin{pmatrix} 1 & 3 & 5 \\ 2 & 4 & t \\ 3 & 5 & 3 \end{pmatrix}$, 且 $\boldsymbol{AB}=\boldsymbol{O}$, 则 $t=$ ________;

(2) 设 $\boldsymbol{A}=\begin{pmatrix} 1 & 0 & 0 \\ 2 & 3 & 0 \\ 4 & 5 & 6 \end{pmatrix}$, 则 $\boldsymbol{A}^{-1}=$ ________;

(3) 设 $\boldsymbol{A}=\begin{pmatrix} 2 & 1 & 0 & 0 \\ 1 & 1 & 0 & 0 \\ -1 & 2 & 2 & 5 \\ 2 & -1 & 1 & 3 \end{pmatrix}$, 则 $\boldsymbol{A}^{-1}=$ ________;

(4) 设 $\boldsymbol{A}$ 为 n 阶方阵, $\boldsymbol{A}^*$ 为其伴随矩阵, $\det(\boldsymbol{A})=\dfrac{1}{3}$, 则

$$\det(\boldsymbol{A})=\left(\left(\frac{1}{4}\boldsymbol{A}\right)^{-1}-15\boldsymbol{A}^*\right)=\_\_\_\_\_\_\_\_;$$

(5) 设 $\boldsymbol{A}$ 为三阶矩阵, $|\boldsymbol{A}|=1$, 则 $|2\boldsymbol{A}^{-1}+3\boldsymbol{A}^*|=$________;

(6) 已知 $\boldsymbol{A}^3=\boldsymbol{E}$, 则 $\boldsymbol{A}^{-1}=$________;

(7) 若 n 阶矩阵 $\boldsymbol{A}$ 满足方程 $\boldsymbol{A}^2+2\boldsymbol{A}+3\boldsymbol{E}=\boldsymbol{O}$, 则 $\boldsymbol{A}^{-1}=$________;

(8) 设 $\boldsymbol{B}^{-1}=\begin{pmatrix}1&0&0\\2&3&0\\4&5&6\end{pmatrix}$, 则 $\boldsymbol{B}^*=$________.

2. 设 $\boldsymbol{A},\boldsymbol{B}$ 均为 n 阶方阵, 且 $\boldsymbol{B}=\boldsymbol{B}^2,\boldsymbol{A}=\boldsymbol{E}+\boldsymbol{B}$, 证明 $\boldsymbol{A}$ 可逆, 并求 $\boldsymbol{A}^{-1}$.

3. 设 n 阶实方阵 $\boldsymbol{A}\neq\boldsymbol{O}$, 且 $\boldsymbol{A}^*=\boldsymbol{A}^{\mathrm{T}}$, 证明 $\boldsymbol{A}$ 可逆.

4. 解矩阵方程:

$$\begin{pmatrix}0&1&0\\1&0&0\\0&0&1\end{pmatrix}\boldsymbol{X}\begin{pmatrix}1&0&0\\0&0&1\\0&1&0\end{pmatrix}=\begin{pmatrix}1&-4&3\\2&0&-1\\1&-2&0\end{pmatrix}$$

5. 求下列矩阵:

(1) $\begin{pmatrix}2\\1\\3\end{pmatrix}\begin{pmatrix}-1&2\end{pmatrix}$; (2) $\begin{pmatrix}2&-1\\3&-2\end{pmatrix}^n$; (3) $\begin{pmatrix}1&0&1\\0&1&0\\0&0&1\end{pmatrix}^n$.

6. 设 $\boldsymbol{A}=\begin{pmatrix}4&2&3\\1&1&0\\-1&2&3\end{pmatrix}$, $\boldsymbol{AB}=\boldsymbol{A}+2\boldsymbol{B}$, 求 $\boldsymbol{B}$.

7. 设 $\boldsymbol{A}=\begin{pmatrix}1&0&0\\2&2&0\\3&4&5\end{pmatrix}$, 求 $(\boldsymbol{A}^*)^{-1}$.

8. 设 $\boldsymbol{A}^*$ 为 n 阶矩阵 $\boldsymbol{A}$ 的伴随矩阵, 证明:

(1) 若 $|\boldsymbol{A}|=0$, 则 $|\boldsymbol{A}^*|=0$;

(2) $|\boldsymbol{A}^*|=|\boldsymbol{A}|^{n-1}$.

9. 求下列矩阵的逆矩阵:

(1) $\begin{pmatrix}1&1&0&0&0\\-1&3&0&0&0\\0&0&-2&0&0\\0&0&0&1&2\\0&0&0&0&1\end{pmatrix}$; (2) $\begin{pmatrix}1&3&0&0&0\\2&8&0&0&0\\1&0&1&0&1\\0&1&2&3&2\\2&3&3&1&1\end{pmatrix}$.

10. 设 $\boldsymbol{P}=\begin{pmatrix}-1 & -4\\ 1 & 1\end{pmatrix}, \boldsymbol{B}=\begin{pmatrix}-1 & 0\\ 0 & 2\end{pmatrix}$, 且 $\boldsymbol{P}^{-1}\boldsymbol{A}\boldsymbol{P}=\boldsymbol{B}$, 求 $\boldsymbol{A}^{11}$.

第 2 章阅读材料*

1. 第 2 章知识结构图

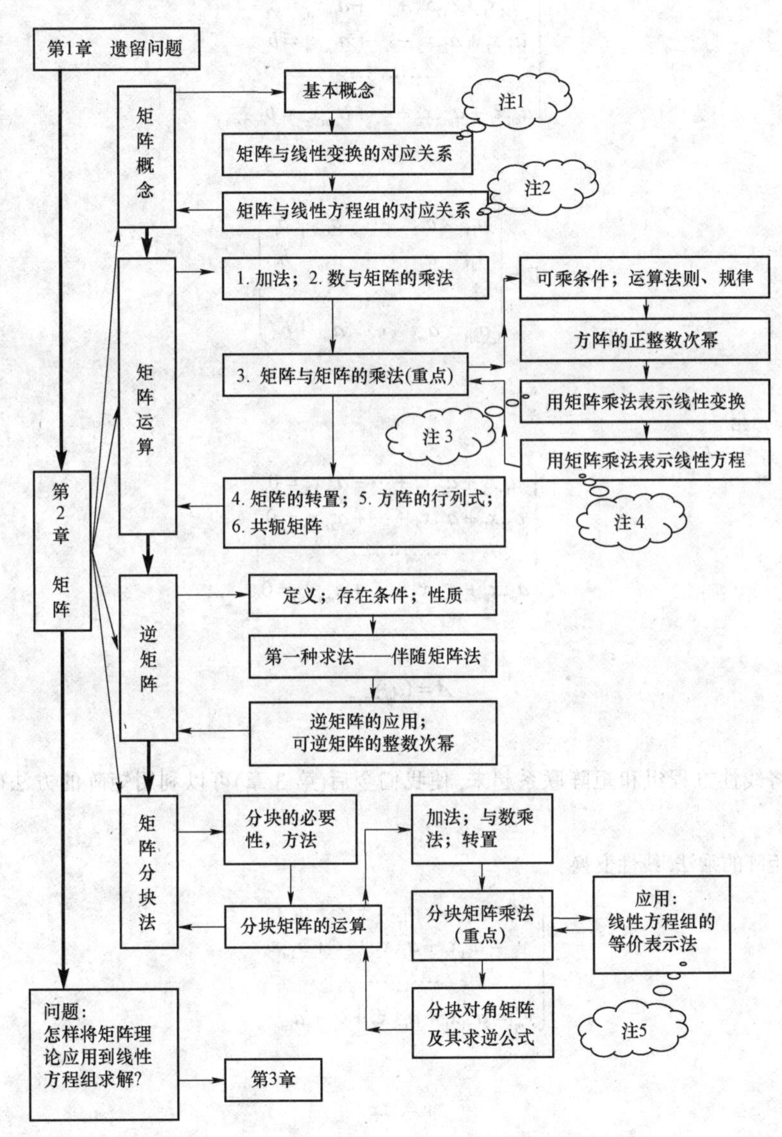

注 1: 由变量 $x_1,x_2,\cdots,x_n$ 到变量 $y_1,y_2,\cdots,y_m$ 的线性变换

$$\begin{cases} y_1=a_{11}x_1+a_{12}x_2+\cdots+a_{1n}x_n\\ y_2=a_{21}x_1+a_{22}x_2+\cdots+a_{2n}x_n\\ \quad\cdots\cdots\cdots\cdots\\ y_m=a_{m1}x_1+a_{m2}x_2+\cdots+a_{mn}x_n \end{cases}$$

与其系数构成的矩阵

$$A=(a_{ij})_{m\times n}$$

一一对应. 这一关系将线性变换和矩阵联系起来, 使我们今后(第 5 章)可以利用矩阵的方法研究线性变换.

注 2: 线性方程组

$$\begin{cases} a_{11}x_1+a_{12}x_2+\cdots+a_{1n}x_n=b_1 \\ a_{21}x_1+a_{22}x_2+\cdots+a_{2n}x_n=b_2 \\ \cdots\cdots\cdots\cdots \\ a_{m1}x_1+a_{m2}x_2+\cdots+a_{mn}x_n=b_m \end{cases}$$

与其增广矩阵

$$B=\begin{pmatrix} a_{11} & a_{12} & \cdots & a_{1n} & b_1 \\ a_{21} & a_{22} & \cdots & a_{2n} & b_2 \\ \vdots & \vdots & \ddots & \vdots & \vdots \\ a_{m1} & a_{m2} & \cdots & a_{mn} & b_m \end{pmatrix}$$

一一对应.

齐次线性方程组

$$\begin{cases} a_{11}x_1+a_{12}x_2+\cdots+a_{1n}x_n=0 \\ a_{21}x_1+a_{22}x_2+\cdots+a_{2n}x_n=0 \\ \cdots\cdots\cdots\cdots \\ a_{m1}x_1+a_{m2}x_2+\cdots+a_{mn}x_n=0 \end{cases}$$

与其系数矩阵

$$A=(a_{ij})_{m\times n}$$

一一对应.

这一关系将线性方程组和矩阵联系起来, 使我们今后(第 3 章)可以利用矩阵的方法研究线性方程组.

注 3: 借助矩阵的乘法, 线性变换

$$\begin{cases} y_1=a_{11}x_1+a_{12}x_2+\cdots+a_{1n}x_n \\ y_2=a_{21}x_1+a_{22}x_2+\cdots+a_{2n}x_n \\ \cdots\cdots\cdots\cdots \\ y_m=a_{m1}x_1+a_{m2}x_2+\cdots+a_{mn}x_n \end{cases}$$

可以简记为

$$y=Ax$$

其中

$$A=(a_{ij})_{m\times n},\ y=\begin{pmatrix} y_1 \\ y_2 \\ \vdots \\ y_n \end{pmatrix},\ x=\begin{pmatrix} x_1 \\ x_2 \\ \vdots \\ x_n \end{pmatrix}$$

这样，一方面使得线性变换的表示方法大为简化，另一方面，使线性变换与矩阵的关系更加具体，今后(第 5 章)可以非常方便地利用矩阵的方法研究线性变换.

注 4: 借助矩阵的乘法，非齐次线性方程组

$$\begin{cases} a_{11}x_1 + a_{12}x_2 + \cdots + a_{1n}x_n = b_1 \\ a_{21}x_1 + a_{22}x_2 + \cdots + a_{2n}x_n = b_2 \\ \cdots\cdots\cdots\cdots \\ a_{m1}x_1 + a_{m2}x_2 + \cdots + a_{mn}x_n = b_m \end{cases}$$

可以简记为

$$\boldsymbol{Ax} = \boldsymbol{b}$$

齐次线性方程组

$$\begin{cases} a_{11}x_1 + a_{12}x_2 + \cdots + a_{1n}x_n = 0 \\ a_{21}x_1 + a_{22}x_2 + \cdots + a_{2n}x_n = 0 \\ \cdots\cdots\cdots\cdots \\ a_{m1}x_1 + a_{m2}x_2 + \cdots + a_{mn}x_n = 0 \end{cases}$$

可以简记为

$$\boldsymbol{Ax} = \boldsymbol{0}$$

这样，一方面使得线性方程组的表示方法大为简化，另一方面，使线性方程组与矩阵的关系更加具体，今后(第 3 章)可以非常方便地利用矩阵的方法研究线性方程组.

注 5: 对于线性方程组

$$\boldsymbol{A}_{m\times n}\boldsymbol{x} = \boldsymbol{b}$$

如果把系数矩阵 $\boldsymbol{A}$ 按行分成 m 块，可将其记为

$$\begin{cases} \boldsymbol{a}_1^{\mathrm{T}}\boldsymbol{x} = b_1 \\ \boldsymbol{a}_2^{\mathrm{T}}x = b_2 \\ \cdots\cdots\cdots\cdots \\ \boldsymbol{a}_m^{\mathrm{T}}x = b_m \end{cases}$$

如果把系数矩阵 $\boldsymbol{A}$ 按列分成 n 块，可将其记为

$$x_1\boldsymbol{a}_1 + x_2\boldsymbol{a}_2 + \cdots + x_n\boldsymbol{a}_n = \boldsymbol{b}$$

式中

$$\boldsymbol{a}_i = \begin{pmatrix} a_{1i} \\ a_{2i} \\ \vdots \\ a_{mi} \end{pmatrix} \text{——矩阵 } \boldsymbol{A} \text{ 的第 } i\ (i=1,2,\cdots,n) \text{ 列}, \ \boldsymbol{b} = \begin{pmatrix} b_1 \\ b_2 \\ \vdots \\ b_m \end{pmatrix}$$

以上三种表示方程组的方法是等价的. 但是，第二式左边的 $\boldsymbol{a}_i^{\mathrm{T}}\boldsymbol{x}$ 实质上是向量 $\boldsymbol{a}_i$ 与 $\boldsymbol{x}$ 的数量积(第 5 章)，可以说是利用数量积表示了线性方程组；第三式是把向量 $\boldsymbol{b}$ 表示成一组向量 $\boldsymbol{a}_1,\boldsymbol{a}_2,\cdots,\boldsymbol{a}_n$ 的数乘之和，此类问题将在第 4 章进一步讨论.

2. 矩阵在图论上的简单应用

矩阵的乘法有很多重要的应用，下面举一个图论上的简单例子.

例 2-6 设$G=\langle V,E\rangle$是一图形，$V=\{v_1,v_2,\cdots,v_n\}$为其顶点集，E为其边集. 令$A=(a_{ij})_{n\times n}$，其中

$$a_{ij}=\begin{cases}1, & 若[v_i,v_j]\in E\\ 0, & 若[v_i,v_j]\notin E\end{cases}$$

A称为图G的邻接矩阵.

记$A^m=(a_{ij}^{(m)})_{n\times n}$，则图$G$中从顶点$v_i$到$v_j$有$a_{ij}^{(m)}$条长度为$m$的路径.

如下图

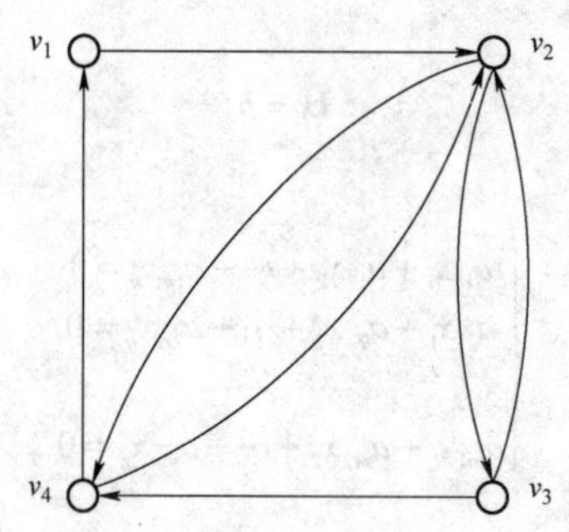

其邻接矩阵为

$$A=\begin{pmatrix}0&1&0&0\\0&0&1&1\\0&1&0&1\\1&1&0&0\end{pmatrix}$$

式中，$a_{ij}=0$表示从顶点v_i到v_j没有长度为 1 的路径；$a_{ij}=1$表示从顶点v_i到v_j有一条长度为 1 的路径. 例如$a_{21}=0$表示没有从v_2到v_1的长度为 1 的路径；$a_{23}=1$表示从v_2到v_3有一条长度为 1 的路径.

$$A^2=\begin{pmatrix}0&0&1&1\\1&2&0&1\\1&1&1&1\\0&1&1&1\end{pmatrix}$$

A^2中 (3,1) 元素为 1，表示从v_3到v_1的长度为 2 的路径有1条($v_3\to v_4\to v_1$).

$$A^3=\begin{pmatrix}1&2&0&1\\1&2&2&2\\1&3&1&2\\1&2&1&2\end{pmatrix}$$

A^3中 (3,2) 元素为 3，表示从v_3到v_2的长度为 3 的路径有 3 条($v_3\to v_4\to v_1\to v_2$，$v_3\to v_2\to v_3\to v_2$，$v_3\to v_2\to v_4\to v_2$).

$$A^{\mathrm{T}}A=\begin{pmatrix}1&1&0&0\\1&3&0&1\\0&0&1&1\\0&1&1&2\end{pmatrix}$$

矩阵 $\boldsymbol{A}^{\mathrm{T}}\boldsymbol{A}$ 的主对角元素 (i,i) 元表示顶点 v_i 的入度(以 v_i 为终点的边数). 例如, $\boldsymbol{A}^{\mathrm{T}}\boldsymbol{A}$ 的 $(2,2)$ 元为 3, 表示顶点 v_2 的入度为 3.

$$\boldsymbol{A}\boldsymbol{A}^{\mathrm{T}}=\begin{pmatrix}1&0&1&1\\0&2&1&0\\1&1&2&1\\1&0&1&2\end{pmatrix}$$

矩阵 $\boldsymbol{A}\boldsymbol{A}^{\mathrm{T}}$ 的主对角元素 (i,i) 元表示顶点 v_i 的出度(以 v_i 为始点的边数). 例如 $\boldsymbol{A}\boldsymbol{A}^{\mathrm{T}}$ 的 $(3,3)$ 元为 2, 表示顶点 v_3 的出度为 2.

第3章　矩阵的初等变换与线性方程组

本章主要内容:

1. 矩阵的初等变换与初等矩阵;
2. 矩阵的秩;
3. 线性方程组可解性的判定;
4. 线性方程组的解法.

本章重点要求:

1. 矩阵的初等变换;
2. 用初等行变换方法求矩阵的秩;
3. 线性方程组可解性的判定;
4. 齐次线性方程组和非齐次线性方程组的解法.

3.1　矩阵的初等变换

3.1.1　矩阵的初等变换的概念

1. 初等变换的定义

定义　下列三种变换称为矩阵的初等行变换:

(1) 对调两行(对调第 i, j 两行, 记作: $r_i \leftrightarrow r_j$);

(2) 数 $k \neq 0$ 乘某一行中的所有元素(数 k 乘第 i 行, 记作: $r_i \times k$);

(3) 把某一行中的所有元素的 k 倍加到另一行对应的元素上去(第 j 行的 k 倍加到第 i 行上, 记作 $r_i + k r_j$).

把定义中的“行”换成“列”, 即得矩阵的初等列变换的定义(所用记号是把“r”换成“c”).

矩阵的初等行变换和初等列变换, 统称为初等变换.

2. 初等变换的可逆性

三种初等变换都是可逆的, 其逆变换仍然是同一类型的初等变换. 初等行变换的逆变换为

初等变换	逆变换
$r_i \leftrightarrow r_j$	$r_i \leftrightarrow r_j$
$r_i \times k$	$r_i \times \left(\dfrac{1}{k}\right)$
$r_i + k r_j$	$r_i - k r_j$

初等列变换的逆变换与此类似.

3. 等价矩阵

如果矩阵 $\boldsymbol{A}$ 经有限次的初等变换变成矩阵 $\boldsymbol{B}$, 称 $\boldsymbol{A}$ 与 $\boldsymbol{B}$ 等价, 记作 $\boldsymbol{A} \sim \boldsymbol{B}$; 若矩阵 $\boldsymbol{A}$ (只)经有限次的初等行变换变成矩阵 $\boldsymbol{B}$, 称 $\boldsymbol{A}$ 与 $\boldsymbol{B}$ 行等价, 记作 $\boldsymbol{A} \overset{r}{\sim} \boldsymbol{B}$; 若矩阵 $\boldsymbol{A}$ (只)经有限次的

初等列变换变成矩阵 $\boldsymbol{B}$，称 $\boldsymbol{A}$ 与 $\boldsymbol{B}$ 列等价，记作 $\boldsymbol{A}\overset{c}{\sim}\boldsymbol{B}$.

矩阵的等价关系具有如下性质:

(1) 自反性: $\boldsymbol{A}\sim\boldsymbol{A}$;

(2) 对称性: $\boldsymbol{A}\sim\boldsymbol{B}\Rightarrow\boldsymbol{B}\sim\boldsymbol{A}$;

(3) 传递性: $\boldsymbol{A}\sim\boldsymbol{B},\boldsymbol{B}\sim\boldsymbol{C}\Rightarrow\boldsymbol{A}\sim\boldsymbol{C}$.

3.1.2 矩阵的初等行变换在解线性方程组过程中的应用

我们知道，线性方程组

$$\begin{cases} a_{11}x_1+a_{12}x_2+\cdots+a_{1n}x_n=b_1 \\ a_{21}x_1+a_{22}x_2+\cdots+a_{2n}x_n=b_2 \\ \cdots\cdots\cdots\cdots \\ a_{m1}x_1+a_{m2}x_2+\cdots+a_{mn}x_n=b_m \end{cases}$$

和其增广矩阵

$$\boldsymbol{B}=\begin{pmatrix} a_{11} & a_{12} & \cdots & a_{1n} & b_1 \\ a_{21} & a_{22} & \cdots & a_{2n} & b_2 \\ \vdots & \vdots & & \vdots & \vdots \\ a_{m1} & a_{m2} & \cdots & a_{mn} & b_m \end{pmatrix}$$

一一对应.

容易看出，如果对增广矩阵 $\boldsymbol{B}$ 进行初等行变换，得到矩阵 $\boldsymbol{B}'$，则以 $\boldsymbol{B}'$ 为增广矩阵的线性方程组与原方程组同解. 这个性质在解线性方程组的过程中非常有用，因此，在一般线性代数教材中，矩阵的初等行变换比初等列变换应用多.

例如，对线性方程组

$$\begin{cases} 2x_1-3x_2+x_3-x_4=2 \\ 4x_1-2x_2-2x_3+2x_4=4 \\ x_1+x_2-2x_3+x_4=4 \\ 3x_1+6x_2-9x_3+7x_4=9 \end{cases} \tag{3-1}$$

的增广矩阵进行一系列初等行变换

$$\boldsymbol{B}=\begin{pmatrix} 2 & -3 & 1 & -1 & 2 \\ 4 & -2 & -2 & 2 & 4 \\ 1 & 1 & -2 & 1 & 4 \\ 3 & 6 & -9 & 7 & 9 \end{pmatrix}$$

$$\underset{r_2\div 2}{\overset{r_1\leftrightarrow r_3}{\sim}}\begin{pmatrix} 1 & 1 & -2 & 1 & 4 \\ 2 & -1 & -1 & 1 & 2 \\ 2 & -3 & 1 & -1 & 2 \\ 3 & 6 & -9 & 7 & 9 \end{pmatrix}=\boldsymbol{B}_1$$

$$
\xrightarrow[r_4-3r_1]{\substack{r_2-r_3\\ r_3-2r_1}}
\begin{pmatrix}
1 & 1 & -2 & 1 & 4\\
0 & 2 & -2 & 2 & 0\\
0 & -5 & 5 & -3 & -6\\
0 & 3 & -3 & 4 & -3
\end{pmatrix}=\boldsymbol{B}_2
$$

$$
\xrightarrow[r_4-3r_2]{\substack{r_2\div 2\\ r_3+5r_2}}
\begin{pmatrix}
1 & 1 & -2 & 1 & 4\\
0 & 1 & -1 & 1 & 0\\
0 & 0 & 0 & 2 & -6\\
0 & 0 & 0 & 1 & -3
\end{pmatrix}=\boldsymbol{B}_3
$$

行阶梯形矩阵，
不唯一

$$
\xrightarrow[r_4-r_3]{r_3\leftrightarrow r_4}
\begin{pmatrix}
1 & 1 & -2 & 1 & 4\\
0 & 1 & -1 & 1 & 0\\
0 & 0 & 0 & 1 & -3\\
0 & 0 & 0 & 0 & 0
\end{pmatrix}=\boldsymbol{B}_4
$$

行阶梯形矩阵，
行最简形矩阵，
唯一

$$
\xrightarrow[r_2-r_3]{r_1-r_2}
\begin{pmatrix}
1 & 0 & -1 & 0 & 7\\
0 & 1 & -1 & 0 & 3\\
0 & 0 & 0 & 1 & -3\\
0 & 0 & 0 & 0 & 0
\end{pmatrix}=\boldsymbol{B}_5 .
$$

$\boldsymbol{B}_5$ 对应的方程组

$$
\begin{cases}
x_1-x_3=7\\
x_2-x_3=3\\
x_4=-3
\end{cases}
$$

与原($\boldsymbol{B}$ 对应的)方程组(3-1)同解. 显然, 后者比前者简单.

在上面的矩阵中, $\boldsymbol{B}_4, \boldsymbol{B}_5$ 称为行阶梯形矩阵, 其特点是: 可画一条阶梯线, 线的下方全为 0; 每个台阶只有一行, 阶梯线的竖线后面的第一个元素为非零元.

行阶梯形矩阵 $\boldsymbol{B}_5$ 还称为行最简形矩阵, 其特点是: 非零行的第一个非零元为 1, 且它所在列的其他元均为 0.

注: 任何矩阵 $\boldsymbol{A}_{m\times n}$ 经过有限次初等行变换都可变为行阶梯形矩阵(不唯一)和行最简形矩阵(唯一).

对行最简形矩阵再施以初等列变换, 可化为

$$
\boldsymbol{F}=\begin{pmatrix}\boldsymbol{E}_r & \boldsymbol{O}\\ \boldsymbol{O} & \boldsymbol{O}\end{pmatrix}_{m\times n}
$$

的形式, 称为标准形. 标准形是唯一的.

例如

$$
\boldsymbol{B}_5=\begin{pmatrix}
1 & 0 & -1 & 0 & 7\\
0 & 1 & -1 & 0 & 3\\
0 & 0 & 0 & 1 & -3\\
0 & 0 & 0 & 0 & 0
\end{pmatrix}
\xrightarrow[c_5-7c_1-3c_2+3c_3]{\substack{c_3\leftrightarrow c_4\\ c_4+c_1+c_2}}
\begin{pmatrix}
1 & 0 & 0 & 0 & 0\\
0 & 1 & 0 & 0 & 0\\
0 & 0 & 1 & 0 & 0\\
0 & 0 & 0 & 0 & 0
\end{pmatrix}=\boldsymbol{F}
$$

从方程组(3-1)的增广矩阵 $\boldsymbol{B}$ 得到行最简式 $\boldsymbol{B}_5$, 整个过程中仅用到矩阵的初等行变. 所以, 以 $\boldsymbol{B}_i$ $(i=1,2,3,4,5)$ 为增广矩阵的线性方程组与原方程组(3-1)同解. 但在从行最简式 $\boldsymbol{B}_5$ 得

到标准形矩阵 $\boldsymbol{F}$ 的过程中, 由于用到了矩阵的初等列变换, 就不再具有上述性质了.

例 3-1　设 $\boldsymbol{A}=\begin{pmatrix}0&-2&1\\1&3&-2\\-2&3&0\end{pmatrix}$, 把 $(\boldsymbol{A},\boldsymbol{E})$ 化成行最简式.

解　$$(\boldsymbol{A},\boldsymbol{E})=\left(\begin{array}{ccc:ccc}0&-2&1&1&0&0\\1&3&-2&0&1&0\\-2&3&0&0&0&1\end{array}\right)\overset{r_1\leftrightarrow r_2}{\sim}\left(\begin{array}{ccc:ccc}1&3&-2&0&1&0\\0&-2&1&1&0&0\\-2&3&0&0&0&1\end{array}\right)$$

$$\overset{r_3+2r_2}{\sim}\left(\begin{array}{ccc:ccc}1&3&-2&0&1&0\\0&-2&1&1&0&0\\0&9&-4&0&2&1\end{array}\right)\underset{r_2\leftrightarrow r_3}{\overset{r_3+4r_2}{\sim}}\left(\begin{array}{ccc:ccc}1&3&-2&0&1&0\\0&1&0&4&2&1\\0&-2&1&1&0&0\end{array}\right)$$

$$\underset{r_3+2r_2}{\overset{r_1-3r_2}{\sim}}\left(\begin{array}{ccc:ccc}1&0&-2&-12&-5&-3\\0&1&0&4&2&0\\0&0&1&9&4&2\end{array}\right)\overset{r_1+2r_3}{\sim}\left(\begin{array}{ccc:ccc}1&0&0&6&3&1\\0&1&0&4&2&0\\0&0&1&9&4&2\end{array}\right)$$

注意, 在例 3-1 的求解过程中, 只用了初等行变换, 而没有用到初等列变换.

容易验证, $(\boldsymbol{A},\boldsymbol{E})$ 化成行最简式后, 其最后 3 列

$$\begin{pmatrix}6&3&1\\4&2&0\\9&4&2\end{pmatrix}=\boldsymbol{A}^{-1}$$

这是否巧合? 详细情形, 将在下节(3.2 节)阐述.

思考题:

1. 若 $\boldsymbol{A}$, $\boldsymbol{B}$ 是两个 n 阶方阵, $\boldsymbol{A}\sim\boldsymbol{B}$, 则 $|\boldsymbol{A}|$ 与 $|\boldsymbol{B}|$ 的关系如何?
2. 若 $|\boldsymbol{A}|\neq 0$, 则 $\boldsymbol{A}$ 的标准形为何矩阵?

导 读 与 提 示

本节内容:

1. 理解矩阵的初等变换;
2. 理解初等行变换和线性方程组的同解变形之间的关系;
3. 任何矩阵经过若干次初等行变换都可化成行阶梯形矩阵(不唯一);
4. 任何矩阵经过若干次初等行变换都可化成行最简形矩阵(唯一);
5. 行最简形矩阵再经过若干次初等列变换都可化成标准形矩阵(唯一).

本节要求:

1. 会利用矩阵的初等行变换将矩阵化为行阶梯形、行最简形矩阵, 再经初等列变换将它化为标准形矩阵;
2. 会利用增广矩阵的初等行变换对线性方程组进行同解变形.

通过本节的学习, 我们看到:

1. 通过对增广矩阵进行初等行变换, 可以将方程组化简. 这种方法在后面研究线性方程组的解的过程中非常重要, 必须熟练掌握.

2. 从例 3-1 还可以看出: 矩阵的初等行变换可用来求逆矩阵, 具体方法下节介绍.

习 题 3.1

把下列矩阵化为行最简形矩阵:

(1) $\begin{pmatrix} 2 & 0 & 4 & -2 \\ 2 & 0 & 3 & 1 \\ 2 & 0 & 2 & 4 \end{pmatrix}$;　　(2) $\begin{pmatrix} 0 & 3 & -4 & 3 \\ 0 & 1 & -1 & 2 \\ 0 & 5 & -8 & 1 \end{pmatrix}$;

(3) $\begin{pmatrix} 3 & -3 & 6 & -6 & 3 \\ 1 & -1 & 2 & -2 & 1 \\ 2 & -2 & 3 & -2 & 0 \\ 4 & -4 & 6 & -4 & 0 \end{pmatrix}$;　　(4) $\begin{pmatrix} 3 & 5 & 1 & -5 & -11 \\ 1 & 2 & 0 & -2 & -4 \\ 1 & 1 & 1 & -1 & -3 \\ 2 & -3 & 7 & 4 & 3 \end{pmatrix}$.

3.2 初 等 矩 阵

3.2.1 初等矩阵的定义与性质

定义　初等矩阵是由单位矩阵 $\boldsymbol{E}$ 经一次初等变换得到的矩阵.

三种初等变换对应着三种初等矩阵.

1. 对调两行(列)

把单位矩阵 $\boldsymbol{E}$ 的 i, j 两行对调 $(r_i \leftrightarrow r_j)$, 得初等矩阵

$$\boldsymbol{E}(i,j)=\begin{pmatrix} 1 & & & & & & & & \\ & \ddots & & & & & & & \\ & & 1 & & & & & & \\ & & & 0 & \cdots & 1 & & & \\ & & & & 1 & & & & \\ & & & \vdots & \ddots & \vdots & & & \\ & & & & 1 & & & & \\ & & & 1 & \cdots & 0 & & & \\ & & & & & & 1 & & \\ & & & & & & & \ddots & \\ & & & & & & & & 1 \end{pmatrix} \begin{matrix} \\ \\ \\ \leftarrow 第\,i\,行 \\ \\ \\ \\ \leftarrow 第\,j\,行 \\ \\ \\ \\ \end{matrix}$$

注: 把 $\boldsymbol{E}$ 的 i, j 两列对调 $(c_i \leftrightarrow c_j)$, 仍得到初等矩阵 $\boldsymbol{E}(i,j)$.

例如, 分别将 $\boldsymbol{E}_3$ 的 2, 3 两行对调, 将 $\boldsymbol{E}_4$ 的 1, 3 两列对调, 得初等矩阵

$$\boldsymbol{E}_3(2,3)=\begin{pmatrix} 1 & 0 & 0 \\ 0 & 0 & 1 \\ 0 & 1 & 0 \end{pmatrix},\ \boldsymbol{E}_4(1,3)=\begin{pmatrix} 0 & 0 & 1 & 0 \\ 0 & 1 & 0 & 0 \\ 1 & 0 & 0 & 0 \\ 0 & 0 & 0 & 1 \end{pmatrix}$$

取 $\boldsymbol{A}_{3\times4}=\begin{pmatrix}a_{11}&a_{12}&a_{13}&a_{14}\\a_{21}&a_{22}&a_{23}&a_{24}\\a_{31}&a_{32}&a_{33}&a_{34}\end{pmatrix}$, 可以看出:

$\boldsymbol{E}_3(2,3)\ \boldsymbol{A}_{3\times4}=\begin{pmatrix}a_{11}&a_{12}&a_{13}&a_{14}\\a_{31}&a_{32}&a_{33}&a_{34}\\a_{21}&a_{22}&a_{23}&a_{24}\end{pmatrix}$, 相当于对 $\boldsymbol{A}$ 做初等行变换, $r_2\leftrightarrow r_3$;

$\boldsymbol{A}_{3\times4}\ \boldsymbol{E}_4(1,3)=\begin{pmatrix}a_{13}&a_{12}&a_{11}&a_{14}\\a_{23}&a_{22}&a_{21}&a_{24}\\a_{33}&a_{32}&a_{31}&a_{34}\end{pmatrix}$, 相当于对 $\boldsymbol{A}$ 做初等列变换, $c_1\leftrightarrow c_3$.

一般地, 有下面结论: ① $\boldsymbol{E}_m(i,j)\boldsymbol{A}_{m\times n}\Leftrightarrow$ 对 $\boldsymbol{A}$ 进行初等行变换, $r_i\leftrightarrow r_j$; ② $\boldsymbol{A}_{m\times n}\boldsymbol{E}_n(i,j)\Leftrightarrow$ 对 $\boldsymbol{A}$ 进行初等列变换, $c_i\leftrightarrow c_j$.

2. 以数 $k\neq0$ 乘某行(列)

以数 $k\neq0$ 乘单位矩阵 $\boldsymbol{E}$ 的第 i 行(列), 得初等矩阵

$$\boldsymbol{E}(i(k))=\begin{pmatrix}1&&&&&&\\&\ddots&&&&&\\&&1&&&&\\&&&k&&&\\&&&&1&&\\&&&&&\ddots&\\&&&&&&1\end{pmatrix}\leftarrow 第\ i\ 行$$

例如, 分别以 2 乘 $\boldsymbol{E}_3$ 的第一行(列), 以 3 乘 $\boldsymbol{E}_4$ 的第二列(行), 得初等矩阵

$$\boldsymbol{E}_3(1(2))=\begin{pmatrix}2&0&0\\0&1&0\\0&0&1\end{pmatrix},\boldsymbol{E}_4(2(3))=\begin{pmatrix}1&0&0&0\\0&3&0&0\\0&0&1&0\\0&0&0&1\end{pmatrix}$$

对于上面的 $\boldsymbol{A}_{3\times4}$, 经计算可以看出

$\boldsymbol{E}_3(1(2))\ \boldsymbol{A}_{3\times4}=\begin{pmatrix}2a_{11}&2a_{12}&2a_{13}&2a_{14}\\a_{21}&a_{22}&a_{23}&a_{24}\\a_{31}&a_{32}&a_{33}&a_{34}\end{pmatrix}$, 相当于对 $\boldsymbol{A}$ 做初等行变换, $r_1\times2$;

$\boldsymbol{A}_{3\times4}\ \boldsymbol{E}_4(2(3))=\begin{pmatrix}a_{11}&3a_{12}&a_{13}&a_{14}\\a_{21}&3a_{22}&a_{23}&a_{24}\\a_{31}&3a_{32}&a_{33}&a_{34}\end{pmatrix}$, 相当于对 $\boldsymbol{A}$ 做初等列变换, $c_2\times3$.

一般地, 有下面结论:

(1) $\boldsymbol{E}_m(i(k))\boldsymbol{A}_{m\times n}\Leftrightarrow$ 对 $\boldsymbol{A}$ 进行初等行变换, $r_i\times k$;

(2) $\boldsymbol{A}_{m\times n}\boldsymbol{E}_n(i(k))\Leftrightarrow$ 对 $\boldsymbol{A}$ 进行初等列变换, $c_i\times k$.

3. 以数 k 乘某行(列)加到另一行(列)上去

以数 k 乘 $\boldsymbol{E}$ 的第 j 行加到第 i 行上或以数 k 乘 $\boldsymbol{E}$ 的第 i 列加到第 j 列上, 得初等矩阵

$$E(i(j(k)))=\begin{pmatrix}1 & & & & & & \\ & \ddots & & & & & \\ & & 1 & \cdots & k & & \\ & & & \ddots & \vdots & & \\ & & & & 1 & & \\ & & & & & \ddots & \\ & & & & & & 1\end{pmatrix}\begin{matrix} \\ \\ \leftarrow \text{第}\, i\, \text{行} \\ \\ \leftarrow \text{第}\, j\, \text{行} \\ \\ \\ \end{matrix}$$

一般地, 有下面结论:

(1) $E_m(i(j(k)))A_{m\times n} \Leftrightarrow$ 对 A 进行初等行变换, r_i+kr_j;

(2) $A_{m\times n}E_n(i(j(k))) \Leftrightarrow$ 对 A 进行初等列变换, c_j+kc_i.

(读者可以自己验证)

综上所述, 可得下述定理:

定理 3-1 对 $A_{m\times n}$ 施行一次初等行变换, 相当于对它左乘一个相应的 m 阶初等矩阵; 对 $A_{m\times n}$ 施行一次初等列变换, 相当于对它右乘一个相应的 n 阶初等矩阵.

初等矩阵的可逆性: 初等矩阵都是可逆的, 其逆矩阵仍是初等矩阵. 初等行矩阵的逆矩阵为:

(1) $E(i,j)^{-1}=E(i,j)$;

(2) $E(i(k))^{-1}=E\left(i\left(\frac{1}{k}\right)\right)$;

(3) $E(i(j(k)))^{-1}=E(i(j(-k)))$.

3.2.2 矩阵的初等变换的应用

定理 3-2 设 A,B 是 $m\times n$ 矩阵, 则:

(1) $A\overset{r}{\sim}B \Leftrightarrow$ 存在 m 阶可逆矩阵 P, 使得 $PA=B$;

(2) $A\overset{c}{\sim}B \Leftrightarrow$ 存在 n 阶可逆矩阵 Q, 使得 $AQ=B$;

(3) $A\sim B \Leftrightarrow$ 存在 m 阶可逆矩阵 P 和 n 阶可逆矩阵 Q, 使得 $PAQ=B$ (证明见 3.5 节).

推论 方阵 A 可逆 $\Leftrightarrow A\overset{r}{\sim}E$

定理 3-3 对于矩阵 $A_{m\times n}$, 存在 m 阶可逆矩阵 P, n 阶可逆矩阵 Q, 使得

$$PAQ=\begin{pmatrix}E_r & O\\ O & O\end{pmatrix} \tag{3-2}$$

(证明见 3.5 节)

推论 若矩阵 $A_{n\times n}$ 可逆, 则存在 n 阶可逆矩阵 P,Q, 使得

$$PAQ=E_n \tag{3-3}$$

证明 用反证法. 假设式(3-2)中 $r<n$, 对其两边取行列式, 左边不为零, 而右边为零, 矛盾. 所以, 式(3-3)成立.

定理 3-4 $A_{n\times n}$ 可逆 $\Leftrightarrow A$ 可以表示为有限个初等矩阵的乘积. 即存在有限多个初等矩阵, $P_1,P_2,\cdots,P_l$, 使得 $A=P_1P_2\cdots P_l$.

(证明见 3.5 节)

1. 矩阵求逆方法之二(初等变换法)

设 $A_{n\times n}$ 非奇异, 则 $A = P_1P_2\cdots P_l$, $P_i\,(i=1,2,\cdots,l)$ 都是初等矩阵

$$\left.\begin{array}{l} P_l^{-1}\cdots P_2^{-1}P_1^{-1}A = E \\ P_l^{-1}\cdots P_2^{-1}P_1^{-1}E = A^{-1} \end{array}\right\} \Rightarrow P_l^{-1}\cdots P_2^{-1}P_1^{-1}(A \mid E) = (E \mid A^{-1})$$

由此可得: 对 $n\times 2n$ 矩阵 $(A \mid E)$ 施行“初等行变换”, 当前 n 列(A 的位置)成为 E 时, 则后 n 列(E 的位置)为 A^{-1} .

可以看出, 例 3-1 的初等变换恰是求 A^{-1} 的变换.

例 3-2　$A=\begin{pmatrix} 1 & 2 & 3 \\ 2 & 1 & 2 \\ 1 & 3 & 4 \end{pmatrix}$, 求 A^{-1} .

解　$$(A \mid E) = \left(\begin{array}{ccc|ccc} 1 & 2 & 3 & 1 & 0 & 0 \\ 2 & 1 & 2 & 0 & 1 & 0 \\ 1 & 3 & 4 & 0 & 0 & 1 \end{array}\right) \overset{r}{\sim} \left(\begin{array}{ccc|ccc} 1 & 2 & 3 & 1 & 0 & 0 \\ 0 & -3 & -4 & -2 & 1 & 0 \\ 0 & 1 & 1 & -1 & 0 & 1 \end{array}\right)$$

$$\overset{r}{\sim} \left(\begin{array}{ccc|ccc} 1 & 2 & 3 & 1 & 0 & 0 \\ 0 & 1 & 1 & -1 & 0 & 1 \\ 0 & -3 & -4 & -2 & 1 & 0 \end{array}\right) \overset{r}{\sim} \left(\begin{array}{ccc|ccc} 1 & 0 & 1 & 3 & 0 & -2 \\ 0 & 1 & 1 & -1 & 0 & 1 \\ 0 & 0 & -1 & -5 & 1 & 3 \end{array}\right)$$

$$\overset{r}{\sim} \left(\begin{array}{ccc|ccc} 1 & 0 & 0 & -2 & 1 & 1 \\ 0 & 1 & 0 & -6 & 1 & 4 \\ 0 & 0 & -1 & -5 & 1 & 3 \end{array}\right) \overset{r}{\sim} \left(\begin{array}{ccc|ccc} 1 & 0 & 0 & -2 & 1 & 1 \\ 0 & 1 & 0 & -6 & 1 & 4 \\ 0 & 0 & 1 & 5 & -1 & -3 \end{array}\right)$$

故

$$A^{-1} = \begin{pmatrix} -2 & 1 & 1 \\ -6 & 1 & 4 \\ 5 & -1 & -3 \end{pmatrix}$$

例 3-3　设 $A=\begin{pmatrix} 1 & 0 & 0 & 0 \\ a & 1 & 0 & 0 \\ a^2 & a & 1 & 0 \\ a^3 & a^2 & a & 1 \end{pmatrix}$, 求 A^{-1} .

解　$$(A \mid E) = \left(\begin{array}{cccc|cccc} 1 & 0 & 0 & 0 & 1 & 0 & 0 & 0 \\ a & 1 & 0 & 0 & 0 & 1 & 0 & 0 \\ a^2 & a & 1 & 0 & 0 & 0 & 1 & 0 \\ a^3 & a^2 & a & 1 & 0 & 0 & 0 & 1 \end{array}\right)$$

依次作初等行变换 $r_4 - ar_3, r_3 - ar_2, r_2 - ar_1$ 可得

$$(A \mid E) \sim \left(\begin{array}{cccc|cccc} 1 & 0 & 0 & 0 & 1 & 0 & 0 & 0 \\ 0 & 1 & 0 & 0 & -a & 1 & 0 & 0 \\ 0 & 0 & 1 & 0 & 0 & -a & 1 & 0 \\ 0 & 0 & 0 & 1 & 0 & 0 & -a & 1 \end{array}\right)$$

故
$$A^{-1} = \begin{pmatrix} 1 & & & \\ -a & 1 & & \\ & -a & 1 & \\ & & -a & 1 \end{pmatrix}$$

2. 用初等变换方法解矩阵方程

已知两矩阵 $A_n, B_{n\times s}$, 求矩阵 X, 使其满足, $AX = B$.

显然, 如果 A 可逆, 方程 $AX = B$ 的解是 $X = A^{-1}B$.

由定理 3-4 知, $A = P_1P_2\cdots P_l$, 则 $A^{-1} = P_l^{-1}\cdots P_1^{-1}$; $P_i, P_i^{-1}\,(i = 1,2,\cdots,l)$都是初等矩阵

$$P_l^{-1}\cdots P_1^{-1}A = E,\ P_l^{-1}\cdots P_1^{-1}B = A^{-1}B \Rightarrow P_l^{-1}\cdots P_1^{-1}(A,B) = (E, A^{-1}B)$$

于是, 得求解矩阵方程 $AX = B$ 的方法.

对矩阵 (A,B) 作初等行变换, 当把 A 化成 E 时, B 就化成 $A^{-1}B$.

注: 当 B 为列向量时, 矩阵方程 $AX = B$ 即线性方程组 $Ax = b$. 所以, 这种方法也可以解线性方程组.

例 3-4 设

$$A = \begin{pmatrix} 3 & 3 & -5 \\ 1 & 2 & -2 \\ 0 & 5 & 0 \end{pmatrix},\ b_1 = \begin{pmatrix} 3 \\ 2 \\ 0 \end{pmatrix},\ b_2 = \begin{pmatrix} -1 \\ 0 \\ 5 \end{pmatrix}$$

求线性方程组 $Ax = b_1$ 和 $Ax = b_2$ 的解.

解 两个方程组可以合并成一个矩阵方程 $AX = (b_1, b_2)$ 进行求解

$$(A, b_1, b_2) = \left(\begin{array}{ccc|cc} 3 & 3 & -5 & 3 & -1 \\ 1 & 2 & -2 & 2 & 0 \\ 0 & 5 & 0 & 0 & 5 \end{array}\right) \xrightarrow[r_3+r_1]{\substack{r_1\leftrightarrow r_2 \\ r_2-3r_1}} \left(\begin{array}{ccc|cc} 1 & 2 & -2 & 2 & 0 \\ 0 & -3 & 1 & -3 & -1 \\ 0 & 5 & 0 & 0 & 5 \end{array}\right)$$

$$\xrightarrow[r_3+3r_2]{\substack{r_3\leftrightarrow r_2 \\ r_2\div 5}} \left(\begin{array}{ccc|cc} 1 & 2 & -2 & 2 & 0 \\ 0 & 1 & 0 & 0 & 1 \\ 0 & 0 & 1 & -3 & 2 \end{array}\right) \xrightarrow{r_1-2r_2+2r_3} \left(\begin{array}{ccc|cc} 1 & 0 & 0 & -4 & 2 \\ 0 & 1 & 0 & 0 & 1 \\ 0 & 0 & 1 & -3 & 2 \end{array}\right)$$

所以, 线性方程组 $Ax = b_1$ 和 $Ax = b_2$ 的解分别为

$$x_1 = \begin{pmatrix} -4 \\ 0 \\ -3 \end{pmatrix},\quad x_2 = \begin{pmatrix} 2 \\ 1 \\ 2 \end{pmatrix}$$

例 3-5 求解矩阵方程 $AX = A + X$, 其中

$$A = \begin{pmatrix} 3 & 0 & 3 \\ 1 & 3 & 0 \\ 0 & 1 & 0 \end{pmatrix}$$

解　把原方程变形为

$$(\boldsymbol{A}-\boldsymbol{E})\boldsymbol{X}=\boldsymbol{A}$$

$$(\boldsymbol{A}-\boldsymbol{E},\boldsymbol{A})=\begin{pmatrix}2&0&3&3&0&3\\1&2&0&1&3&0\\0&1&-1&0&1&0\end{pmatrix}\overset{r_1\leftrightarrow r_2}{\sim}\begin{pmatrix}1&2&0&1&3&0\\2&0&3&3&0&3\\0&1&-1&0&1&0\end{pmatrix}$$

$$\overset{r_2-2r_1}{\sim}\begin{pmatrix}1&2&0&1&3&0\\0&-4&3&1&-6&3\\0&1&-1&0&1&0\end{pmatrix}\overset{r_2\leftrightarrow r_3}{\sim}\begin{pmatrix}1&2&0&1&3&0\\0&1&-1&0&1&0\\0&-4&3&1&-6&3\end{pmatrix}$$

$$\underset{r_1-2r_2}{\overset{r_3+4r_2}{\sim}}\begin{pmatrix}1&0&2&1&1&0\\0&1&-1&0&1&0\\0&0&-1&1&-2&3\end{pmatrix}\overset{(-1)\times r_3}{\sim}\begin{pmatrix}1&0&2&1&1&0\\0&1&-1&0&1&0\\0&0&1&-1&2&-3\end{pmatrix}$$

$$\underset{r_1-2r_3}{\overset{r_2+r_3}{\sim}}\begin{pmatrix}1&0&0&3&-3&6\\0&1&0&-1&3&-3\\0&0&1&-1&2&-3\end{pmatrix}$$

所以

$$\boldsymbol{X}=(\boldsymbol{A}-\boldsymbol{E})^{-1}\boldsymbol{A}=\begin{pmatrix}3&-3&6\\-1&3&-3\\-1&2&-3\end{pmatrix}$$

导 读 与 提 示

本节内容:

1. 初等矩阵的有关概念与性质;
2. 初等矩阵与矩阵的初等变换的关系;
3. 初等行变换的应用.

本节要求:

1. 理解初等矩阵的概念、可逆性和逆矩阵;
2. 理解初等矩阵与矩阵的初等变换的关系;
3. 会利用初等行变换求逆矩阵, 这种求逆矩阵的方法比第 2 章所讲的伴随矩阵法更为有效, 希望引起重视;
4. 会利用初等行变换解方程组和简单的矩阵方程.

习 题 3.2

1. 设 $\begin{pmatrix}1&0&1\\0&1&0\\0&0&1\end{pmatrix}\boldsymbol{A}\begin{pmatrix}0&1&0\\1&0&0\\0&0&1\end{pmatrix}=\begin{pmatrix}1&0&2\\2&1&1\\3&2&1\end{pmatrix}$, 求 $\boldsymbol{A}$.

2. 试利用矩阵的初等变换, 求下列方阵的逆阵:

(1) $\begin{pmatrix} 3 & 2 & 1 \\ 3 & 1 & 5 \\ 3 & 2 & 3 \end{pmatrix}$; (2) $\begin{pmatrix} 1 & 1 & 1 \\ 1 & 1 & 0 \\ 0 & 1 & 1 \end{pmatrix}$;

(3) $\begin{pmatrix} 0 & 2 & -1 \\ -3 & 0 & 2 \\ 2 & -3 & 0 \end{pmatrix}$; (4) $\begin{pmatrix} 3 & -2 & 0 & -1 \\ 0 & 2 & 2 & 1 \\ 1 & -2 & -3 & -2 \\ 0 & 1 & 2 & 1 \end{pmatrix}$.

3. (1) 设 $\boldsymbol{A}=\begin{pmatrix} 4 & 1 & -2 \\ 2 & 2 & 1 \\ 3 & 1 & -1 \end{pmatrix}$, $\boldsymbol{B}=\begin{pmatrix} 1 & -3 \\ 2 & 2 \\ 3 & 1 \end{pmatrix}$, 求 $\boldsymbol{X}$ 使 $\boldsymbol{AX}=\boldsymbol{B}$;

(2) 设 $\boldsymbol{A}=\begin{pmatrix} 2 & 3 & 2 \\ 1 & 1 & 1 \\ -3 & -3 & -4 \end{pmatrix}$, $\boldsymbol{B}=\begin{pmatrix} 1 & 3 \\ 1 & 2 \\ 2 & 1 \end{pmatrix}$, 求 $\boldsymbol{X}$ 使 $\boldsymbol{AX}=\boldsymbol{B}$;

(3) 设 $\boldsymbol{A}=\begin{pmatrix} 0 & 2 & 1 \\ 2 & -1 & 3 \\ -3 & 3 & -4 \end{pmatrix}$, $\boldsymbol{B}=\begin{pmatrix} 1 & 2 & 3 \\ 2 & -3 & 1 \end{pmatrix}$, 求 $\boldsymbol{X}$ 使 $\boldsymbol{AX}=\boldsymbol{B}$;

(4) 设 $\boldsymbol{A}=\begin{pmatrix} 1 & -3 & 1 \\ 1 & -4 & 1 \\ 1 & -3 & 2 \end{pmatrix}$, $\boldsymbol{B}=\begin{pmatrix} 1 & 1 & 3 \\ 1 & 3 & 2 \end{pmatrix}$, 求 $\boldsymbol{X}$ 使 $\boldsymbol{AX}=\boldsymbol{B}$.

4. (1) 设 $\boldsymbol{A}=\begin{pmatrix} 1 & -1 & 0 \\ 0 & 1 & -1 \\ -1 & 0 & 1 \end{pmatrix}$, $\boldsymbol{AX}=2\boldsymbol{X}+\boldsymbol{A}$, 求 $\boldsymbol{X}$;

(2) 设 $\boldsymbol{A}=\begin{pmatrix} 3 & 0 & 0 \\ 1 & 4 & 0 \\ 0 & 0 & 3 \end{pmatrix}$, $\boldsymbol{AX}=2\boldsymbol{X}+\boldsymbol{A}$, 求 $\boldsymbol{X}$.

3.3 矩 阵 的 秩

3.3.1 矩阵的子式

定义 1 在 $A_{m\times n}$ 中, 选取 k 行与 k 列, 位于交叉处的 k^2 个数按照原来的相对位置构成的 k 阶行列式, 称为 $\boldsymbol{A}$ 的一个 k 阶子式.

例如, 矩阵

$$\boldsymbol{A}=\begin{pmatrix} 2 & -3 & 8 & 2 \\ 2 & 12 & -2 & 12 \\ 1 & 3 & 1 & 4 \end{pmatrix}$$

的第 1, 3 两行, 第 2, 4 两列交叉位置的元素构成一个二阶行列式

$$\begin{vmatrix} -3 & 2 \\ 3 & 4 \end{vmatrix} = -18$$

就是矩阵 $\boldsymbol{A}$ 的一个二阶子式. 矩阵 $\boldsymbol{A}$ 的全部三阶子式为

$$\begin{vmatrix} 2 & -3 & 8 \\ 2 & 12 & -2 \\ 1 & 3 & 1 \end{vmatrix} = 0, \begin{vmatrix} 2 & -3 & 2 \\ 2 & 12 & 12 \\ 1 & 3 & 4 \end{vmatrix} = 0$$

$$\begin{vmatrix} 2 & 8 & 2 \\ 2 & -2 & 12 \\ 1 & 1 & 4 \end{vmatrix} = 0, \begin{vmatrix} -3 & 8 & 2 \\ 12 & -2 & 12 \\ 3 & 1 & 4 \end{vmatrix} = 0$$

$\boldsymbol{A}_{m\times n}$ 的 k 阶子式总共有 $C_m^k C_n^k$ 个, 其中值不为 0 的子式, 称为非零子式.

3.3.2　矩阵的秩

定义 2　在 $\boldsymbol{A}_{m\times n}$ 中, 若

(1) 有某个 r 阶子式 $D_r \neq 0$;

(2) 所有的 $r+1$ 阶子式 $D_{r+1} = 0$ (如果有 $r+1$ 阶子式的话)称 $\boldsymbol{A}$ 的秩为 r, 记作 $R(\boldsymbol{A}) = r$. 规定, $R(\boldsymbol{O}) = 0$.

根据矩阵的秩的定义, 容易看出:

(1) $R(\boldsymbol{A}_{m\times n}) \leqslant \min\{m, n\}$;

(2) $k \neq 0$ 时 $R(k\boldsymbol{A}) = R(\boldsymbol{A})$;

(3) $R(\boldsymbol{A}^{\mathrm{T}}) = R(\boldsymbol{A})$;

(4) $\boldsymbol{A}$ 中的一个 $D_r \neq 0 \Rightarrow R(\boldsymbol{A}) \geqslant r$;

(5) $\boldsymbol{A}$ 中所有的 $D_{r+1} = 0 \Rightarrow R(\boldsymbol{A}) \leqslant r$.

注: 对 $\boldsymbol{A}_{m\times n}$, 若 $R(\boldsymbol{A}) = m$, 称 $\boldsymbol{A}$ 为行满秩矩阵.

若 $R(\boldsymbol{A}) = n$, 称 $\boldsymbol{A}$ 为列满秩矩阵.

对 $\boldsymbol{A}_{n\times n}$, 若 $R(\boldsymbol{A}) = n$, 称 $\boldsymbol{A}$ 为满秩矩阵(可逆矩阵, 非奇异矩阵).

若 $R(\boldsymbol{A}) < n$, 称 $\boldsymbol{A}$ 为降秩矩阵(不可逆矩阵, 奇异矩阵).

例 3-6　$\boldsymbol{A} = \begin{pmatrix} 2 & -3 & 8 & 2 \\ 2 & 12 & -2 & 12 \\ 1 & 3 & 1 & 4 \end{pmatrix}$, 求 $R(\boldsymbol{A})$.

解　位于 1, 2 行与 1, 2 列处的一个 2 阶子式 $D_2 = \begin{vmatrix} 2 & -3 \\ 2 & 12 \end{vmatrix} = 30 \neq 0$. 根据上面的计算知, 所有的 3 阶子式 $D_3 = 0$, 故 $R(\boldsymbol{A}) = 2$.

从例 3-6 看出, 对于一般的矩阵, 按定义求秩是很麻烦的, 故一般情况下不按照定义去求矩阵的秩.

例 3-7 $\boldsymbol{B}=\begin{pmatrix}7&-5&0&1&9\\0&2&4&-2&5\\0&0&0&5&17\\0&0&0&0&0\end{pmatrix}$, 求 $R(\boldsymbol{B})$.

解 $\boldsymbol{B}$ 是一个行阶梯形矩阵, 它有三个非零行, 显然, 它的所有四阶子式全 0; 而以三个非零行的第一个非零元为对角元素的 3 阶行列式

$$\begin{vmatrix}7&-5&1\\0&2&-2\\0&0&5\end{vmatrix}\neq 0$$

因此, $R(\boldsymbol{B})=3$.

从例 3-7 看出, 行阶梯形矩阵的秩等于其非零行的行数.

定理 3-5 若 $A\sim B$, 则 $R(\boldsymbol{A})=R(\boldsymbol{B})$ (证明见 3.5 节).

定理 3-5 说明: 初等变换不改变矩阵的秩. 据此, 要求一个矩阵的秩, 可利用初等行变换将其化为行阶梯形矩阵, 行阶梯形矩阵中非零行的行数即所求矩阵的秩.

例 3-8 设 $\boldsymbol{A}=\begin{pmatrix}2&-4&4&6&-4\\2&-8&7&7&-5\\1&-6&5&6&-7\\1&6&-4&-1&4\end{pmatrix}$

求矩阵 $\boldsymbol{A}$ 的秩, 并求 $\boldsymbol{A}$ 的一个最高阶非零子式.

解 先求 $\boldsymbol{A}$ 的秩

$$\boldsymbol{A}=\begin{pmatrix}2&-4&4&6&-4\\2&-8&7&7&-5\\1&-6&5&6&-7\\1&6&-4&-1&4\end{pmatrix}\underset{\substack{r_3-r_1\\r_4-2r_1}}{\overset{\substack{r_1\leftrightarrow r_4\\r_2-r_4}}{\sim}}\begin{pmatrix}1&6&-4&-1&4\\0&-4&3&1&-1\\0&-12&9&7&-11\\0&-16&12&8&-12\end{pmatrix}$$

$$\underset{r_4-4r_2}{\overset{r_3-3r_2}{\sim}}\begin{pmatrix}1&6&-4&-1&4\\0&-4&3&1&-1\\0&0&0&4&-8\\0&0&0&4&-8\end{pmatrix}\overset{r_4-r_3}{\sim}\begin{pmatrix}1&6&-4&-1&4\\0&-4&3&1&-1\\0&0&0&4&-8\\0&0&0&0&0\end{pmatrix}$$

因为行阶梯形矩阵有三个非零行, 所以, $R(\boldsymbol{A})=3$.

再求 $\boldsymbol{A}$ 的一个最高阶非零子式.

考察 $\boldsymbol{A}$ 的行阶梯形矩阵, 记 $\boldsymbol{A}=(\boldsymbol{a}_1,\boldsymbol{a}_2,\boldsymbol{a}_3,\boldsymbol{a}_4,\boldsymbol{a}_5)$, 则矩阵 $\boldsymbol{A}_0=(\boldsymbol{a}_1,\boldsymbol{a}_3,\boldsymbol{a}_5)$ 的行阶梯形矩阵为

$$\begin{pmatrix}1&-4&4\\0&3&-1\\0&0&-8\\0&0&0\end{pmatrix}$$

$R(\boldsymbol{A}_0)=3$, 故 $\boldsymbol{A}_0$ 必有一个 3 阶非零子式. 从 $\boldsymbol{A}_0$ 的 3 阶子式中找一个非零子式即可.

例如, $\boldsymbol{A}_0$ 的前 3 行构成的子式

$$\begin{vmatrix}2 & 4 & -4\\2 & 7 & -5\\1 & 5 & -7\end{vmatrix}=\begin{vmatrix}2 & 0 & 0\\2 & 3 & -1\\1 & 3 & -5\end{vmatrix}=2\begin{vmatrix}3 & -1\\3 & -5\end{vmatrix}\neq 0$$

因此这个子式便是 $\boldsymbol{A}$ 的一个最高阶非零子式.

在例 3-8 中, 矩阵 $\boldsymbol{A}$ 共有 40 个 3 阶子式, 从中找出 1 个非零子式, 最多可能要计算 40 个 3 阶行列式. 而作为矩阵 $\boldsymbol{A}$ 的子矩阵, $\boldsymbol{A}_0$ 只有 4 个 3 阶子式, 从中找出 1 个非零子式, 最多只需计算 4 个 3 阶行列式.

例 3-9　设

$$\boldsymbol{A}=\begin{pmatrix}1 & -2 & 2 & -1\\3 & -6 & 10 & -1\\-3 & 6 & -4 & 4\\2 & -4 & -2 & -5\end{pmatrix},\ \boldsymbol{b}=\begin{pmatrix}1\\3\\2\\3\end{pmatrix}$$

求矩阵 $\boldsymbol{A}$ 及矩阵 $\boldsymbol{B}=(\boldsymbol{A},\boldsymbol{b})$ 的秩.

解

$$\boldsymbol{B}=\left(\begin{array}{cccc:c}1 & -2 & 2 & -1 & 1\\3 & -6 & 10 & -1 & 3\\-3 & 6 & -4 & 4 & 2\\2 & -4 & -2 & -5 & 3\end{array}\right)\underset{r_4-2r_1}{\overset{r_2-3r_1 \atop r_3+3r_1}{\sim}}\left(\begin{array}{cccc:c}1 & -2 & 2 & -1 & 1\\0 & 0 & 4 & 2 & 0\\0 & 0 & 2 & 1 & 5\\0 & 0 & -6 & -3 & 1\end{array}\right)$$

$$\underset{r_4+3r_2}{\overset{r_2\div 2 \atop r_3-r_2}{\sim}}\left(\begin{array}{cccc:c}1 & -2 & 2 & -1 & 1\\0 & 0 & 2 & 1 & 0\\0 & 0 & 0 & 0 & 5\\0 & 0 & 0 & 0 & 1\end{array}\right)\underset{r_4-r_3}{\overset{r_3\div 5}{\sim}}\left(\begin{array}{cccc:c}1 & -2 & 2 & -1 & 1\\0 & 0 & 2 & 1 & 0\\0 & 0 & 0 & 0 & 1\\0 & 0 & 0 & 0 & 0\end{array}\right)$$

因此, $R(\boldsymbol{A})=2$, $R(\boldsymbol{B})=3$.

注: 例 3-9 中的 $\boldsymbol{A}$, $\boldsymbol{b}$ 所对应的线性方程组 $\boldsymbol{Ax}=\boldsymbol{b}$ 是无解的, 这是因为行阶梯形矩阵的第 3 行表示矛盾方程 0=1.

例 3-10　设

$$\boldsymbol{A}=\begin{pmatrix}1 & -1 & 1 & 2\\2 & \lambda+1 & -2 & 0\\3 & 5 & \mu-2 & 2\end{pmatrix}$$

已知 $R(\boldsymbol{A})=2$, 求 λ 与 μ 的值.

解

$$\boldsymbol{A}\underset{r_3-3r_1}{\overset{r_2-2r_1}{\sim}}\begin{pmatrix}1 & -1 & 1 & 2\\0 & \lambda+3 & -4 & -4\\0 & 8 & \mu-5 & -4\end{pmatrix}\overset{r_2-r_3}{\sim}\begin{pmatrix}1 & -1 & 1 & 2\\0 & 8 & \mu-5 & -4\\0 & \lambda+3 & -4 & -4\end{pmatrix}$$

$$\underset{r_3-(\lambda+3)r_2}{\overset{r_2\times\frac{1}{8}}{\sim}}\begin{pmatrix}1 & -1 & 1 & 2\\0 & 1 & \frac{1}{8}(\mu-5) & -\frac{1}{2}\\0 & 0 & -\frac{1}{4}-\frac{1}{8}(\mu-5)(\lambda+3) & \frac{1}{2}(\lambda-5)\end{pmatrix}$$

因 $R(\boldsymbol{A})=2$, 故

$$\begin{cases}-4-\dfrac{1}{8}(\mu-5)(\lambda+3)=0\\ \dfrac{1}{2}(\lambda-5)=0\end{cases} \quad 即 \quad \begin{cases}\lambda=5\\ \mu=1\end{cases}$$

关于矩阵的秩, 还有下面几个常用的性质, 为了方便叙述, 将它们用一个定理概括.

定理 3-6 矩阵的秩还有如下常用性质(证明见 3.5 节):

(1) 若 $\boldsymbol{P},\boldsymbol{Q}$ 可逆, 则 $R(\boldsymbol{PAQ})=R(\boldsymbol{A})$;

(2) $\max\{R(\boldsymbol{A}),R(\boldsymbol{B})\}\leqslant R(\boldsymbol{A},\boldsymbol{B})\leqslant R(\boldsymbol{A})+R(\boldsymbol{B})$;

(3) $R(\boldsymbol{A}+\boldsymbol{B})\leqslant R(\boldsymbol{A})+R(\boldsymbol{B})$;

(4) $R(\boldsymbol{AB})\leqslant\min\{R(\boldsymbol{A}),R(\boldsymbol{B})\}$(定理 3-9 结论);

(5) 若 $\boldsymbol{A}_{m\times n}\boldsymbol{B}_{n\times s}=\boldsymbol{O}$, 则 $R(\boldsymbol{A})+R(\boldsymbol{B})\leqslant n$(此式的证明放在 4.6 节).

导读与提示

本节内容:

1. 矩阵的 k 阶子式的概念;
2. 矩阵的秩的概念、性质、求法.

本节要求:

1. 理解矩阵的 k 阶子式的概念;
2. 理解矩阵的秩的概念、性质;
3. 理解矩阵的秩在初等变换下的不变性, 会用初等行变换求矩阵的秩, 并会求最高阶非零子式.

另外, 从例 3-9 可以看出, 矩阵的秩在下面讨论线性方程组的解时十分重要, 必须熟练掌握.

习题 3.3

1. 在秩是 r 的矩阵中, 有没有等于 0 的 $r-1$ 阶子式? 有没有等于 0 的 r 阶子式?
2. 从矩阵 $\boldsymbol{A}$ 中划去一行得到矩阵 $\boldsymbol{B}$, 问矩阵 $\boldsymbol{A}$、$\boldsymbol{B}$ 的秩的关系如何?
3. 求下列矩阵的秩, 并求一个最高阶非零子式.

(1) $\begin{pmatrix}4&0&2&1\\1&-1&2&-1\\2&2&-2&3\end{pmatrix}$; (2) $\begin{pmatrix}1&3&-4&-4&2\\2&-1&3&1&-3\\5&1&2&-2&-5\end{pmatrix}$;

(3) $\begin{pmatrix}3&1&11&5&7\\3&-3&3&9&-5\\2&-2&2&6&0\\1&0&3&2&0\end{pmatrix}$.

4. 设

$$A=\begin{pmatrix} 0 & 2k-2 & 3k-3 \\ -1 & 2k & -3 \\ k-1 & 2k-2 & 0 \end{pmatrix}$$

问 k 为何值, 可使

(1) $R(A)=1$; (2) $R(A)=2$; (3) $R(A)=3$.

3.4 线性方程组的解

3.4.1 线性方程组可解性判定定理

设有 n 个未知数, m 个方程的线性方程组

$$\begin{cases} a_{11}x_1+a_{12}x_2+\cdots+a_{1n}x_n=b_1 \\ a_{21}x_1+a_{22}x_2+\cdots+a_{2n}x_n=b_2 \\ \cdots\cdots\cdots\cdots \\ a_{m1}x_1+a_{m2}x_2+\cdots+a_{mn}x_n=b_m \end{cases}$$

可以简记为: $\boldsymbol{Ax}=\boldsymbol{b}$.

其系数矩阵: $\boldsymbol{A}=(a_{ij})_{m\times n}$; 增广矩阵: $\boldsymbol{B}=(\boldsymbol{A},\boldsymbol{b})$.

关于此方程组, 有下面结论:

定理 3-7 (1) $\boldsymbol{Ax}=\boldsymbol{b}$ 有解 $\Leftrightarrow R(\boldsymbol{A})=R(\boldsymbol{B})$;

(2) $\boldsymbol{Ax}=\boldsymbol{b}$ 有解时, 若 $R(\boldsymbol{A})=n$, 则有唯一解.

若 $R(\boldsymbol{A})<n$, 则有无穷多组解(证明见 3.5 节).

而对于齐次线性方程组 $\boldsymbol{Ax}=\boldsymbol{0}$, 由定理 3-7 容易得到:

推论 (1) $\boldsymbol{A}_{m\times n}\boldsymbol{x}=\boldsymbol{0}$ 只有零解 $\Leftrightarrow R(\boldsymbol{A})=n$;

(2) $\boldsymbol{A}_{m\times n}\boldsymbol{x}=\boldsymbol{0}$ 有非零解 $\Leftrightarrow R(\boldsymbol{A})<n$.

3.4.2 线性方程组的解法

根据定理 3-7 及其推论, 可得线性方程组的解法.

1. 齐次线性方程组 $\boldsymbol{Ax}=\boldsymbol{0}$ 的解法

(1) 把系数矩阵 $\boldsymbol{A}$ 施行初等行变换化为最简形, 可得 $R(\boldsymbol{A})=r$.

(2) 把行最简形中 r 个非零行的非 0 首元所对应的未知数用其余 $n-r$ 个未知数(自由未知数)表示, 并令自由未知数分别等于 $c_1,c_2,\cdots,c_{n-r}$, 即可写出含 $n-r$ 个参数的通解.

例 3-11 求解齐次线性方程组

$$\begin{cases} 3x_1+3x_2-\qquad\quad x_4=0 \\ x_1+2x_2+2x_3+x_4=0 \\ 2x_1+x_2-2x_3-2x_4=0 \end{cases}$$

解 对系数矩阵 $\boldsymbol{A}$ 施行初等行变换化为行最简形矩阵

$$A=\begin{pmatrix}3&3&0&-1\\1&2&2&1\\2&1&-2&-2\end{pmatrix}\overset{r_1\leftrightarrow r_2}{\sim}\begin{pmatrix}1&2&2&1\\3&3&0&-1\\2&1&-2&-2\end{pmatrix}$$

$$\underset{r_3-2r}{\overset{r_2-3r_1}{\sim}}\begin{pmatrix}1&2&2&1\\0&-3&-6&-4\\0&-3&-6&-4\end{pmatrix}\underset{r_2\div(-3)}{\overset{r_3-r_2}{\sim}}\begin{pmatrix}1&2&2&1\\0&1&2&\frac{4}{3}\\0&0&0&0\end{pmatrix}$$

$$\overset{r_1-2r_2}{\sim}\begin{pmatrix}1&0&-2&-\frac{5}{3}\\0&1&2&\frac{4}{3}\\0&0&0&0\end{pmatrix}$$

所以,原方程组同解于

$$\begin{cases}x_1-2x_3-\frac{5}{3}x_4=0\\x_2+2x_3+\frac{4}{3}x_4=0\end{cases}$$

即

$$\begin{cases}x_1=\ 2x_3+\frac{5}{3}x_4\\x_2=-2x_3-\frac{4}{3}x_4\end{cases}$$

令 $x_3=c_1$, $x_4=c_2$,得原方程组的通解

$$\begin{cases}x_1=2c_1+\frac{5}{3}c_2\\x_2=-2c_1-\frac{4}{3}c_2\\x_3=c_1\\x_4=c_2\end{cases}$$

写成向量形式

$$\begin{pmatrix}x_1\\x_2\\x_3\\x_4\end{pmatrix}=c_1\begin{pmatrix}2\\-2\\1\\0\end{pmatrix}+c_2\begin{pmatrix}\frac{5}{3}\\-\frac{4}{3}\\0\\1\end{pmatrix}\ (c_1,c_2\text{为任意常数})$$

2. 非齐次线性方程组 $\boldsymbol{Ax}=\boldsymbol{b}$ 的解法

非齐次线性方程组 $\boldsymbol{Ax}=\boldsymbol{b}$ 的求解步骤:

(1) 对增广矩阵 $\boldsymbol{B}$ 施行初等行变换化为行阶梯形,若 $R(\boldsymbol{A})<R(\boldsymbol{B})$,则方程组无解;

(2) 若 $R(\boldsymbol{A})=R(\boldsymbol{B})$, 则进一步将 $\boldsymbol{B}$ 化为行最简形;

(3) 设 $R(\boldsymbol{A})=R(\boldsymbol{B})=r$, 把行最简形中 r 个非零行的非 0 首元所对应的未知数用其余 $n-r$ 个未知数(自由未知数)表示, 并令自由未知数分别等于 $c_1, c_2, \cdots, c_{n-r}$, 即可写出含 $n-r$ 个参数的通解.

例 3-12　求解非齐次线性方程组

$$\begin{cases}4x_1-3x_2+8x_3-4x_4=3\\ x_1-2x_2+3x_3-\ \ x_4=1\\ 3x_1-\ \ x_2+5x_3-3x_4=4\end{cases}$$

解　对增广矩阵 $\boldsymbol{B}=(\boldsymbol{A},\boldsymbol{b})$ 施行初等行变换

$$\boldsymbol{B}=\left(\begin{array}{cccc|c}4&-3&8&-4&3\\1&-2&3&-1&1\\3&-1&5&-3&4\end{array}\right)\xrightarrow{r_1\leftrightarrow r_2}\left(\begin{array}{cccc|c}1&-2&3&-1&1\\4&-3&8&-4&3\\3&-1&5&-3&4\end{array}\right)$$

$$\xrightarrow[r_3-3r_1]{r_2-4r_1}\left(\begin{array}{cccc|c}1&-2&3&-1&1\\0&5&-4&0&-1\\0&5&-4&0&1\end{array}\right)\xrightarrow{r_3-r_2}\left(\begin{array}{cccc|c}1&-2&3&-1&1\\0&5&-4&0&-1\\0&0&0&0&2\end{array}\right)$$

可见, $R(\boldsymbol{A})=2$, $R(\boldsymbol{B})=3$, 所以, 此方程组无解.

例 3-13　求解齐次线性方程组

$$\begin{cases}5x_1+\ \ x_2-\ 9x_3+2x_4=6,\\ x_1+\ \ x_2-\ 3x_3-\ \ x_4=1,\\ 2x_1+6x_2-12x_3-9x_4=1.\end{cases}$$

解

$$\boldsymbol{B}=\left(\begin{array}{cccc|c}5&1&-9&2&6\\1&1&-3&-1&1\\2&6&-12&-9&1\end{array}\right)\xrightarrow{r_1\leftrightarrow r_2}\left(\begin{array}{cccc|c}1&1&-3&-1&1\\5&1&-9&2&6\\2&6&-12&-9&1\end{array}\right)$$

$$\xrightarrow[r_3-2r_1]{r_2-5r_1}\left(\begin{array}{cccc|c}1&1&-3&-1&1\\0&-4&6&7&1\\0&4&-6&-7&-1\end{array}\right)\xrightarrow[r_2\div(-4)]{r_3+r_2}\left(\begin{array}{cccc|c}1&1&-3&-1&1\\0&1&-\frac{3}{2}&-\frac{7}{4}&-\frac{1}{4}\\0&0&0&0&0\end{array}\right)$$

$$\xrightarrow{r_1-r_2}\left(\begin{array}{cccc|c}1&0&-\frac{3}{2}&\frac{3}{4}&\frac{5}{4}\\0&1&-\frac{3}{2}&-\frac{7}{4}&-\frac{1}{4}\\0&0&0&0&0\end{array}\right)$$

即得

$$\begin{cases}x_1=\frac{3}{2}x_3-\frac{3}{4}x_4+\frac{5}{4}\\ x_2=\frac{3}{2}x_3+\frac{7}{4}x_4-\frac{1}{4}\\ x_3=x_3\\ x_4=x_4\end{cases}$$

令 $x_3=c_1, x_4=c_2$, 得通解

$$\begin{cases} x_1=\frac{3}{2}c_1-\frac{3}{4}c_2+\frac{5}{4} \\ x_2=\frac{3}{2}c_1+\frac{7}{4}c_2-\frac{1}{4} \\ x_3=c_1 \\ x_4=c_2 \end{cases}$$

写成向量形式

$$\begin{pmatrix} x_1 \\ x_2 \\ x_3 \\ x_4 \end{pmatrix}=c_1\begin{pmatrix} \frac{3}{2} \\ \frac{3}{2} \\ 1 \\ 0 \end{pmatrix}+c_2\begin{pmatrix} -\frac{3}{4} \\ \frac{7}{4} \\ 0 \\ 1 \end{pmatrix}+\begin{pmatrix} \frac{5}{4} \\ -\frac{1}{4} \\ 0 \\ 0 \end{pmatrix}\ (c_1,c_2\in R)$$

例 3-14 设有线性方程组

$$\begin{cases} x_1+x_2+(1+\lambda)x_3=\lambda \\ x_1+(1+\lambda)x_2+x_3=3 \\ (1+\lambda)x_1+x_2+x_3=0 \end{cases}$$

问 λ 为何值时, 此方程组: (1) 有唯一解; (2) 无解; (3) 有无限多解? 并在有无限多解时求其通解.

解法一 对增广矩阵 $\boldsymbol{B}=(\boldsymbol{A},\boldsymbol{b})$ 作初等行变换, 把它变为行阶梯形矩阵, 有

$$\boldsymbol{B}=\begin{pmatrix} 1 & 1 & 1+\lambda & \lambda \\ 1 & 1+\lambda & 1 & 3 \\ 1+\lambda & 1 & 1 & 0 \end{pmatrix}\underset{r_3-(1+\lambda)r_1}{\overset{r_2-r_1}{\sim}}\begin{pmatrix} 1 & 1 & 1+\lambda & \lambda \\ 0 & \lambda & -\lambda & 3-\lambda \\ 0 & -\lambda & -\lambda(2+\lambda) & -\lambda(1+\lambda) \end{pmatrix}$$

$$\overset{r_3+r_2}{\sim}\begin{pmatrix} 1 & 1 & 1+\lambda & \lambda \\ 0 & \lambda & -\lambda & 3-\lambda \\ 0 & 0 & -\lambda(3+\lambda) & (1-\lambda)(3+\lambda) \end{pmatrix}$$

当 $\lambda\neq 0$ 且 $\lambda\neq -3$ 时, $R(\boldsymbol{A})=R(\boldsymbol{B})=3$, 方程组有唯一解;

当 $\lambda=0$ 时, $R(\boldsymbol{A})=1, R(\boldsymbol{B})=2$, 方程组无解;

当 $\lambda=-3$ 时, $R(\boldsymbol{A})=R(\boldsymbol{B})=2$, 方程组有无限多解.

这时

$$\boldsymbol{B}=\begin{pmatrix} 1 & 1 & -2 & -3 \\ 0 & -3 & 3 & 6 \\ 0 & 0 & 0 & 0 \end{pmatrix}\overset{r}{\sim}\begin{pmatrix} 1 & 0 & -1 & -1 \\ 0 & 1 & -1 & -2 \\ 0 & 0 & 0 & 0 \end{pmatrix}$$

得同解方程组

$$\begin{cases} x_1 = x_3 - 1 \\ x_2 = x_3 - 2 \end{cases}$$

即:

$$\begin{pmatrix} x_1 \\ x_2 \\ x_3 \end{pmatrix} = c\begin{pmatrix} 1 \\ 1 \\ 1 \end{pmatrix} + \begin{pmatrix} -1 \\ -2 \\ 0 \end{pmatrix} \ (c \in R)$$

注: 在对含参数的矩阵作初等变换时, 例如在例 3-14 中, 由于 $\lambda+1$, $\lambda+3$ 等因式可以等于 0, 故不宜作诸如 $r_2 - \frac{1}{\lambda+1}r_1$, $r_2 \times (\lambda+1)$, $r_3 \div (\lambda+3)$ 等变换, 往往通过交换两行来避免这种变换.

解法二　因为系数矩阵为方阵, 故方程有惟一解 $\Leftrightarrow$ 系数行列式 $|A| \neq 0$. 而

$$|A| = \begin{vmatrix} 1 & 1 & 1+\lambda \\ 1 & 1+\lambda & 1 \\ 1+\lambda & 1 & 1 \end{vmatrix} = (3+\lambda)\begin{vmatrix} 1 & 1 & 1 \\ 1 & 1+\lambda & 1 \\ 1+\lambda & 1 & 1 \end{vmatrix}$$

$$= (3+\lambda)\begin{vmatrix} 1 & 1 & 1 \\ 0 & \lambda & 0 \\ \lambda & 0 & 0 \end{vmatrix} = -(3+\lambda)\lambda^2$$

令 $|A| = 0$, 得 $\lambda = 0$ 或 $\lambda = -3$.

因此, 当 $\lambda \neq 0$ 且 $\lambda \neq -3$ 时, 方程组有唯一解.

当 $\lambda = 0$ 时, 有

$$\boldsymbol{B} = \begin{pmatrix} 1 & 1 & 1 & 0 \\ 1 & 1 & 1 & 3 \\ 1 & 1 & 1 & 0 \end{pmatrix} \overset{r}{\sim} \begin{pmatrix} 1 & 1 & 1 & 0 \\ 0 & 0 & 0 & 1 \\ 0 & 0 & 0 & 0 \end{pmatrix}$$

知 $R(\boldsymbol{A}) = 1, R(\boldsymbol{B}) = 2$, 方程组无解.

当 $\lambda = -3$ 时, 有

$$\boldsymbol{B} = \begin{pmatrix} 1 & 1 & -2 & -3 \\ 1 & -2 & 1 & 3 \\ -2 & 1 & 1 & 0 \end{pmatrix} \overset{r}{\sim} \begin{pmatrix} 1 & 0 & -1 & -1 \\ 0 & 1 & -1 & -2 \\ 0 & 0 & 0 & 0 \end{pmatrix}$$

$R(\boldsymbol{A}) = R(\boldsymbol{B}) = 2$, 方程组有无限多解, 且通解为

$$\begin{pmatrix} x_1 \\ x_2 \\ x_3 \end{pmatrix} = c\begin{pmatrix} 1 \\ 1 \\ 1 \end{pmatrix} + \begin{pmatrix} -1 \\ -2 \\ 0 \end{pmatrix} \ (c \in R)$$

注: 可以看出, 解法二较为简单, 但解法二只适用于系数矩阵为方阵的情形, 而解法一适用范围更广.

3.4.3　矩阵方程可解性判定定理

定理 3-8　矩阵方程 $\boldsymbol{AX} = \boldsymbol{B}$ 有解 $\Leftrightarrow R(\boldsymbol{A}) = R(\boldsymbol{A}, \boldsymbol{B})$ (证明见 3.5 节).

定理 3-9　设 $\boldsymbol{AB} = \boldsymbol{C}$, 则 $R(\boldsymbol{C}) \leqslant \min\{R(\boldsymbol{A}), R(\boldsymbol{B})\}$ (证明见 3.5 节).

定理 3-10　矩阵方程 $\boldsymbol{A}_{m\times n}\boldsymbol{X}_{n\times s} = \boldsymbol{O}$ 只有零解 $\Leftrightarrow R(\boldsymbol{A}) = n$ (证明见 3.5 节).

导读与提示

本节内容:

1. 线性方程组的可解性判定定理;

2. 线性方程组的解法;

3. 矩阵方程的可解性判定定理.

本节要求:

1. 掌握线性方程组的可解性判定定理.

(1) 会判断方程组 $\boldsymbol{Ax}=\boldsymbol{0}$ 是否有非零解, 在有非零解时, 会求出其通解;

(2) 会判断方程组 $\boldsymbol{Ax}=\boldsymbol{b}$ 是否有解, 在有解时, 会求出其通解.

2. 对含参数的线性方程组 $\boldsymbol{Ax}=\boldsymbol{b}$, 会讨论其可解性.

3. 理解矩阵方程 $\boldsymbol{AX}=\boldsymbol{B}$ 的可解性的判定定理.

(1) 会判断矩阵方程 $\boldsymbol{AX}=\boldsymbol{B}$ 是否有解;

(2) 会判断矩阵方程 $\boldsymbol{AX}=\boldsymbol{O}$ 是否有非零解.

通过本节的学习, 我们解决了线性方程组.

$$\begin{cases} a_{11}x_1+a_{12}x_2+\cdots+a_{1n}x_n=b_1 \\ a_{21}x_1+a_{22}x_2+\cdots+a_{2n}x_n=b_2 \\ \cdots\cdots\cdots\cdots \\ a_{m1}x_1+a_{m2}x_2+\cdots+a_{mn}x_n=b_m \end{cases}$$

的解的存在性、唯一性等第 1 章遗留的、克拉默法则无法解决的问题. 在它有无穷多解时, 我们可以求出其通解. 从这个层面上讲, 线性方程组的解的问题似乎已经解决了.

但是, 这无穷多解构成的集合——解集有何特性? 或者说, 线性方程组的无穷多解之间有何关系?

要回答这些问题, 就必须学习第 4 章——向量组的线性相关性.

习 题 3.4

1. 求解下列齐次线性方程组:

(1) $\begin{cases} 3x_1+2x_2+3x_3-2x_4=0, \\ x_1+x_2+2x_3-x_4=0, \\ 4x_1+4x_2+5x_3=0; \end{cases}$

(2) $\begin{cases} 2x_1+4x_2-2x_3-2x_4=0, \\ x_1+2x_2+x_3-x_4=0, \\ 4x_1+8x_2-4x_4=0; \end{cases}$

(3) $\begin{cases} x_1-2x_2+4x_3-7x_4=0, \\ 4x_1-x_2+6x_3-14x_4=0, \\ 3x_1+3x_2-7x_3+13x_4=0, \\ 3x_1+x_2+3x_3-2x_4=0; \end{cases}$

(4) $\begin{cases} x_1+7x_2-8x_3+9x_4=0, \\ 2x_1-3x_2+3x_3-2x_4=0, \\ 2x_1+14x_2-16x_2+18x_4=0, \\ 5x_1+x_2-2x_3+5x_4=0. \end{cases}$

2. 求解下列非齐次线性方程组:

(1) $\begin{cases} x_1+3x_2-3x_3=-8, \\ 3x_1-x_2+2x_3=10, \\ 9x_1-3x_2+6x_3=24; \end{cases}$　(2) $\begin{cases} 3x+y+5z=-1, \\ 4x+6y+2z=8, \\ x-2y+4z=-5, \\ 5x-3y+13z=-11; \end{cases}$

(3) $\begin{cases} 4x+2y-2z+2w=2, \\ 6x+3y-3z=3, \\ 2x+y-z-w=1; \end{cases}$　(4) $\begin{cases} 3x+5y-4z+6w=-1, \\ x-3y+2z-4w=3, \\ 2x+y-z+w=1. \end{cases}$

3.5* 相关结论证明

3.5.1 初等矩阵（3.2 节）

定理 3-2　设 $\boldsymbol{A},\boldsymbol{B}$ 是 $m\times n$ 矩阵, 则:

(1) $\boldsymbol{A}\overset{r}{\sim}\boldsymbol{B} \Leftrightarrow$ 存在 m 阶可逆矩阵 $\boldsymbol{P}$, 使得 $\boldsymbol{PA}=\boldsymbol{B}$;

(2) $\boldsymbol{A}\overset{c}{\sim}\boldsymbol{B} \Leftrightarrow$ 存在 n 阶可逆矩阵 $\boldsymbol{Q}$, 使得 $\boldsymbol{AQ}=\boldsymbol{B}$;

(3) $\boldsymbol{A}\sim\boldsymbol{B} \Leftrightarrow$ 存在 m 阶可逆矩阵 $\boldsymbol{P}$ 和 n 阶可逆矩阵 $\boldsymbol{Q}$, 使得 $\boldsymbol{PAQ}=\boldsymbol{B}$.

证明　只证明(3), 类似可以证明(1)、(2).

$\boldsymbol{A}\sim\boldsymbol{B} \Leftrightarrow$ 矩阵 $\boldsymbol{A}$ 可经过有限次初等行变换和初等列变换化为矩阵 $\boldsymbol{B}$

$\Leftrightarrow$ 存在有限多 m 阶初等矩阵 $\boldsymbol{P}_1,\boldsymbol{P}_2,\cdots,\boldsymbol{P}_s$ 和 n 阶初等矩阵 $\boldsymbol{Q}_1,\boldsymbol{Q}_2,\cdots,\boldsymbol{Q}_t$ 使得

$$\boldsymbol{P}_s\cdots\boldsymbol{P}_2\boldsymbol{P}_1\boldsymbol{A}\boldsymbol{Q}_1\boldsymbol{Q}_2\cdots\boldsymbol{Q}_t=\boldsymbol{B}$$

$\Leftrightarrow$ 存在 m 阶初等矩阵 $\boldsymbol{P}(=\boldsymbol{P}_s\cdots\boldsymbol{P}_1\boldsymbol{P}_2)$ 和 n 阶初等矩阵 $\boldsymbol{Q}=(\boldsymbol{Q}_1\boldsymbol{Q}_2\cdots\boldsymbol{Q}_t)$ 使得

$$\boldsymbol{PAQ}=\boldsymbol{B}$$

证毕.

定理 3-3　对于矩阵 $\boldsymbol{A}_{m\times n}$, 存在 m 阶可逆矩阵 $\boldsymbol{P}$, n 阶可逆矩阵 $\boldsymbol{Q}$, 使得

$$\boldsymbol{PAQ}=\begin{pmatrix} \boldsymbol{E}_r & \boldsymbol{O} \\ \boldsymbol{O} & \boldsymbol{O} \end{pmatrix}$$

证明　矩阵 $\boldsymbol{A}_{m\times n}$ 经过有限次初等行变换和初等列变换可以化为标准形. 由定理 3-1, 相当于对 $\boldsymbol{A}_{m\times n}$ 依次左乘 m 阶初等矩阵

$$\boldsymbol{P}_1,\boldsymbol{P}_2,\cdots,\boldsymbol{P}_s$$

右乘 n 阶初等矩阵

$$\boldsymbol{Q}_1,\boldsymbol{Q}_2,\cdots,\boldsymbol{Q}_t$$

即

$$\boldsymbol{P}_s\cdots\boldsymbol{P}_2\boldsymbol{P}_1\boldsymbol{A}\boldsymbol{Q}_1\boldsymbol{Q}_2\cdots\boldsymbol{Q}_t=\begin{pmatrix} \boldsymbol{E}_r & \boldsymbol{O} \\ \boldsymbol{O} & \boldsymbol{O} \end{pmatrix}$$

记

$$\boldsymbol{P}=\boldsymbol{P}_s\cdots\boldsymbol{P}_2\boldsymbol{P}_1,\ \boldsymbol{Q}=\boldsymbol{Q}_1\boldsymbol{Q}_2\cdots\boldsymbol{Q}_t$$

由于初等矩阵是可逆的, 所以矩阵 $\boldsymbol{P},\boldsymbol{Q}$ 都可逆.　证毕.

定理 3-4 $A_{n\times n}$ 可逆 $\Leftrightarrow$ A 可以表示为有限个初等矩阵的乘积. 即存在有限多个初等矩阵 $P_1, P_2, \cdots, P_l$, 使得 $A = P_1 P_2 \cdots P_l$.

证明 根据定理 3-3 的证明过程直接可得.

3.5.2 3.3 矩阵的秩

定理 3-5 若 $A \sim B$, 则 $R(A)=R(B)$

证明 仅就初等行变换加以证明.

(1) $A \overset{r_i \leftrightarrow r_j}{\sim} B$, 则 B 的子式和 A 相应子式绝对值相等, 所以 $R(A)=R(B)$.

(2) $A \overset{r_i \times k}{\sim} B (k \neq 0)$, 则 B 的子式等于 A 的相应子式的 k 倍, 所以 $R(A)=R(B)$.

(3) $A \overset{r_i + kr_j}{\sim} B$

$$A=\begin{pmatrix} a_{11} & \cdots & a_{1n} \\ \vdots & & \vdots \\ a_{i1} & \cdots & a_{in} \\ \vdots & & \vdots \\ a_{j1} & \cdots & a_{jn} \\ \vdots & & \vdots \\ a_{n1} & \cdots & a_{nn} \end{pmatrix} \overset{r_i + kr_j}{\sim} \begin{pmatrix} a_{11} & \cdots & a_{1n} \\ \vdots & & \vdots \\ a_{i1}+ka_{j1} & \cdots & a_{in}+ka_{jn} \\ \vdots & & \vdots \\ a_{j1} & \cdots & a_{jn} \\ \vdots & & \vdots \\ a_{n1} & \cdots & a_{nn} \end{pmatrix} = B$$

先证 $R(B) \leqslant R(A)$.

设 $R(A)=r$. 若 B 没有阶数大于 r 的子式, 则它没有阶数大于 r 的非零子式, 故 $R(B) \leqslant r$.

若 B 有 $r+1$ 阶子式 D_{r+1}, 则分三种情况进行讨论:

(1) D_{r+1} 不含第 i 行元素, 这时 D_{r+1} 也是矩阵 A 的 $r+1$ 阶子式, 故 $D_{r+1}=0$.

(2) D_{r+1} 含第 i, j 两行元素, 即

$$D_{r+1}=\begin{vmatrix} \vdots & \vdots & & \vdots \\ a_{is_1}+ka_{js_1} & a_{is_2}+ka_{js_2} & \cdots & a_{is_{r+1}}+ka_{js_{r+1}} \\ \vdots & \vdots & & \vdots \\ a_{js_1} & a_{js_2} & \cdots & a_{js_{r+1}} \\ \vdots & \vdots & & \vdots \end{vmatrix}$$

$$=\begin{vmatrix} \vdots & \vdots & & \vdots \\ a_{is_1} & a_{is_2} & & a_{is_{r+1}} \\ \vdots & \vdots & & \vdots \\ a_{js_1} & a_{js_2} & \cdots & a_{js_{r+1}} \\ \vdots & \vdots & & \vdots \end{vmatrix} + \begin{vmatrix} \vdots & \vdots & & \vdots \\ ka_{js_1} & ka_{js_2} & & ka_{js_{r+1}} \\ \vdots & \vdots & & \vdots \\ a_{js_1} & a_{js_2} & \cdots & a_{js_{r+1}} \\ \vdots & \vdots & & \vdots \end{vmatrix}$$

(3) D_{r+1} 含第 i 行, 不含第 j 行元素, 即

$$D_{r+1}=\begin{vmatrix} \vdots & \vdots & & \vdots \\ a_{is_1}+ka_{js_1} & a_{is_2}+ka_{js_2} & \cdots & a_{is_{r+1}}+ka_{js_{r+1}} \\ \vdots & \vdots & & \end{vmatrix} \text{——} i \text{ 行}$$

$$=\begin{vmatrix} \vdots & & \vdots \\ a_{is_1} & \cdots & a_{is_{r+1}} \\ \vdots & & \vdots \end{vmatrix} + k\begin{vmatrix} \vdots & & \vdots \\ a_{js_1} & \cdots & a_{js_{r+1}} \\ \vdots & & \vdots \end{vmatrix} \text{——} i \text{ 行}$$

$$= D_{r+1}^{(1)} + kD_{r+1}^{(2)}$$

式中, $D_{r+1}^{(1)}$ 是矩阵 $\boldsymbol{A}$ 的 $r+1$ 阶子式, 故 $D_{r+1}^{(1)}=0$. 将 $D_{r+1}^{(2)}$ 作适当的行对调, 可得矩阵 $\boldsymbol{A}$ 的一个 $r+1$ 阶子式, 所以 $D_{r+1}^{(2)}=0$. 从而, $D_{r+1}=0$.

这说明矩阵 $\boldsymbol{B}$ 的所有 $r+1$ 阶子式都等于 0. 于是, $R(\boldsymbol{B})\leqslant r=R(\boldsymbol{A})$.

根据初等变换的可逆性, 易得 $R(\boldsymbol{A})\leqslant R(\boldsymbol{B})$.

综上可知, $R(\boldsymbol{A})=R(\boldsymbol{B})$.　　证毕.

定理 3-6　矩阵的秩还有如下常用性质:

(6) 若 $\boldsymbol{P},\boldsymbol{Q}$ 可逆, 则 $R(\boldsymbol{PAQ})=R(\boldsymbol{A})$;

(7) $\max\{R(\boldsymbol{A}),R(\boldsymbol{B})\}\leqslant R(\boldsymbol{A},\boldsymbol{B})\leqslant R(\boldsymbol{A})+R(\boldsymbol{B})$;

(8) $R(\boldsymbol{A}+\boldsymbol{B})\leqslant R(\boldsymbol{A})+R(\boldsymbol{B})$;

(9) $R(\boldsymbol{AB})\leqslant \min\{R(\boldsymbol{A}),R(\boldsymbol{B})\}$ (定理 3-9 结论);

(10) 若 $\boldsymbol{A}_{m\times n}\boldsymbol{B}_{n\times s}=\boldsymbol{O}$, 则 $R(\boldsymbol{A}+\boldsymbol{B})\leqslant n$.

证明　(1) 设 $\boldsymbol{PAQ}=\boldsymbol{B}$, 因为 $\boldsymbol{P},\boldsymbol{Q}$ 均可逆, 由定理 3-4, 可将它们表示为初等矩阵的乘积

$$\boldsymbol{P}=\boldsymbol{P}_s\cdots\boldsymbol{P}_2\boldsymbol{P}_1,\qquad \boldsymbol{Q}=\boldsymbol{Q}_1\boldsymbol{Q}_2\cdots\boldsymbol{Q}_t$$

于是

$$\boldsymbol{P}_s\cdots\boldsymbol{P}_2\boldsymbol{P}_1\boldsymbol{A}\boldsymbol{Q}_1\boldsymbol{Q}_2\cdots\boldsymbol{Q}_t=\boldsymbol{B}$$

由定理 3-5 可知

$$R(\boldsymbol{B})=R(\boldsymbol{PAQ})=R(\boldsymbol{A}).$$

(2) 因为矩阵 $\boldsymbol{A}$ 的非零子式总是 $(\boldsymbol{A},\boldsymbol{B})$ 的非零子式, 所以, $R(\boldsymbol{A})\leqslant R(\boldsymbol{A},\boldsymbol{B})$. 同理, $R(\boldsymbol{B})\leqslant R(\boldsymbol{A},\boldsymbol{B})$.

于是, $\max\{R(\boldsymbol{A}),R(\boldsymbol{B})\}\leqslant R(\boldsymbol{A},\boldsymbol{B})$.

设 $R(\boldsymbol{A})=s$, $R(\boldsymbol{B})=t$. 则经过一系列初等列变换, 可将矩阵 $\boldsymbol{A},\boldsymbol{B}$ 化为

$$\boldsymbol{A}\overset{c}{\sim}\tilde{\boldsymbol{A}}=(\tilde{\boldsymbol{a}}_1,\cdots,\tilde{\boldsymbol{a}}_s,\boldsymbol{0},\cdots,\boldsymbol{0}),\ \boldsymbol{B}\overset{c}{\sim}\tilde{\boldsymbol{B}}=(\tilde{\boldsymbol{b}}_1,\cdots,\tilde{\boldsymbol{b}}_t,\boldsymbol{0},\cdots,\boldsymbol{0})$$

所以

$$(\boldsymbol{A},\boldsymbol{B})\overset{c}{\sim}(\tilde{\boldsymbol{A}},\tilde{\boldsymbol{B}})$$

显然, $R(\tilde{\boldsymbol{A}},\tilde{\boldsymbol{B}})\leqslant s+t$. 于是, $R(\boldsymbol{A},\boldsymbol{B})\leqslant R(\boldsymbol{A})+R(\boldsymbol{B})$.

(3) 设 $\boldsymbol{A},\boldsymbol{B}$ 都是 $m\times n$ 矩阵, 将矩阵 $(\boldsymbol{A}+\boldsymbol{B},\boldsymbol{B})$ 的第 $n+i$ 列乘以 -1 加到第 i 列 $(i=1,2,\cdots,n)$, 就变为 $(\boldsymbol{A},\boldsymbol{B})$, 于是, $R(\boldsymbol{A}+\boldsymbol{B})\leqslant R(\boldsymbol{A}+\boldsymbol{B},\boldsymbol{B})=R(\boldsymbol{A},\boldsymbol{B})\leqslant R(\boldsymbol{A})+R(\boldsymbol{B})$.

(4) 定理 3-9 结论(待述).

(5) 可利用第 4 章知识证明.

3.5.3 线性方程组的解

设有 n 个未知数, m 个方程的线性方程组

$$\begin{cases} a_{11}x_1 + a_{12}x_2 + \cdots + a_{1n}x_n = b_1 \\ a_{21}x_1 + a_{22}x_2 + \cdots + a_{2n}x_n = b_2 \\ \cdots\cdots\cdots\cdots \\ a_{m1}x_1 + a_{m2}x_2 + \cdots + a_{mn}x_n = b_m \end{cases}$$

可以简记为: $\boldsymbol{Ax} = \boldsymbol{b}$.

其系数矩阵: $\boldsymbol{A} = (a_{ij})_{m\times n}$; 增广矩阵 $\boldsymbol{B} = (\boldsymbol{A}, \boldsymbol{b})$.

关于此方程组, 有下面结论:

定理 3-7 (1) $\boldsymbol{Ax} = \boldsymbol{b}$ 有解 $\Leftrightarrow R(\boldsymbol{A}) = R(\boldsymbol{B})$;

(2) $\boldsymbol{Ax} = \boldsymbol{b}$ 有解时, ① 若 $R(\boldsymbol{A}) = n$, 则有唯一解; ② 若 $R(\boldsymbol{A}) < n$, 则有无穷多组解.

证明 设 $R(\boldsymbol{A}) = r$, 对增广矩阵 $\boldsymbol{B} = (\boldsymbol{A}, \boldsymbol{b})$ 进行初等行变换, 化为行最简形

$$\boldsymbol{B} \overset{r}{\sim} \left(\begin{array}{cccccccc|c} 1 & 0 & \cdots & 0 & b_{11} & \cdots & b_{1,n-r} & & d_1 \\ 0 & 1 & \cdots & 0 & b_{21} & \cdots & b_{2,n-r} & & d_2 \\ \vdots & \vdots & & \vdots & \vdots & & \vdots & & \vdots \\ 0 & 0 & \cdots & 1 & b_{r1} & \cdots & b_{r,n-r} & & d_r \\ 0 & 0 & \cdots & 0 & 0 & \cdots & 0 & & d_{r+1} \\ 0 & 0 & \cdots & 0 & 0 & \cdots & 0 & & 0 \\ \vdots & \vdots & & \vdots & \vdots & & \vdots & & \vdots \\ 0 & 0 & \cdots & 0 & 0 & \cdots & 0 & & 0 \end{array}\right)$$

原方程组同解于方程组

$$\begin{cases} x_1 + b_{11}x_{r+1} + \cdots + b_{1,n-r}x_n = d_1 \\ x_2 + b_{21}x_{r+1} + \cdots + b_{2,n-r}x_n = d_2 \\ \cdots\cdots\cdots\cdots \\ x_r + b_{r1}x_{r+1} + \cdots + b_{r,n-r}x_n = d_r \\ 0 = d_{r+1} \end{cases} \tag{3-4}$$

可见:

1) 方程组(3-4)有解 $\Leftrightarrow d_{r+1} = 0 \Leftrightarrow R(\boldsymbol{A}) = R(\boldsymbol{B}) = r$.

2) 在方程组(3-4)有解, 即 $d_{r+1} = 0$ 时:

i) 若 $r = n$, 方程组(3-4)即

$$\begin{cases} x_1 = d_1 \\ x_2 = d_2 \\ \cdots\cdots\cdots\cdots \\ x_n = d_n \end{cases}$$

有唯一解.

ii) 若 $r < n$, 方程组(3-4)可化为

$$\begin{cases} x_1 = d_1 - b_{11}x_{r+1} - \cdots - b_{1,n-r}x_n \\ x_2 = d_2 - b_{21}x_{r+1} - \cdots - b_{2,n-r}x_n \\ \cdots\cdots\cdots\cdots \\ x_r = d_r - b_{r1}x_{r+1} - \cdots - b_{r,n-r}x_n \end{cases} \tag{3-5}$$

取 $x_{r+1}, x_{r+2}, \cdots, x_n$ 为自由未知量, 并记 $x_{r+1} = c_1, x_{r+2} = c_2, \cdots, x_{n-r} = c_r$; 则原方程组有无穷多组解

$$\begin{pmatrix} x_1 \\ \vdots \\ x_r \\ x_{r+1} \\ \vdots \\ x_n \end{pmatrix} = c_1 \begin{pmatrix} -b_{11} \\ \vdots \\ -b_{r1} \\ 1 \\ \vdots \\ 0 \end{pmatrix} + \cdots + c_{n-r} \begin{pmatrix} -b_{1,n-r} \\ \vdots \\ -b_{r,n-r} \\ 0 \\ \vdots \\ 1 \end{pmatrix} + \begin{pmatrix} d_1 \\ \vdots \\ d_r \\ 0 \\ \vdots \\ 0 \end{pmatrix}$$

定理 3-8　矩阵方程 $\boldsymbol{AX} = \boldsymbol{B}$ 有解 $\Leftrightarrow R(\boldsymbol{A}) = R(\boldsymbol{A}, \boldsymbol{B})$.

证明　设 $\boldsymbol{A}$ 为 $m \times n$ 矩阵, $\boldsymbol{B}$ 为 $m \times l$ 矩阵, 则 $\boldsymbol{X}$ 为 $n \times l$ 矩阵. 设 $R(\boldsymbol{A}) = r$, $\boldsymbol{A}$ 的行最简形矩阵为 $\tilde{\boldsymbol{A}}$. 将矩阵 $\boldsymbol{X}$, $\boldsymbol{B}$ 进行列分块

$$\boldsymbol{X} = (\boldsymbol{x}_1, \boldsymbol{x}_2, \cdots, \boldsymbol{x}_l), \quad \boldsymbol{B} = (\boldsymbol{b}_1, \boldsymbol{b}_2, \cdots, \boldsymbol{b}_l)$$

则:

矩阵方程 $\boldsymbol{AX} = \boldsymbol{B}$ 有解 $\Leftrightarrow$ l 个线性方程组 $\boldsymbol{Ax}_i = \boldsymbol{b}_i$ $(i = 1, 2, \cdots, l)$ 有解

$$\Leftrightarrow R(\boldsymbol{A}, \boldsymbol{b}_i) = R(\boldsymbol{A}) = r \ (i = 1, 2, \cdots, l)$$

求解每个线性方程组 $\boldsymbol{A}x_i = \boldsymbol{b}_i$ $(i = 1, 2, \cdots, l)$, 对其增广矩阵进行初等行变换

$$(\boldsymbol{A}, \boldsymbol{b}_i) \overset{r}{\sim} (\tilde{\boldsymbol{A}}, \tilde{\boldsymbol{b}}_i)$$

矩阵 $(\tilde{\boldsymbol{A}}, \tilde{\boldsymbol{b}}_i)$ $(i = 1, 2, \cdots, l)$ 有 r 个非零行. 于是, 矩阵

$$(\boldsymbol{A}, \boldsymbol{B}) = (\boldsymbol{A}, \boldsymbol{b}_1, \boldsymbol{b}_2, \cdots, \boldsymbol{b}_l) \overset{r}{\sim} (\tilde{\boldsymbol{A}}, \tilde{\boldsymbol{b}}_1, \tilde{\boldsymbol{b}}_2, \cdots, \tilde{\boldsymbol{b}}_l)$$

有 r 个非零行, 即 $R(\boldsymbol{A}) = R(\boldsymbol{A}, \boldsymbol{B}) = r$.　　证毕.

定理 3-9　设 $\boldsymbol{AB} = \boldsymbol{C}$, 则 $R(\boldsymbol{C}) \leqslant \min\{R(\boldsymbol{A}), R(\boldsymbol{B})\}$.

证明　由 $\boldsymbol{AB} = \boldsymbol{C}$ 可知, 矩阵方程 $\boldsymbol{AX} = \boldsymbol{B}$ 有解 $\boldsymbol{B}$, 由定理 3-7 得 $R(\boldsymbol{C}) \leqslant R(\boldsymbol{A}, \boldsymbol{C}) = R(\boldsymbol{A})$.
又因为 $\boldsymbol{B}^{\mathrm{T}}\boldsymbol{A}^{\mathrm{T}} = \boldsymbol{C}^{\mathrm{T}}$, 所以 $R(\boldsymbol{C}) = R(\boldsymbol{C}^{\mathrm{T}}) \leqslant R(\boldsymbol{B}^{\mathrm{T}}) = R(\boldsymbol{B})$.
从而, $R(\boldsymbol{C}) \leqslant \min\{R(\boldsymbol{A}), R(\boldsymbol{B})\}$.　　证毕.

定理 3-10　矩阵方程 $\boldsymbol{A}_{m\times n}\boldsymbol{X}_{n\times l} = \boldsymbol{O}$ 只有零解 $\Leftrightarrow R(\boldsymbol{A}) = n$.

证明　$\boldsymbol{A}_{m\times n}\boldsymbol{X}_{n\times l} = \boldsymbol{O}$ 只有零解 $\Leftrightarrow$ 线性方程组 $\boldsymbol{A}_{m\times n}\boldsymbol{x} = \boldsymbol{0}$ 只有零解.　　证毕.

复 习 题 3

1. 填空题.

(1) 设 $\boldsymbol{X}=\begin{pmatrix}1&0&0&0\\0&0&1&0\\0&1&0&0\\0&0&0&1\end{pmatrix}$, 则 $\boldsymbol{X}^{100}=$________;

(2) 设 $\boldsymbol{X}=\begin{pmatrix}x_{11}&x_{12}&x_{13}\\x_{21}&x_{22}&x_{23}\\x_{31}&x_{32}&x_{33}\end{pmatrix}$, 则 $\begin{pmatrix}0&1&0\\1&0&0\\0&0&1\end{pmatrix}\boldsymbol{X}\begin{pmatrix}1&0&0\\0&0&1\\0&1&0\end{pmatrix}=$________;

(3) 三阶方阵的所有等价标准形为________;

(4) 与矩阵 $\begin{pmatrix}1&0&1&-1\\2&0&1&0\\3&1&2&0\\-3&1&0&4\end{pmatrix}$ 等价的标准形矩阵为________;

(5) 若 n 元线性方程组有解, 且其系数矩阵的秩为 r, 则当________时, 方程组有唯一解. 当________时, 方程组有无穷多解;

(6) 齐次线性方程组

$$\begin{cases}x_1+kx_2+x_3=0\\2x_1+x_2+x_3=0\\kx_2+3x_3=0\end{cases}$$

只有零解, 则 k 应满足的条件是________;

(7) 设 $\boldsymbol{A}=\begin{pmatrix}1&1&1\\1&-1&1\\1&1&-1\end{pmatrix}$, 则 $\boldsymbol{Ax}=\boldsymbol{0}$ 的通解为________;

(8) 线性方程组

$$\begin{cases}x_1-x_2=a_1\\x_2-x_3=a_2\\x_3-x_4=a_3\\x_4-x_5=a_4\\x_5-x_1=a_5\end{cases}$$

有解的充要条件是________;

(9) 设 $\boldsymbol{A}$ 为 4 阶方阵, 且 $R(\boldsymbol{A})=3$, 则 $R(\boldsymbol{A}^*)=$________;

(10) 矩阵 $\boldsymbol{A}=\begin{pmatrix}0&0&0&1\\1&1&0&1\\2&2&0&1\\1&1&0&0\end{pmatrix}$ 的秩是____________.

2. 计算题.

(1) 讨论 λ 值的范围, 确定矩阵的秩:

1) $\begin{pmatrix}1&\lambda&-1&2\\2&-1&\lambda&5\\1&10&-6&1\end{pmatrix}$;　　2) $\begin{pmatrix}3&1&1&4\\\lambda&4&10&1\\1&7&17&3\\2&2&4&3\end{pmatrix}$.

(2) 求解下列线性方程组:

1) $\begin{cases}3x_1+x_2-6x_3-4x_4+2x_5=0,\\2x_1+2x_2-3x_3-5x_4+3x_5=0,\\x_1-5x_2-6x_3+8x_4-6x_5=0;\end{cases}$　2) $\begin{cases}x_1+3x_2+3x_3-2x_4+x_5=3,\\2x_1+6x_2+x_3-3x_4=2,\\x_1+3x_2-2x_3-x_4-x_5=-1,\\3x_1+9x_2+4x_3-5x_4+x_5=5;\end{cases}$

3) $x_1+x_2+3x_3+4x_4+5x_5=15$.

(3) a,b 取何值时, 线性方程组

$$\begin{cases}x_1+ax_2+x_3=3\\x_1+2ax_2+x_3=4\\x_1+x_2+bx_3=4\end{cases}$$

有唯一解、无解或有无穷多解? 在有无穷多解时, 求其通解.

3. 利用矩阵的初等变换, 求下列方阵的逆矩阵:

(1) $\begin{pmatrix}1&1&-1\\2&1&0\\1&-1&0\end{pmatrix}$;　　(2) $\begin{pmatrix}1&1&1&1\\1&1&-1&-1\\1&-1&1&-1\\1&-1&-1&1\end{pmatrix}$.

4. 利用矩阵的初等变换, 求解下列方阵方程.

(1) $\begin{pmatrix}1&0&-2\\-3&4&-1\\2&1&3\end{pmatrix}\boldsymbol{X}=\begin{pmatrix}5&-1\\-2&3\\1&4\end{pmatrix}$;　　(2) $\boldsymbol{X}\begin{pmatrix}2&1&-1\\2&1&0\\1&-1&1\end{pmatrix}=\begin{pmatrix}1&0&2\\2&0&1\end{pmatrix}$.

第3章阅读材料*

1. 第3章知识脉络图

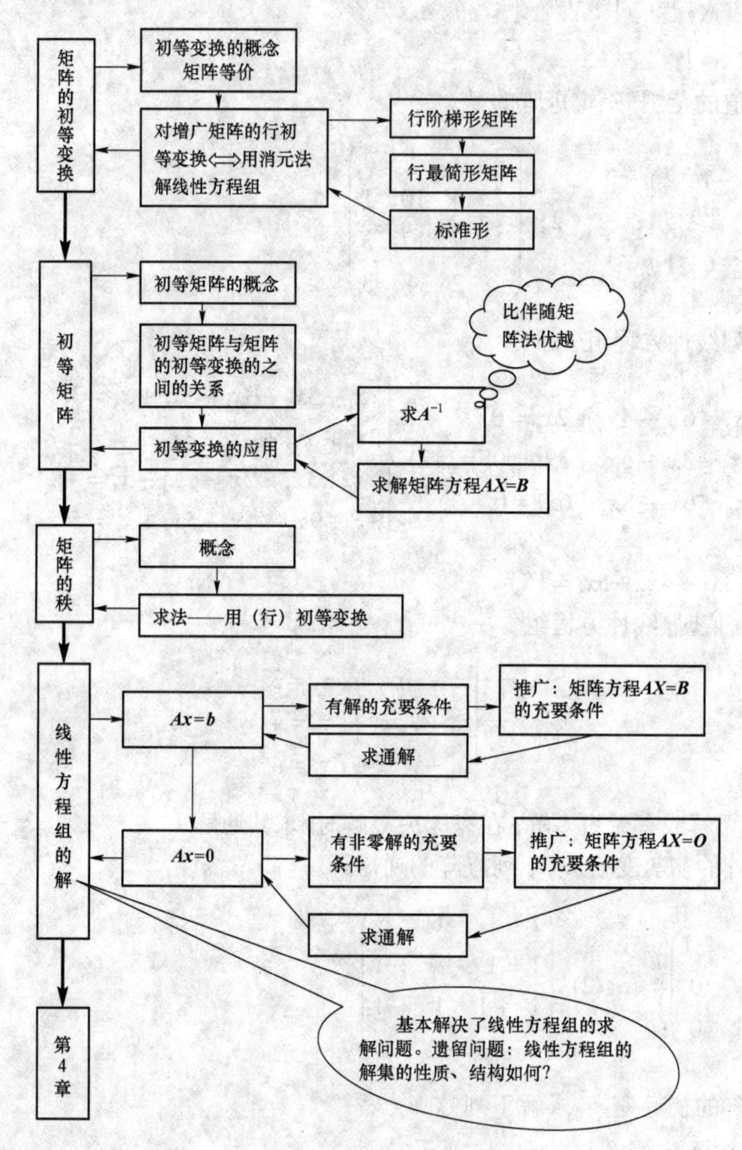

2. 方程组应用简例

讨论线性方程组是否有解、怎样采用更好的方法求其解，是线性代数课程要解决的主要问题[4]. 我们在进行科学研究或者解决工程问题时所遇到的数学问题，超过百分之七十五以上都与线性方程组有关. 而现代化的数学方法，又为将复杂问题线性化提供了可能[8]. 因此，线性代数课程内容十分重要.

下面介绍两个案例，可以说明我们的学习和生活中，一刻也离不开线性方程组问题.

案例1　配平化学方程式.

大家在学习化学课程时，都会遇到配平化学方程式的问题.这类问题，除了化学课上老师介绍的方法外，我们还可以利用解线性方程组的方法解决.

例如有机化学的一个例子：甲烷(C_3H_8)燃烧，生成二氧化碳(CO_2)和水(H_2O)的过程.可以将其化学反应方程式表示为

$$x_1C_3H_8 + x_2O_2 = x_3CO_2 + x_4H_2O$$

配平方程式就是确定上式中的系数 $x_i(i=1,2,3,4)$. 在反应过程中只涉及三种元素: C, H, O，可将各个分子用三维向量表示:

$$C_3H_8:\begin{pmatrix}3\\8\\0\end{pmatrix},\ O_2:\begin{pmatrix}0\\0\\2\end{pmatrix},\ CO_2:\begin{pmatrix}1\\0\\2\end{pmatrix},\ H_2O:\begin{pmatrix}0\\2\\1\end{pmatrix}$$

代入上式得

$$x_1\begin{pmatrix}3\\8\\0\end{pmatrix}+x_2\begin{pmatrix}0\\0\\2\end{pmatrix}=x_3\begin{pmatrix}1\\0\\2\end{pmatrix}+x_4\begin{pmatrix}0\\2\\1\end{pmatrix}$$

即方程组

$$\begin{pmatrix}3&0&-1&0\\8&0&0&-2\\0&2&-2&-1\end{pmatrix}\begin{pmatrix}x_1\\x_2\\x_3\\x_4\end{pmatrix}=\begin{pmatrix}0\\0\\0\end{pmatrix}$$

解出其通解

$$\begin{pmatrix}x_1\\x_2\\x_3\\x_4\end{pmatrix}=k\begin{pmatrix}1/4\\5/4\\3/4\\1\end{pmatrix},k\text{取任意常数}$$

令 $k=4$，得一组特解

$$\begin{pmatrix}x_1\\x_2\\x_3\\x_4\end{pmatrix}=\begin{pmatrix}1\\5\\3\\4\end{pmatrix}$$

最后，得到甲烷燃烧的化学反应方程式

$$C_3H_8 + 5O_2 = 3CO_2 + 4H_2O$$

案例2　网络流问题

下图是一单行街区某时刻交通流量图.

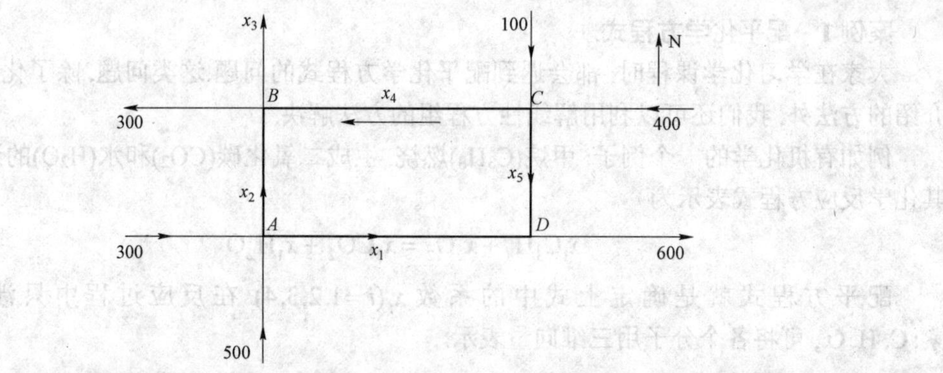

图中的数字表示此刻在该路段上沿箭头方向进入或驶离该街区的汽车数量. 通常情况下, 在某一时刻进入和驶离街区的车辆数量(大致)相等. 研究此刻各路段上车辆的运行数量.

用 x_i $(i=1,2,3,4,5)$ 表示在各路段行驶的车辆数量. 在四个交通路口 A, B, C, D 处, 规定驶来车辆数为正, 驶离车辆数为负, 则各交通路口任一时刻驶过的车辆数目的代数和为零. 具体来说:

A 点处: $$-x_1-x_2+300+500=0$$

B 点处: $$x_2-x_3+x_4-300=0$$

C 点处: $$-x_4-x_5+400+100=0$$

D 点处: $$x_1+x_5-600=0$$

另外, 作为一个整体, 同一时刻进入、驶出街区的车辆数目相等, 可得 $x_3=400$. 根据上述条件, 得一线性方程组

$$\begin{cases} x_1+x_2=800 \\ x_2-x_3+x_4=300 \\ x_4+x_5=500 \\ x_1+x_5=600 \\ x_3=400 \end{cases}$$

解之得

$$\begin{cases} x_1=600-x_5 \\ x_2=200+x_5 \\ x_3=400 \qquad (0\leqslant x_5\leqslant 500 \text{ 取任意非负整数}) \\ x_4=500-x_5 \\ x_5=x_5 \end{cases}$$

$x_5\leqslant 500$ 是由于 $x_4\geqslant 0$ 的要求.

第 4 章　向量组的线性相关性

本章主要内容:

1. 向量及其线性运算; 线性组合、线性相关性的概念;
2. 最大线性无关组的概念; 向量组的秩及其与矩阵的秩的关系;
3. 线性方程组的解的结构以及用向量形式给出线性方程组的解.

本章重点要求:

1. 会判断向量组的线性相关性;
2. 能够求出向量组的秩和一个最大无关组;
3. 知道向量组的秩与矩阵的关系;
4. 熟练运用向量形式给出线性方程组的解.

4.1　向量组及其线性组合

4.4.1　向量组的基本概念

定义 1　n 个数 $a_1,a_2,\cdots,a_n$ 构成的有序数组, 称为 n 维向量, 其中第 i 个数 a_i 称为第 i 个分量. 向量可以写成一列, 或者写成一行, 分别称为列向量和行向量, 也就是列矩阵和行矩阵, 并规定行向量和列向量都按照矩阵的运算规则进行运算.

向量通常用黑体英文字母或希腊字母表示, 如 $\boldsymbol{a},\boldsymbol{b},\boldsymbol{c}$, $\boldsymbol{\alpha},\boldsymbol{\beta},\boldsymbol{\gamma}$ 等.

n 维列向量: $\boldsymbol{a}=\begin{pmatrix}a_1\\a_2\\\vdots\\a_n\end{pmatrix}$. 例如, $\boldsymbol{a}=\begin{pmatrix}1\\2\\3\\4\end{pmatrix}$ 是一个 4 维列向量.

n 维行向量: $\boldsymbol{a}^{\mathrm{T}}=(a_1,a_2,\cdots,a_n)$. 例如, $(3,5,-1)$ 是一个 3 维行向量.

零向量:各个分量全为 0 的向量, 即 $\boldsymbol{0}=\begin{pmatrix}0\\0\\\vdots\\0\end{pmatrix}$.

负向量: $-\boldsymbol{a}=\begin{pmatrix}-a_1\\-a_2\\\vdots\\-a_n\end{pmatrix}$ 称为 $\boldsymbol{a}=\begin{pmatrix}a_1\\a_2\\\vdots\\a_n\end{pmatrix}$ 的负向量, 也可以理解为数 -1 乘以向量

$$-\boldsymbol{a}=(-1)\begin{pmatrix}a_1\\a_2\\\vdots\\a_n\end{pmatrix}=\begin{pmatrix}-a_1\\-a_2\\\vdots\\-a_n\end{pmatrix}$$

在本书中, 对于没有指明是行向量、列向量, 或用字母 $\boldsymbol{a},\boldsymbol{b},\boldsymbol{c}$, $\boldsymbol{\alpha},\boldsymbol{\beta},\boldsymbol{\gamma}$ 等表示的向量, 我们总认为是列向量; 行向量一般用 $\boldsymbol{a}^{\mathrm{T}},\boldsymbol{b}^{\mathrm{T}}$, $\boldsymbol{\alpha}^{\mathrm{T}},\boldsymbol{\beta}^{\mathrm{T}}$ 等表示.

例 4-1 已知 $\boldsymbol{\alpha}=\begin{pmatrix}1\\-1\\0\\2\end{pmatrix}$, $\boldsymbol{\beta}=\begin{pmatrix}3\\2\\1\\0\end{pmatrix}$, 求 $\boldsymbol{\beta}-2\boldsymbol{\alpha}$.

解 $\boldsymbol{\beta}-2\boldsymbol{\alpha}=\begin{pmatrix}3\\2\\1\\0\end{pmatrix}-2\begin{pmatrix}1\\-1\\0\\2\end{pmatrix}=\begin{pmatrix}3\\2\\1\\0\end{pmatrix}-\begin{pmatrix}2\\-2\\0\\4\end{pmatrix}=\begin{pmatrix}1\\4\\1\\-4\end{pmatrix}$.

数乘向量和向量的加法运算统称为向量的线性运算.

定义 2 若干个同维的列向量(或若干个同维的行向量)所组成的集合, 叫作向量组. 在本书中, 向量组用花写的字母, 如 $\mathscr{A}$, $\mathscr{B}$ 等表示.

例如, 列向量组:

$$\mathscr{B}:\quad \boldsymbol{\beta}_1=\begin{pmatrix}1\\0\\-1\end{pmatrix},\ \boldsymbol{\beta}_2=\begin{pmatrix}1\\1\\1\end{pmatrix},\ \boldsymbol{\beta}_3=\begin{pmatrix}3\\1\\-1\end{pmatrix},\ \boldsymbol{\beta}_4=\begin{pmatrix}5\\3\\1\end{pmatrix}$$

就是由四个 3 维列向量组成的向量组.

矩阵 $\boldsymbol{A}_{m\times n}$ 的全体列向量是一个含有 n 个 m 维列向量的向量组, 其全体行向量是一个含有 m 个 n 维行向量的向量组. 矩阵的列向量组和行向量组都是只含有限个向量的向量组; 反之, 一个含有有限个同型向量的向量组总可以构成一个矩阵.

m 个 n 维列向量所组成的向量组 $\mathscr{A}$: $\boldsymbol{a}_1,\boldsymbol{a}_2,\cdots,\boldsymbol{a}_m$ 构成一个 $n\times m$ 矩阵

$$\boldsymbol{A}=(\boldsymbol{a}_1,\boldsymbol{a}_2,\cdots,\boldsymbol{a}_m)$$

m 个 n 维行向量所组成的向量组 $\mathscr{B}$: $\boldsymbol{\beta}_1^{\mathrm{T}},\boldsymbol{\beta}_2^{\mathrm{T}},\cdots,\boldsymbol{\beta}_m^{\mathrm{T}}$ 构成一个 $m\times n$ 矩阵

$$\boldsymbol{B}=\begin{pmatrix}\boldsymbol{\beta}_1^{\mathrm{T}}\\\boldsymbol{\beta}_2^{\mathrm{T}}\\\vdots\\\boldsymbol{\beta}_m^{\mathrm{T}}\end{pmatrix}$$

含有有限个向量的有序向量组可以与矩阵一一对应.

4.1.2 向量组的线性组合

引例: 用形如(蛋白质, 糖类, 脂肪)^{T}的向量表示每单位食物中含有三种营养成分的含量(g).

现有四种食物(用向量表示), $\boldsymbol{a}_1=\begin{pmatrix}5\\20\\2\end{pmatrix}$, $\boldsymbol{a}_2=\begin{pmatrix}4\\25\\2\end{pmatrix}$, $\boldsymbol{a}_3=\begin{pmatrix}7\\10\\10\end{pmatrix}$, $\boldsymbol{a}_4=\begin{pmatrix}10\\5\\6\end{pmatrix}$. 欲配制一种营养餐, 要求含蛋白质 41g, 糖类 120g, 脂肪 34g. 问：分别需要四种食物多少单位?

分析: 需配制的营养餐可用向量 $\boldsymbol{b}=\begin{pmatrix}41\\120\\34\end{pmatrix}$ 表示. 显然

$$\boldsymbol{b}=\boldsymbol{a}_1+3\boldsymbol{a}_2+2\boldsymbol{a}_3+\boldsymbol{a}_4$$

即要配制营养餐需要这四种食物的量分别是 1, 3, 2, 1 个单位.

向量 $\boldsymbol{b}$ 被表示成为向量组 $\mathscr{A}: \boldsymbol{a}_1, \boldsymbol{a}_2, \boldsymbol{a}_3, \boldsymbol{a}_4$ 中各向量与相应常数之积的和式.

定义 3　给定向量组 $\mathscr{A}: \boldsymbol{a}_1, \cdots, \boldsymbol{a}_m$, 对于任一组实数 $k_1, \cdots, k_m$, 表达式

$$k_1\boldsymbol{a}_1+k_2\boldsymbol{a}_2+\cdots+k_m\boldsymbol{a}_m$$

称为向量组 $\mathscr{A}$ 的一个线性组合, $k_1, \cdots, k_m$ 称为这个线性组合的系数.

表达式 $\boldsymbol{a}_1+3\boldsymbol{a}_2+2\boldsymbol{a}_3+\boldsymbol{a}_4$ 是向量组 $\mathscr{A}: \boldsymbol{a}_1, \boldsymbol{a}_2, \boldsymbol{a}_3, \boldsymbol{a}_4$ 的一个线性组合, 1, 3, 2, 1 是这个线性组合的系数.

定义 4　给定向量组 $\mathscr{A}: \boldsymbol{a}_1, \cdots, \boldsymbol{a}_m$ 和向量 $\boldsymbol{b}$, 如果存在一组实数 $\lambda_1, \cdots, \lambda_m$, 使得

$$\boldsymbol{b}=\lambda_1\boldsymbol{a}_1+\lambda_2\boldsymbol{a}_2+\cdots+\lambda_m\boldsymbol{a}_m$$

称向量 $\boldsymbol{b}$ 能由向量组 $\mathscr{A}$ 线性表示. 换句话说, 向量 $\boldsymbol{b}$ 是向量组 $\mathscr{A}$ 的一个线性组合.

在引例中, $\boldsymbol{b}=\boldsymbol{a}_1+3\boldsymbol{a}_2+2\boldsymbol{a}_3+\boldsymbol{a}_4$ 表明向量 $\boldsymbol{b}$ 是向量组 $\mathscr{A}: \boldsymbol{a}_1, \cdots, \boldsymbol{a}_m$ 的一个线性组合.

利用向量的线性运算及向量组的线性表示, 可以对线性方程组作进一步的理解. n 个未知数 m 个方程的线性方程组

$$\begin{cases} a_{11}x_1+a_{12}x_2+\cdots+a_{1n}x_n=b_1 \\ a_{21}x_1+a_{22}x_2+\cdots+a_{2n}x_n=b_2 \\ \cdots\cdots\cdots\cdots \\ a_{m1}x_1+a_{m2}x_2+\cdots+a_{mn}x_n=b_m \end{cases}$$

的矩阵表示形式为

$$\boldsymbol{A}\boldsymbol{x}=\boldsymbol{b}$$

其中

$$\boldsymbol{A}=\begin{pmatrix} a_{11} & a_{12} & \cdots & a_{1n} \\ a_{21} & a_{22} & \cdots & a_{2n} \\ \vdots & \vdots & & \vdots \\ a_{m1} & a_{m2} & \cdots & a_{mn} \end{pmatrix}, \ \boldsymbol{x}=\begin{pmatrix} x_1 \\ x_2 \\ \vdots \\ x_n \end{pmatrix}, \ \boldsymbol{b}=\begin{pmatrix} b_1 \\ b_2 \\ \vdots \\ b_m \end{pmatrix}$$

记 $\boldsymbol{A}$ 的列向量组为 $\mathscr{A}: \boldsymbol{a}_1, \boldsymbol{a}_2, \cdots, \boldsymbol{a}_n$, 则方程组 $\boldsymbol{A}\boldsymbol{x}=\boldsymbol{b}$, 即

$$(\boldsymbol{a}_1, \boldsymbol{a}_2, \cdots, \boldsymbol{a}_n)\boldsymbol{x}=\boldsymbol{b}$$

亦即

$$x_1\boldsymbol{a}_1+x_2\boldsymbol{a}_2+\cdots+x_n\boldsymbol{a}_n=\boldsymbol{b}$$

容易看出, 线性方程组 $\boldsymbol{Ax}=\boldsymbol{b}$ 有解等价于向量 $\boldsymbol{b}$ 能由向量组 $\mathscr{A}$: $\boldsymbol{a}_1,\boldsymbol{a}_2,\cdots,\boldsymbol{a}_n$ 线性表示.

于是, 由定理 3-7, 可得:

定理 4-1 向量 $\boldsymbol{b}$ 能由向量组 $\mathscr{A}$: $\boldsymbol{a}_1,\boldsymbol{a}_2,\cdots,\boldsymbol{a}_n$ 线性表示 $\Leftrightarrow$ 矩阵 $\boldsymbol{A}=(\boldsymbol{a}_1,\boldsymbol{a}_2,\cdots,\boldsymbol{a}_n)$ 的秩等于矩阵 $\boldsymbol{B}=(\boldsymbol{a}_1,\boldsymbol{a}_2,\cdots,\boldsymbol{a}_n,\boldsymbol{b})$ 的秩.

引例中的四种食物配比实质上就是通过求解线性方程组得到的.

设四种食物的需要量分别是 x_1,x_2,x_3,x_4. 则向量 $\boldsymbol{b}$ 与向量组 $\mathscr{A}$: $\boldsymbol{a}_1,\boldsymbol{a}_2,\boldsymbol{a}_3,\boldsymbol{a}_4$ 之间有如下关系:

$$x_1\boldsymbol{a}_1+x_2\boldsymbol{a}_2+x_3\boldsymbol{a}_3+x_4\boldsymbol{a}_4=\boldsymbol{b}$$

即

$$(\boldsymbol{a}_1,\boldsymbol{a}_2,\boldsymbol{a}_3,\boldsymbol{a}_4)\boldsymbol{x}=\boldsymbol{b}$$

$$\begin{pmatrix}5&4&7&10\\20&25&10&5\\2&2&10&6\end{pmatrix}\begin{pmatrix}x_1\\x_2\\x_3\\x_4\end{pmatrix}=\begin{pmatrix}41\\120\\34\end{pmatrix}$$

解这个方程组可得所需的四种食物的分别含量: 1, 3, 2, 1.

当然, 此方程组的解不唯一, 可有多种不同的配比方案.

例 4-2 设 $\boldsymbol{a}_1=\begin{pmatrix}1\\0\\2\\-1\end{pmatrix}$, $\boldsymbol{a}_2=\begin{pmatrix}1\\1\\-1\\-5\end{pmatrix}$, $\boldsymbol{a}_3=\begin{pmatrix}1\\0\\3\\0\end{pmatrix}$, $\boldsymbol{b}=\begin{pmatrix}4\\-1\\14\\3\end{pmatrix}$, 证明: 向量 $\boldsymbol{b}$ 能由向量组 $\boldsymbol{a}_1,\boldsymbol{a}_2,\boldsymbol{a}_3$ 线性表示, 并求出表达式.

证明: $\boldsymbol{B}=(\boldsymbol{a}_1,\boldsymbol{a}_2,\boldsymbol{a}_3,\boldsymbol{b})=\begin{pmatrix}1&1&1&4\\0&1&0&-1\\2&-1&3&14\\-1&-5&0&3\end{pmatrix}\overset{r}{\sim}\begin{pmatrix}1&0&0&2\\0&1&0&-1\\0&0&1&3\\0&0&0&0\end{pmatrix}$

可见, $R(\boldsymbol{A})=R(\boldsymbol{B})$, 因此, 向量 $\boldsymbol{b}$ 能由向量组 $\boldsymbol{a}_1,\boldsymbol{a}_2,\boldsymbol{a}_3$ 线性表示.

由上面的行最简形, 可得方程组 $(\boldsymbol{a}_1,\boldsymbol{a}_2,\boldsymbol{a}_3)\boldsymbol{x}=\boldsymbol{b}$ 的解为 $\boldsymbol{x}=\begin{pmatrix}2\\-1\\3\end{pmatrix}$, 于是

$$\boldsymbol{b}=(\boldsymbol{a}_1,\boldsymbol{a}_2,\boldsymbol{a}_3)\boldsymbol{x}=2\boldsymbol{a}_1-1\boldsymbol{a}_2+3\boldsymbol{a}_3$$

定义 5 设有两个向量组 $\mathscr{A}$: $\boldsymbol{a}_1,\boldsymbol{a}_2,\cdots,\boldsymbol{a}_m$ 及 $\mathscr{B}$: $\boldsymbol{b}_1,\boldsymbol{b}_2,\cdots,\boldsymbol{b}_l$. 若 $\mathscr{B}$ 组中的每个向量都能由向量组 $\mathscr{A}$ 线性表示, 则称向量组 $\mathscr{B}$ 能由向量组 $\mathscr{A}$ 线性表示. 若向量组 $\mathscr{A}$ 和向量组 $\mathscr{B}$ 能够相互线性表示, 则称这两个向量组等价.

向量组 $\mathscr{B}$: $\boldsymbol{b}_1,\boldsymbol{b}_2,\cdots,\boldsymbol{b}_l$ 能由向量组 $\mathscr{A}$: $\boldsymbol{a}_1,\boldsymbol{a}_2,\cdots,\boldsymbol{a}_m$ 线性表示 $\Leftrightarrow$ 矩阵方程 $(\boldsymbol{a}_1,\boldsymbol{a}_2,\cdots,\boldsymbol{a}_m)\boldsymbol{X}=(\boldsymbol{b}_1,\boldsymbol{b}_2,\cdots,\boldsymbol{b}_l)$ 有解.

若记矩阵 $\boldsymbol{A}=(\boldsymbol{a}_1,\boldsymbol{a}_2,\cdots,\boldsymbol{a}_m)$, 矩阵 $(\boldsymbol{A},\boldsymbol{B})=(\boldsymbol{a}_1,\cdots,\boldsymbol{a}_m;\boldsymbol{b}_1,\cdots,\boldsymbol{b}_l)$, 则由定理 3-8, 可得:

引理 4-1　向量组 $\mathscr{B}$: $\boldsymbol{b}_1,\boldsymbol{b}_2,\cdots,\boldsymbol{b}_l$ 能由向量组 $\mathscr{A}$: $\boldsymbol{a}_1,\boldsymbol{a}_2,\cdots,\boldsymbol{a}_m$ 线性表示 $\Leftrightarrow R(\boldsymbol{A})=R(\boldsymbol{A},\boldsymbol{B})$.

再记 $\boldsymbol{B}=(\boldsymbol{b}_1,\cdots,\boldsymbol{b}_l)$, 容易由引理 4-1 得到

定理 4-2　向量组 $\mathscr{A}$: $\boldsymbol{a}_1,\boldsymbol{a}_2,\cdots,\boldsymbol{a}_m$ 与向量组 $\mathscr{B}$: $\boldsymbol{b}_1,\boldsymbol{b}_2,\cdots,\boldsymbol{b}_l$ 等价 $\Leftrightarrow R(\boldsymbol{A})=R(\boldsymbol{B})=R(\boldsymbol{A},\boldsymbol{B})$.

例 4-3　设 $\boldsymbol{a}_1=\begin{pmatrix}1\\0\\1\\1\end{pmatrix}$, $\boldsymbol{a}_2=\begin{pmatrix}1\\-1\\0\\2\end{pmatrix}$, $\boldsymbol{a}_3=\begin{pmatrix}2\\-1\\1\\3\end{pmatrix}$; $\boldsymbol{b}_1=\begin{pmatrix}-1\\1\\0\\-2\end{pmatrix}$, $\boldsymbol{b}_2=\begin{pmatrix}-2\\1\\-1\\-3\end{pmatrix}$,

证明向量组 $\boldsymbol{a}_1,\boldsymbol{a}_2,\boldsymbol{a}_3$ 与向量组 $\boldsymbol{b}_1,\boldsymbol{b}_2$ 等价.

证明

$$(\boldsymbol{A},\boldsymbol{B})=\begin{pmatrix}1&1&2&-1&-2\\0&-1&-1&1&1\\1&0&1&0&-1\\1&2&3&-2&-3\end{pmatrix}\overset{r}{\sim}\begin{pmatrix}1&1&2&-1&-2\\0&-1&-1&1&1\\0&0&0&0&0\\0&0&0&0&0\end{pmatrix}$$

可见, $R(\boldsymbol{A})=R(\boldsymbol{A},\boldsymbol{B})=2$.

$$\boldsymbol{B}=\begin{pmatrix}-1&-2\\1&1\\0&-1\\-2&-3\end{pmatrix}\overset{r}{\sim}\begin{pmatrix}-1&-2\\0&-1\\0&0\\0&0\end{pmatrix},\text{于是知 } R(\boldsymbol{B})=2.$$

故 $R(\boldsymbol{A})=R(\boldsymbol{B})=R(\boldsymbol{A},\boldsymbol{B})=2$.

由定理 4-2 可得, 向量组 $\boldsymbol{a}_1,\boldsymbol{a}_2,\boldsymbol{a}_3$ 与向量组 $\boldsymbol{b}_1,\boldsymbol{b}_2$ 等价.

定理 4-3　向量组 $\mathscr{B}$: $\boldsymbol{b}_1,\boldsymbol{b}_2,\cdots,\boldsymbol{b}_l$ 能由向量组 $\mathscr{A}$: $\boldsymbol{a}_1,\boldsymbol{a}_2,\cdots,\boldsymbol{a}_m$ 线性表示 $\Rightarrow R(\boldsymbol{b}_1,\boldsymbol{b}_2,\cdots,\boldsymbol{b}_l)\leqslant R(\boldsymbol{a}_1,\boldsymbol{a}_2,\cdots,\boldsymbol{a}_m)$.(证明见第 4.6 节)

导 读 与 提 示

本节内容:

1. 向量及向量组的一些基本概念;
2. 向量组的线性组合: 向量被向量组线性表示, 一向量组被另一向量组线性表示.

本节要求:

1. 理解向量组与矩阵的关系;
2. 理解一向量能由一向量组线性表示的充要条件, 它与线性方程组之间的内在联系.
3. 理解一向量组能由另一向量组线性表示的充要条件, 它与矩阵方程之间的内在联系.
4. 掌握两向量组等价的充要条件.

结论:向量 $\boldsymbol{b}$ 能由向量组 $\mathscr{A}$: $\boldsymbol{a}_1,\boldsymbol{a}_2,\cdots,\boldsymbol{a}_m$ 线性表示 $\Leftrightarrow$ 线性方程组

$$x_1\boldsymbol{a}_1+x_2\boldsymbol{a}_2+\cdots+x_m\boldsymbol{a}_m=\boldsymbol{b}$$

即

$$(\boldsymbol{a}_1,\cdots,\boldsymbol{a}_m)\boldsymbol{x}=\boldsymbol{b}$$

有解. 其中 $\boldsymbol{x}=(x_1,x_2,\cdots,x_m)^{\mathrm{T}}$.

此结论揭示了"一个向量可由向量组线性表示"与"线性方程组有解"之间的内在联系, 在两者之间架设了一道桥梁, 使我们能够借助于向量组去研究线性方程组, 同时, 也能够利用线性方程组理论去研究向量组的线性相关性(4.2 节).

习　题　4.1

1. 设 $\boldsymbol{\alpha}_1=\begin{pmatrix}1\\1\\0\end{pmatrix}$, $\boldsymbol{\alpha}_2=\begin{pmatrix}0\\1\\1\end{pmatrix}$, $\boldsymbol{\alpha}_3=\begin{pmatrix}3\\4\\0\end{pmatrix}$, 求 $\boldsymbol{\alpha}_1-\boldsymbol{\alpha}_2$ 及 $3\boldsymbol{\alpha}_1+2\boldsymbol{\alpha}_2-\boldsymbol{\alpha}_3$.

2. 设 $3(\boldsymbol{a}_1-\boldsymbol{a})+2(\boldsymbol{a}_2+\boldsymbol{a})=5(\boldsymbol{a}_3+\boldsymbol{a})$, 求 $\boldsymbol{a}$, 其中

$$\boldsymbol{a}_1=\begin{pmatrix}2\\5\\1\\3\end{pmatrix},\ \boldsymbol{a}_2=\begin{pmatrix}10\\1\\5\\10\end{pmatrix},\ \boldsymbol{a}_3=\begin{pmatrix}4\\1\\-1\\1\end{pmatrix}$$

3. 已知向量组

$$\mathscr{A}:\boldsymbol{a}_1=\begin{pmatrix}0\\1\\1\end{pmatrix},\ \boldsymbol{a}_2=\begin{pmatrix}1\\1\\0\end{pmatrix};\ \mathscr{B}:\boldsymbol{b}_1=\begin{pmatrix}-1\\0\\1\end{pmatrix},\ \boldsymbol{b}_2=\begin{pmatrix}1\\2\\1\end{pmatrix},\ \boldsymbol{b}_3=\begin{pmatrix}3\\2\\1\end{pmatrix}$$

证明 $\mathscr{A}$ 组与 $\mathscr{B}$ 组等价.

4. 已知向量组

$$\mathscr{A}:\boldsymbol{a}_1=\begin{pmatrix}0\\1\\2\\3\end{pmatrix},\ \boldsymbol{a}_2=\begin{pmatrix}3\\0\\1\\2\end{pmatrix},\ \boldsymbol{a}_3=\begin{pmatrix}2\\3\\0\\1\end{pmatrix};\ \mathscr{B}:\boldsymbol{b}_1=\begin{pmatrix}2\\1\\1\\2\end{pmatrix},\ \boldsymbol{b}_2=\begin{pmatrix}0\\-2\\1\\1\end{pmatrix},\ \boldsymbol{b}_3=\begin{pmatrix}4\\4\\1\\3\end{pmatrix}$$

证明 $\mathscr{B}$ 向量组能由 $\mathscr{A}$ 向量组线性表示, 但 $\mathscr{A}$ 向量组不能由 $\mathscr{B}$ 向量组线性表示.

5. 已知 $\boldsymbol{\alpha}_1=(1,4,0,2)^{\mathrm{T}}$, $\boldsymbol{\alpha}_2=(2,7,1,3)^{\mathrm{T}}$, $\boldsymbol{\alpha}_3=(0,1,-1,a)^{\mathrm{T}}$, $\boldsymbol{\beta}=(3,10,b,4)^{\mathrm{T}}$. 问

(1) a, b 取何值时, $\boldsymbol{\beta}$ 不能由 $\boldsymbol{\alpha}_1,\boldsymbol{\alpha}_2,\boldsymbol{\alpha}_3$ 线性表示;

(2) a, b 取何值时, $\boldsymbol{\beta}$ 可由 $\boldsymbol{\alpha}_1,\boldsymbol{\alpha}_2,\boldsymbol{\alpha}_3$ 线性表示, 并求出此表示式.

4.2　向量组的线性相关性

4.2.1　线性相关的定义

定义 1　给定向量组 $\mathscr{A}:\boldsymbol{a}_1,\boldsymbol{a}_2,\cdots,\boldsymbol{a}_m$, 若存在不全为 0 的数 $k_1,k_2,\cdots,k_m$, 使得

$$k_1\boldsymbol{a}_1+k_2\boldsymbol{a}_2+\cdots+k_m\boldsymbol{a}_m=\mathbf{0}$$

称向量组 $\mathscr{A}:\boldsymbol{a}_1,\boldsymbol{a}_2,\cdots,\boldsymbol{a}_m$ 线性相关, 否则称向量组 $\mathscr{A}:\boldsymbol{a}_1,\boldsymbol{a}_2,\cdots,\boldsymbol{a}_m$ 线性无关.

注1: 对于单个向量$\boldsymbol{a}$, 若$\boldsymbol{a}=\boldsymbol{0}$, 则$\boldsymbol{a}$线性相关; 若$\boldsymbol{a}\neq\boldsymbol{0}$, 则$\boldsymbol{a}$线性无关.

注2: 由定义可知, 向量组$\mathscr{A}:\boldsymbol{a}_1,\boldsymbol{a}_2,\cdots,\boldsymbol{a}_m$线性无关$\Leftrightarrow$若

$$k_1\boldsymbol{a}_1+k_2\boldsymbol{a}_2+\cdots+k_m\boldsymbol{a}_m=\boldsymbol{0}$$

必有$k_1=k_2=\cdots=k_m=0$.

注3: 向量组$\mathscr{A}:\boldsymbol{a}_1,\boldsymbol{a}_2,\cdots,\boldsymbol{a}_m$线性相关$\Leftrightarrow$向量$\boldsymbol{0}$能由该向量组线性表示, 且组合系数不全为零.

注4: 两个向量线性相关当且仅当它们的对应分量成比例.

4.2.2　向量组的线性相关性的判定

设向量组$\mathscr{A}:\boldsymbol{a}_1,\boldsymbol{a}_2,\cdots,\boldsymbol{a}_m$构成的矩阵为$\boldsymbol{A}=(\boldsymbol{a}_1,\boldsymbol{a}_2,\cdots,\boldsymbol{a}_m)$, 向量组$\mathscr{A}$线性相关$\Leftrightarrow$齐次方程组

$$x_1\boldsymbol{a}_1+x_2\boldsymbol{a}_2+\cdots+x_m\boldsymbol{a}_m=\boldsymbol{0}\text{, 即 }\boldsymbol{Ax}=\boldsymbol{0}$$

有非零解, 其中$\boldsymbol{x}=(x_1,x_2,\cdots,x_m)^{\mathrm{T}}$. 同理, 向量组$\mathscr{A}$线性无关$\Leftrightarrow$齐次方程组

$$x_1\boldsymbol{a}_1+x_2\boldsymbol{a}_2+\cdots+x_m\boldsymbol{a}_m=\boldsymbol{0},$$

只有零解.

由定理3-7的推论, 可得:

定理 4-4　向量组$\boldsymbol{a}_1,\boldsymbol{a}_2,\cdots,\boldsymbol{a}_m$线性相关$\Leftrightarrow$矩阵$\boldsymbol{A}=(\boldsymbol{a}_1,\boldsymbol{a}_2,\cdots,\boldsymbol{a}_m)$的秩$<m$; 向量组$\boldsymbol{a}_1,\boldsymbol{a}_2,\cdots,\boldsymbol{a}_m$线性无关$\Leftrightarrow$矩阵$\boldsymbol{A}=(\boldsymbol{a}_1,\boldsymbol{a}_2,\cdots,\boldsymbol{a}_m)$的秩$=m$.

例 4-4　判断向量组

$$\boldsymbol{\varepsilon}_1=(1,0,0,\cdots,0)^{\mathrm{T}},\ \boldsymbol{\varepsilon}_2=(0,1,0,\cdots,0)^{\mathrm{T}},\ \cdots,\ \boldsymbol{\varepsilon}_n=(0,0,\cdots,0,1)^{\mathrm{T}}$$

的线性相关性.

解　由向量组$\boldsymbol{\varepsilon}_1,\boldsymbol{\varepsilon}_2,\cdots,\boldsymbol{\varepsilon}_n$, 构成的矩阵$\boldsymbol{E}=(\boldsymbol{\varepsilon}_1,\boldsymbol{\varepsilon}_2,\cdots,\boldsymbol{\varepsilon}_n)$为单位阵, 而$R(\boldsymbol{E})=n$, 故$\boldsymbol{\varepsilon}_1,\boldsymbol{\varepsilon}_2,\cdots,\boldsymbol{\varepsilon}_n$线性无关.

例 4-5　已知

$$\boldsymbol{a}_1=\begin{pmatrix}1\\-1\\2\end{pmatrix},\ \boldsymbol{a}_2=\begin{pmatrix}0\\-2\\2\end{pmatrix},\ \boldsymbol{a}_3=\begin{pmatrix}1\\2\\-1\end{pmatrix}$$

试讨论向量组$\boldsymbol{a}_1,\boldsymbol{a}_2,\boldsymbol{a}_3$及向量组$\boldsymbol{a}_1,\boldsymbol{a}_2$的线性相关性.

解　利用定理4-4

$$(\boldsymbol{a}_1,\boldsymbol{a}_2,\boldsymbol{a}_3)=\begin{pmatrix}1&0&1\\-1&-2&2\\2&2&-1\end{pmatrix}\overset{r}{\sim}\begin{pmatrix}1&0&1\\0&-2&3\\0&0&0\end{pmatrix}$$

可以得知, $R(\boldsymbol{a}_1,\boldsymbol{a}_2,\boldsymbol{a}_3)=2<3$, 故向量组$\boldsymbol{a}_1,\boldsymbol{a}_2,\boldsymbol{a}_3$线性相关; 而且能够得知$R(\boldsymbol{a}_1,\boldsymbol{a}_2)=2$, 故向量组$\boldsymbol{a}_1,\boldsymbol{a}_2$线性无关. 当然, 也可以根据$\boldsymbol{a}_1,\boldsymbol{a}_2$的对应分量不成比例, 直接得到它们线性无关.

例 4-6　已知向量组$\boldsymbol{\alpha}_1,\boldsymbol{\alpha}_2,\boldsymbol{\alpha}_3$线性无关, 证明向量组

$$\boldsymbol{\beta}_1=\boldsymbol{\alpha}_1+\boldsymbol{\alpha}_2,\ \boldsymbol{\beta}_2=\boldsymbol{\alpha}_2+\boldsymbol{\alpha}_3,\ \boldsymbol{\beta}_3=\boldsymbol{\alpha}_3+\boldsymbol{\alpha}_1$$

线性无关.

证明 设 $k_1\boldsymbol{\beta}_1+k_2\boldsymbol{\beta}_2+k_3\boldsymbol{\beta}_3=\mathbf{0}$, 则有

$$k_1(\boldsymbol{\alpha}_1+\boldsymbol{\alpha}_2)+k_2(\boldsymbol{\alpha}_2+\boldsymbol{\alpha}_3)+k_3(\boldsymbol{\alpha}_3+\boldsymbol{\alpha}_1)=\mathbf{0}$$

整理得

$$(k_1+k_3)\boldsymbol{\alpha}_1+(k_1+k_2)\boldsymbol{\alpha}_2+(k_2+k_3)\boldsymbol{\alpha}_3=\mathbf{0}$$

由 $\boldsymbol{\alpha}_1,\boldsymbol{\alpha}_2,\boldsymbol{\alpha}_3$ 线性无关, 得到 $\begin{cases}k_1+k_3=0,\\k_1+k_2=0,\\k_2+k_3=0.\end{cases}$ 这是含有 3 个未知数 k_1,k_2,k_3 的齐次线性方程组, 即

$\begin{pmatrix}1&0&1\\1&1&0\\0&1&1\end{pmatrix}\begin{pmatrix}k_1\\k_2\\k_3\end{pmatrix}=\begin{pmatrix}0\\0\\0\end{pmatrix}$, 其系数行列式 $\begin{vmatrix}1&0&1\\1&1&0\\0&1&1\end{vmatrix}=2\neq0$, 该方程组只有零解. 从而 $k_1=k_2=k_3=0$, 故 $\boldsymbol{\beta}_1,\boldsymbol{\beta}_2,\boldsymbol{\beta}_3$ 线性无关.

4.2.3 线性相关性的重要结论

定理 4-5 向量组 $\boldsymbol{a}_1,\boldsymbol{a}_2,\cdots,\boldsymbol{a}_m$ $(m\geqslant2)$ 线性相关 $\Leftrightarrow$ 其中至少有一个向量可由其余 $m-1$ 个向量线性表示(证明见第 4.6 节).

例如, 例 4-5 中 $\boldsymbol{a}_1,\boldsymbol{a}_2,\boldsymbol{a}_3$ 线性相关, $\boldsymbol{\alpha}_2$ 可由 $\boldsymbol{\alpha}_1,\boldsymbol{\alpha}_3$ 线性表示

$$\boldsymbol{\alpha}_2=\frac{2}{3}\boldsymbol{\alpha}_1-\frac{2}{3}\boldsymbol{\alpha}_3,$$

$\boldsymbol{\alpha}_3$ 可由 $\boldsymbol{\alpha}_1,\boldsymbol{\alpha}_2$ 线性表示

$$\boldsymbol{\alpha}_3=\boldsymbol{\alpha}_1-\frac{3}{2}\boldsymbol{\alpha}_2$$

定理 4-6 若向量组 $\boldsymbol{a}_1,\boldsymbol{a}_2,\cdots,\boldsymbol{a}_m$ 线性无关, $\boldsymbol{a}_1,\boldsymbol{a}_2,\cdots,\boldsymbol{a}_m,\boldsymbol{b}$ 线性相关 $\Rightarrow$ $\boldsymbol{b}$ 可由 $\boldsymbol{a}_1,\boldsymbol{a}_2,\cdots,\boldsymbol{a}_m$ 线性表示, 且表示式唯一(证明见第 4.6 节).

例如, 例 4-5 中向量组 $\boldsymbol{a}_1,\boldsymbol{a}_2$ 线性无关, $\boldsymbol{a}_1,\boldsymbol{a}_2,\boldsymbol{a}_3$ 线性相关, $\boldsymbol{\alpha}_3$ 可唯一地表示为

$$\boldsymbol{\alpha}_3=\boldsymbol{\alpha}_1-\frac{3}{2}\boldsymbol{\alpha}_2$$

定理 4-7 $\boldsymbol{a}_1,\cdots,\boldsymbol{a}_r$ 线性相关 $\Rightarrow$ $\boldsymbol{a}_1,\cdots,\boldsymbol{a}_r,\boldsymbol{a}_{r+1},\cdots,\boldsymbol{a}_m$ $(m>r)$ 线性相关.

证明 因为 $\boldsymbol{a}_1,\cdots,\boldsymbol{a}_r$ 线性相关, 所以存在不全为零的数组 $k_1,\cdots,k_r$, 使得

$$k_1\boldsymbol{a}_1+\cdots+k_r\boldsymbol{a}_r=\mathbf{0}\ \Rightarrow\ k_1\boldsymbol{a}_1+\cdots+k_r\boldsymbol{a}_r+0\boldsymbol{a}_{r+1}+\cdots+0\boldsymbol{a}_m=\mathbf{0}$$

而数组 $k_1,\cdots,k_r,0,\cdots,0$ 不全为零, 故 $\boldsymbol{a}_1,\cdots,\boldsymbol{a}_r,\boldsymbol{a}_{r+1},\cdots,\boldsymbol{a}_m$ $(m>r)$ 线性相关. 证毕.

推论 1 向量组的部分组线性相关, 则整体向量组线性相关.

推论 2 向量组线性无关, 则其任意的部分向量组线性无关.

推论 3 含零向量的向量组线性相关.

定理 4-8 设 $\boldsymbol{a}_1,\boldsymbol{a}_2,\cdots,\boldsymbol{a}_m$ 是 n 维向量组, 且 $m>n$, 则向量组 $\boldsymbol{a}_1,\boldsymbol{a}_2,\cdots,\boldsymbol{a}_m$ 线性相关(证明见第 4.6 节).

定理 4-8 说明, 当向量组中向量的个数大于向量的维数时, 它一定是线性相关的.

推论 $n+1$ 个 n 维向量一定线性相关.

定理 4-9 向量组 $\mathscr{A}:\boldsymbol{a}_1,\boldsymbol{a}_2,\cdots,\boldsymbol{a}_r$ 与向量组 $\mathscr{B}:\boldsymbol{b}_1,\boldsymbol{b}_2,\cdots,\boldsymbol{b}_s$ 等价, 且 $\mathscr{A}$、$\mathscr{B}$ 都是线性无关的, 则 $r=s$.

证明　记矩阵 $\boldsymbol{A}=(\boldsymbol{a}_1,\boldsymbol{a}_2,\cdots,\boldsymbol{a}_r)$，$\boldsymbol{B}=(\boldsymbol{b}_1,\boldsymbol{b}_2,\cdots,\boldsymbol{b}_s)$. 因为向量组 $\mathscr{A}:\boldsymbol{a}_1,\boldsymbol{a}_2,\cdots,\boldsymbol{a}_r$ 与向量组 $\mathscr{B}:\boldsymbol{b}_1,\boldsymbol{b}_2,\cdots,\boldsymbol{b}_s$ 等价, 由定理 4-2 知, $R(\boldsymbol{A})=R(\boldsymbol{B})$.

再由 $\mathscr{A}$、$\mathscr{B}$ 都是线性无关的及定理 4-4, 得 $R(\boldsymbol{A})=r$, $R(\boldsymbol{B})=s$. 故 $r=s$.　　证毕.

导读与提示

本节内容:

1. 向量组线性相关、线性无关的概念;
2. 向量组线性相关性、线性无关性的判定;
3. 向量组线性相关性的有关结论.

本节要求:

1. 理解向量组线性相关、线性无关的定义; 会利用定义判断向量组的线性相关性.
2. 理解向量组线性相(无)关与齐次线性方程组有(无)非零解的关系; 熟练掌握向量组线性相(无)关的充要条件, 并会利用充要条件判断向量组的线性相关性.
3. 理解向量组线性相关性的若干性质.

结论: 设向量组 $\mathscr{A}:\boldsymbol{a}_1,\boldsymbol{a}_2,\cdots,\boldsymbol{a}_m$ 构成的矩阵 $\boldsymbol{A}=(\boldsymbol{a}_1,\boldsymbol{a}_2,\cdots,\boldsymbol{a}_m)$. 向量组 $\mathscr{A}$ 线性相(无)关 $\Leftrightarrow$ 齐次线性方程组

$$x_1\boldsymbol{a}_1+x_2\boldsymbol{a}_2+\cdots+x_m\boldsymbol{a}_m=\boldsymbol{0}$$

即 $\boldsymbol{Ax}=\boldsymbol{0}$ 有(无)非零解.

此结论揭示了向量组的线性相关性与齐次线性方程组的解的关系.

习　题　4.2

1. 判断下列向量组的线性相关性.

(1) $\begin{pmatrix}3\\2\\1\end{pmatrix},\begin{pmatrix}1\\1\\0\end{pmatrix},\begin{pmatrix}1\\1\\-1\end{pmatrix}$;　　(2) $\begin{pmatrix}-2\\1\\1\end{pmatrix},\begin{pmatrix}-1\\2\\-1\end{pmatrix},\begin{pmatrix}2\\0\\-2\end{pmatrix}$.

2. 问 λ 取什么值时下列向量组线性相关?

$$\boldsymbol{a}_1=\begin{pmatrix}\lambda\\1\\-1\end{pmatrix},\ \boldsymbol{a}_2=\begin{pmatrix}1\\\lambda\\-1\end{pmatrix},\ \boldsymbol{a}_3=\begin{pmatrix}1\\-1\\\lambda\end{pmatrix}$$

3. 设 $\boldsymbol{a}_1$, $\boldsymbol{a}_2$ 线性无关, $\boldsymbol{a}_1-\boldsymbol{b}$, $\boldsymbol{a}_2-\boldsymbol{b}$ 线性相关, 求向量 $\boldsymbol{b}$ 用 $\boldsymbol{a}_1$, $\boldsymbol{a}_2$ 线性表示的表示式.

4. 设 $\boldsymbol{a}_1$, $\boldsymbol{a}_2$ 线性无关, $\boldsymbol{b}_1$, $\boldsymbol{b}_2$ 也线性无关, 问 $\boldsymbol{a}_1+\boldsymbol{b}_1$, $\boldsymbol{a}_2+\boldsymbol{b}_2$ 是否一定线性无关? 试举例说明之.

5. 判断下列命题是否正确, 若正确, 请证明; 若错误, 请举例说明.

(1) 若向量组 $\boldsymbol{a}_1,\boldsymbol{a}_2,\cdots,\boldsymbol{a}_m$ 是线性相关的, 则 $\boldsymbol{a}_m$ 可由 $\boldsymbol{a}_1,\cdots,\boldsymbol{a}_{m-1}$ 线性表示;

(2) 若 $\boldsymbol{a}_1,\boldsymbol{a}_2,\cdots,\boldsymbol{a}_m$ 线性相关, 则 $\boldsymbol{a}_1,\boldsymbol{a}_2,\cdots,\boldsymbol{a}_m,\boldsymbol{b}$ 线性相关;

(3) 若 $\boldsymbol{a}_1,\boldsymbol{a}_2,\cdots,\boldsymbol{a}_m$ 线性无关, 则 $\boldsymbol{a}_1,\boldsymbol{a}_2,\cdots,\boldsymbol{a}_m,\boldsymbol{b}$ 线性无关;

(4) 若有不全为 0 的数 $k_1,k_2,\cdots,k_m$, 使得

$$k_1\boldsymbol{a}_1+\cdots+k_m\boldsymbol{a}_m+k_1\boldsymbol{b}_1+\cdots+k_m\boldsymbol{b}_m=\boldsymbol{0}$$

成立, 则 $\boldsymbol{a}_1,\boldsymbol{a}_2,\cdots,\boldsymbol{a}_m$ 线性相关, $\boldsymbol{b}_1,\boldsymbol{b}_2,\cdots,\boldsymbol{b}_m$ 亦线性相关;

(5) 只有当 $k_1,k_2,\cdots,k_m$ 全为 0 时, 等式

$$k_1\boldsymbol{a}_1+\cdots+k_m\boldsymbol{a}_m+k_1\boldsymbol{b}_1+\cdots+k_m\boldsymbol{b}_m=\boldsymbol{0}$$

才能成立, 则 $\boldsymbol{a}_1,\boldsymbol{a}_2,\cdots,\boldsymbol{a}_m$ 线性无关, $\boldsymbol{b}_1,\boldsymbol{b}_2,\cdots,\boldsymbol{b}_m$ 亦线性无关.

6. 设 $\boldsymbol{b}_1=\boldsymbol{a}_1-\boldsymbol{a}_2$, $\boldsymbol{b}_2=\boldsymbol{a}_2-\boldsymbol{a}_3$, $\boldsymbol{b}_3=\boldsymbol{a}_3-\boldsymbol{a}_4$, $\boldsymbol{b}_4=\boldsymbol{a}_4-\boldsymbol{a}_1$. 证明向量组 $\boldsymbol{b}_1$, $\boldsymbol{b}_2$, $\boldsymbol{b}_3$, $\boldsymbol{b}_4$ 线性相关.

7. 设 $\boldsymbol{b}_1=\boldsymbol{a}_1$, $\boldsymbol{b}_2=\boldsymbol{a}_1+\boldsymbol{a}_2$, $\cdots$, $\boldsymbol{b}_r=\boldsymbol{a}_1+\boldsymbol{a}_2+\cdots+\boldsymbol{a}_m$, 且向量组 $\boldsymbol{a}_1,\boldsymbol{a}_2,\cdots,\boldsymbol{a}_m$ 线性无关, 证明: 向量组 $\boldsymbol{b}_1,\boldsymbol{b}_2,\cdots,\boldsymbol{b}_m$ 线性无关.

4.3 向量组的秩

4.3.1 向量组的秩的概念

定义 1 设向量组为 $\mathscr{A}$, 若

(1) 在 $\mathscr{A}$ 中有 r 个向量 $\boldsymbol{a}_1,\boldsymbol{a}_2,\cdots,\boldsymbol{a}_r$ 线性无关;

(2) 在 $\mathscr{A}$ 中任意 $r+1$ 个向量线性相关(如果有 $r+1$ 个向量的话), 称向量组 $\mathscr{A}_0$: $\boldsymbol{a}_1,\boldsymbol{a}_2,\cdots,\boldsymbol{a}_r$ 为向量组 $\mathscr{A}$ 的一个最大线性无关组.

向量组的最大线性无关组可能不唯一.

例如, 在向量组 $\boldsymbol{\alpha}_1=\begin{pmatrix}1\\0\end{pmatrix}$, $\boldsymbol{\alpha}_2=\begin{pmatrix}0\\1\end{pmatrix}$, $\boldsymbol{\alpha}_3=\begin{pmatrix}1\\1\end{pmatrix}$, $\boldsymbol{\alpha}_4=\begin{pmatrix}2\\2\end{pmatrix}$ 中, $\boldsymbol{\alpha}_1,\boldsymbol{\alpha}_2$ 线性无关, 任意三个向量都线性相关 $\Rightarrow\boldsymbol{\alpha}_1,\boldsymbol{\alpha}_2$ 是一个最大线性无关组. $\boldsymbol{\alpha}_1,\boldsymbol{\alpha}_3$ 线性无关, 任意三个向量都线性相关 $\Rightarrow\boldsymbol{\alpha}_1,\boldsymbol{\alpha}_3$ 是一个最大线性无关组.

定理 4-10 向量组 $\mathscr{A}$ 与其最大线性无关组 $\mathscr{A}_0$ 等价(证明见第 4.6 节).

由定理 4-10, 容易得到最大线性无关组的等价定义.

定义 2 设向量组 $\mathscr{A}_0$: $\boldsymbol{a}_1,\boldsymbol{a}_2,\cdots,\boldsymbol{a}_r$ 是向量组 $\mathscr{A}$ 的一个部分组, 且满足:

(1) 向量组 $\mathscr{A}_0$ 线性无关;

(2) 向量组 $\mathscr{A}$ 中的任一向量都能由向量组 $\mathscr{A}_0$ 线性表示.

则称向量组 $\mathscr{A}_0$ 为向量组 $\mathscr{A}$ 的一个最大线性无关组.

定理 4-11 向量组 $\mathscr{A}$ 的不同最大线性无关组是等价的, 且它们所含向量个数相同 (证明见第 4.6 节).

上例中, 向量组 $\boldsymbol{a}_1,\boldsymbol{a}_2,\boldsymbol{\alpha}_3,\boldsymbol{a}_4$ 的两个最大线性无关组 $\boldsymbol{\alpha}_1,\boldsymbol{\alpha}_2$ 和 $\boldsymbol{\alpha}_1,\boldsymbol{\alpha}_3$ 都含有 2 个向量, 且相互等价.

由定理 4-11, 给定一个向量组, 则其最大线性无关组所含向量个数是确定的、唯一的, 是向量组的固有特征.

定义 3 设向量组 $\mathscr{A}$ 的一个最大线性无关组为 $\boldsymbol{a}_1,\boldsymbol{a}_2,\cdots,\boldsymbol{a}_r$, 称 r 为向量组 $\mathscr{A}$ 的秩, 记作 $R(\mathscr{A})=r$.

向量组中的向量都是零向量时, 没有最大线性无关组, 规定其秩为 0. 当向量组线性无关

时,其本身就是最大线性无关组,所以其秩就是其向量个数.

例 4-7　全体 n 维向量构成的向量组记为 R^n,求 R^n 的一个最大线性无关组及 R^n 的秩.

解　R^n 中的 n 维单位向量组

$$E:\boldsymbol{\varepsilon}_1,\boldsymbol{\varepsilon}_2,\cdots,\boldsymbol{\varepsilon}_n$$

线性无关. 又因为 R^n 中的向量都是 n 维向量,并且都可以由向量组 E 线性表示. 因此,向量组 E 是 R^n 的一个最大线性无关组,且 R^n 的秩等于 n.

显然,R^n 中的任意 n 个线性无关的向量都是 R^n 的最大线性无关组.

例 4-8　设齐次线性方程组

$$\begin{cases} x_1+x_2-x_3+4x_4=0 \\ -x_1+x_2-5x_3+6x_4=0 \\ x_1+2x_2-4x_3+9x_4=0 \end{cases}$$

的全体解向量构成的向量组为 S,求 S 的秩.

解　先解方程组,求出 S.

$$\boldsymbol{A}=\begin{pmatrix} 1 & 1 & -1 & 4 \\ -1 & 1 & -5 & 6 \\ 1 & 2 & -4 & 9 \end{pmatrix} \overset{r}{\sim} \begin{pmatrix} 1 & 0 & 2 & -1 \\ 0 & 1 & -3 & 5 \\ 0 & 0 & 0 & 0 \end{pmatrix}$$

得

$$\begin{cases} x_1=-2x_3+x_4 \\ x_2=3x_3-5x_4 \end{cases}$$

即

$$\begin{cases} x_1=-2x_3+x_4, \\ x_2=3x_3-5x_4, \\ x_3=x_3, \\ x_4=x_4, \end{cases} \begin{pmatrix} x_1 \\ x_2 \\ x_3 \\ x_4 \end{pmatrix}=x_3\begin{pmatrix} -2 \\ 3 \\ 1 \\ 0 \end{pmatrix}+x_4\begin{pmatrix} 1 \\ -5 \\ 0 \\ 1 \end{pmatrix}$$

令　$x_3=c_1$,$x_4=c_2$,得通解

$$\begin{pmatrix} x_1 \\ x_2 \\ x_3 \\ x_4 \end{pmatrix}=c_1\begin{pmatrix} -2 \\ 3 \\ 1 \\ 0 \end{pmatrix}+c_2\begin{pmatrix} 1 \\ -5 \\ 0 \\ 1 \end{pmatrix}$$

把上式记作 $\boldsymbol{x}=c_1\boldsymbol{\xi}_1+c_2\boldsymbol{\xi}_2$,得到原方程组的解向量组(解集)

$$S=\{\,\boldsymbol{x}=c_1\boldsymbol{\xi}_1+c_2\boldsymbol{\xi}_2 \mid c_1,c_2\in R\,\}$$

即 S 可由 $\boldsymbol{\xi}_1,\boldsymbol{\xi}_2$ 线性表示. 又因为 $\boldsymbol{\xi}_1$, $\boldsymbol{\xi}_2$ 线性无关,知 $\boldsymbol{\xi}_1$, $\boldsymbol{\xi}_2$ 是 S 的一个最大线性无关组,故 $R(S)=2$.

定理 4-12　等价的向量组的秩相等 (证明见第 4.6 节).

4.3.2　向量组的秩与矩阵秩的关系

定理 4-13　矩阵的秩等于其行向量组的秩,也等于其列向量组的秩(证明见第 4.6 节).

记号 $R(\boldsymbol{a}_1,\boldsymbol{a}_2,\cdots,\boldsymbol{a}_n)$ 可以理解为矩阵 $\boldsymbol{A}=(\boldsymbol{a}_1,\boldsymbol{a}_2,\cdots,\boldsymbol{a}_n)$ 的秩 $R(\boldsymbol{A})$，也可以理解为向量组 $\mathscr{A}$: $\boldsymbol{a}_1,\boldsymbol{a}_2,\cdots,\boldsymbol{a}_n$ 的秩 $R(\mathscr{A})$, 即 $R(\mathscr{A})=R(\boldsymbol{a}_1,\boldsymbol{a}_2,\cdots,\boldsymbol{a}_n)=R(\boldsymbol{A})$.

根据定理 4-13, 若求出向量组构成的矩阵的秩, 也就求出了该向量组的秩. 于是, 得到一种求向量组秩的方法:以向量组 $\mathscr{A}$ 中的各个向量为列构成矩阵 $\boldsymbol{A}$, 用初等行变换将矩阵 $\boldsymbol{A}$ 化为阶梯形矩阵 $\boldsymbol{B}$, 矩阵 $\boldsymbol{B}$ 中的非零行的行数就是向量组 $\mathscr{A}$ 的秩.

据此, 还可以进一步求出向量组 $\mathscr{A}$ 的一个最大线性无关组: 设向量组 $\mathscr{A}$ 的秩为 r, 则 $\boldsymbol{B}$ 的非零行中第一个非零元素所在的 r 个列向量是线性无关的. 矩阵 $\boldsymbol{A}$ 中相对应的这 r 个列向量就构成向量组 $\mathscr{A}$ 的一个最大线性无关组.

例 4-9 求向量组 $\mathscr{B}$: $\boldsymbol{\beta}_1=\begin{pmatrix}1\\0\\-2\end{pmatrix}$, $\boldsymbol{\beta}_2=\begin{pmatrix}3\\2\\0\end{pmatrix}$, $\boldsymbol{\beta}_3=\begin{pmatrix}-2\\-1\\1\end{pmatrix}$, $\boldsymbol{\beta}_4=\begin{pmatrix}2\\3\\5\end{pmatrix}$ 的秩, 并求其最大线性无关组.

解 构造矩阵

$$\boldsymbol{B}=(\boldsymbol{\beta}_1,\boldsymbol{\beta}_2,\boldsymbol{\beta}_3,\boldsymbol{\beta}_4)=\begin{pmatrix}1&3&-2&2\\0&2&-1&3\\-2&0&1&5\end{pmatrix}\overset{r}{\sim}\begin{pmatrix}1&3&-2&2\\0&2&-1&3\\0&6&-3&9\end{pmatrix}$$

$$\overset{r}{\sim}\begin{pmatrix}1&3&-2&2\\0&2&-1&3\\0&0&0&0\end{pmatrix}$$

求得 $R(\boldsymbol{B})=2$, 所以, 向量组 $\mathscr{B}$ 的秩 $R(\mathscr{B})=2$. 而且可以得到 $\mathscr{B}$ 的一个最大线性无关组 $\boldsymbol{\beta}_1,\boldsymbol{\beta}_2$.

例 4-10 设矩阵

$$\boldsymbol{A}=\begin{pmatrix}1&0&-1&1&2\\2&1&-1&0&4\\2&1&-1&1&3\\1&1&0&-1&2\end{pmatrix}$$

求矩阵 $\boldsymbol{A}$ 的列向量组的一个最大线性无关组, 并把不属于最大线性无关组的向量用最大线性无关组线性表示.

解 对矩阵 $\boldsymbol{A}$ 进行初等行变换变为行阶梯形矩阵

$$\boldsymbol{A}=(\boldsymbol{a}_1,\boldsymbol{a}_2,\boldsymbol{a}_3,\boldsymbol{a}_4,\boldsymbol{a}_5)\overset{r}{\sim}\begin{pmatrix}1&0&-1&1&2\\0&1&1&-2&0\\0&0&0&1&-1\\0&0&0&0&0\end{pmatrix}$$

知 $R(\boldsymbol{A})=3$, 故列向量组的最大线性无关组含有 3 个向量. $\boldsymbol{a}_1,\boldsymbol{a}_2,\boldsymbol{a}_4$ 为一个最大线性无关组.

为了把 $\boldsymbol{a}_3,\boldsymbol{a}_5$ 用 $\boldsymbol{a}_1,\boldsymbol{a}_2,\boldsymbol{a}_4$ 线性表示, 再进一步将 $\boldsymbol{A}$ 化成行最简形矩阵

$$\boldsymbol{A}\overset{r}{\sim}\begin{pmatrix}1&0&-1&0&3\\0&1&1&0&-2\\0&0&0&1&-1\\0&0&0&0&0\end{pmatrix}$$

可得 $\boldsymbol{a}_3=-\boldsymbol{a}_1+\boldsymbol{a}_2$，$\boldsymbol{a}_5=3\boldsymbol{a}_1-2\boldsymbol{a}_2-\boldsymbol{a}_4$.

在本例中，“把不属于最大线性无关组的向量用最大线性无关组线性表示”的原理说明如下：

记
$$\boldsymbol{A}=\begin{pmatrix}1&0&-1&1&2\\2&1&-1&0&4\\2&1&-1&1&3\\1&1&0&-1&2\end{pmatrix}=(\boldsymbol{a}_1,\boldsymbol{a}_2,\boldsymbol{a}_3,\boldsymbol{a}_4,\boldsymbol{a}_5)\overset{r}{\sim}\begin{pmatrix}1&0&-1&0&3\\0&1&1&0&-2\\0&0&0&1&-1\\0&0&0&0&0\end{pmatrix}$$
$$=(\boldsymbol{b}_1,\boldsymbol{b}_2,\boldsymbol{b}_3,\boldsymbol{b}_4,\boldsymbol{b}_5)=\boldsymbol{B}$$

因为 $\boldsymbol{Ax}=\boldsymbol{0}$ 与 $\boldsymbol{Bx}=\boldsymbol{0}$ 是同解方程组，即方程组
$$x_1\boldsymbol{a}_1+x_2\boldsymbol{a}_2+x_3\boldsymbol{a}_3+x_4\boldsymbol{a}_4+x_5\boldsymbol{a}_5=\boldsymbol{0}$$
与
$$x_1\boldsymbol{b}_1+x_2\boldsymbol{b}_2+x_3\boldsymbol{b}_3+x_4\boldsymbol{b}_4+x_5\boldsymbol{b}_5=\boldsymbol{0}$$
同解. 容易看出
$$\boldsymbol{b}_3=\begin{pmatrix}-1\\1\\0\\0\end{pmatrix}=(-1)\begin{pmatrix}1\\0\\0\\0\end{pmatrix}+\begin{pmatrix}0\\1\\0\\0\end{pmatrix}=-\boldsymbol{b}_1+\boldsymbol{b}_2\ (\text{即}-\boldsymbol{b}_1+\boldsymbol{b}_2-\boldsymbol{b}_3=\boldsymbol{0})$$
$$\boldsymbol{b}_5=\begin{pmatrix}3\\-2\\-1\\0\end{pmatrix}=3\begin{pmatrix}1\\0\\0\\0\end{pmatrix}+(-2)\begin{pmatrix}0\\1\\0\\0\end{pmatrix}+(-1)\begin{pmatrix}0\\0\\1\\0\end{pmatrix}=3\boldsymbol{b}_1-2\boldsymbol{b}_2-\boldsymbol{b}_4$$

即 $3\boldsymbol{b}_1-2\boldsymbol{b}_2-\boldsymbol{b}_4-\boldsymbol{b}_5=\boldsymbol{0}$.

所以，$\boldsymbol{a}_3=-\boldsymbol{a}_1+\boldsymbol{a}_2$，$\boldsymbol{a}_5=3\boldsymbol{a}_1-2\boldsymbol{a}_2-\boldsymbol{a}_4$.

导读与提示

本节内容:

1. 向量组的最大线性无关组、秩的概念;
2. 向量组与其最大线性无关组的等价性;
3. 最大线性无关组的等价定义;
4. 向量组的秩与矩阵秩的关系.

本节要求:

1. 熟练掌握向量组的最大线性无关组的定义及其等价定义，理解最大线性无关组的性质，会求向量组的最大线性无关组，会用最大线性无关组表示其他向量.

2. 理解向量组的秩的概念，掌握向量组的秩与矩阵的秩的关系，会求向量组的秩.

习 题 4.3

1. 求下列向量组的秩, 并求一个最大线性无关组

(1) $\boldsymbol{\alpha}_1=\begin{pmatrix}2\\4\\2\\6\end{pmatrix}, \boldsymbol{\alpha}_2=\begin{pmatrix}3\\7\\3\\9\end{pmatrix}, \boldsymbol{\alpha}_3=\begin{pmatrix}5\\17\\8\\18\end{pmatrix}$;

(2) $\boldsymbol{\alpha}_1=(1,2,1,5)^{\mathrm{T}}, \boldsymbol{\alpha}_2=(3,0,-3,-3)^{\mathrm{T}}, \boldsymbol{\alpha}_3=(2,-1,-3,-5)^{\mathrm{T}}$.

2. 求下列矩阵的列向量组的一个最大线性无关组, 并把不属于最大线性无关组的向量用最大线性无关组线性表示.

(1) $\begin{pmatrix}1&2&3&5&1\\0&-2&3&-9&5\\2&0&12&-8&12\\-1&-2&0&-8&2\end{pmatrix}$; (2) $\begin{pmatrix}28&32&19&-50\\56&65&40&-97\\56&64&39&-98\\28&34&24&-42\end{pmatrix}$.

3. 设向量组

$$\begin{pmatrix}1\\\mu\\5\end{pmatrix}, \begin{pmatrix}\lambda\\5\\1\end{pmatrix}, \begin{pmatrix}1\\3\\1\end{pmatrix}, \begin{pmatrix}3\\2\\1\end{pmatrix}$$

的秩为 2, 求 λ, μ.

4. 已知向量组 $A(x_1,x_2,x_3)$, $\boldsymbol{\beta}_2=(a,2,-1)^{\mathrm{T}}$, $\boldsymbol{\beta}_3=(b,1,0)^{\mathrm{T}}$ 与向量组 $\boldsymbol{\alpha}_1=(1,2,-3)^{\mathrm{T}}$, $\boldsymbol{\alpha}_2=(3,0,1)^{\mathrm{T}}$, $\boldsymbol{\alpha}_3=(9,6,-7)^{\mathrm{T}}$ 具有相同的秩, 求 a, b 的值.

5. 已知向量组 $\boldsymbol{a}_1,\boldsymbol{a}_2,\boldsymbol{a}_3$ 的秩是 3, 向量组 $\boldsymbol{a}_1,\boldsymbol{a}_2,\boldsymbol{a}_3,\boldsymbol{a}_4$ 的秩也是 3, 而向量组 $\boldsymbol{a}_1,\boldsymbol{a}_2,\boldsymbol{a}_3,\boldsymbol{a}_5$ 的秩是4, 证明向量组 $\boldsymbol{a}_1,\boldsymbol{a}_2,\boldsymbol{a}_3,\boldsymbol{a}_5-\boldsymbol{a}_4$ 的秩是 4.

4.4 向 量 空 间

4.4.1 向量空间

定义 1 设 V 是 n 维向量的非空集合, 且满足:

(1) 对任意的 $\boldsymbol{a},\boldsymbol{b}\in V$, 有 $\boldsymbol{a}+\boldsymbol{b}\in V$(加法封闭);

(2) 对任意的 $\boldsymbol{a}\in V$, $k\in R$, 有 $k\boldsymbol{a}\in V$(数乘封闭).

则称集合 V 为向量空间.

只含零向量的集合也构成向量空间, 称为零空间.

例 4-11 $R^n=\{\boldsymbol{x}|\boldsymbol{x}=(\xi_1,\xi_2,\cdots,\xi_n),\xi_i\in R\}$ 是向量空间;

$V_0=\{\boldsymbol{x}|\boldsymbol{x}=(0,\xi_2,\cdots,\xi_n),\xi_i\in R\}$ 是向量空间;

$V_1=\{\boldsymbol{x}|\boldsymbol{x}=(0,\xi_2,\cdots,\xi_n),\xi_i\in R\}$ 不是向量空间.

事实上, $0\cdot(1,\xi_2,\xi_3,\cdots,\xi_n)=(0,0,\cdots,0)\notin V_1$, 即对数乘运算不封闭.

例 4-12　给定 n 维向量组 $\boldsymbol{\alpha}_1,\boldsymbol{\alpha}_2,\cdots,\boldsymbol{\alpha}_m$, $(m\geqslant 1)$, 验证

$$V=\{\boldsymbol{\alpha}\mid\boldsymbol{\alpha}=k_1\boldsymbol{\alpha}_1+k_2\boldsymbol{\alpha}_2+\cdots+k_m\boldsymbol{\alpha}_m,k_i\in R\}$$

是向量空间, 称之为由向量组 $\boldsymbol{\alpha}_1,\boldsymbol{\alpha}_2,\cdots,\boldsymbol{\alpha}_m$ 生成的向量空间, 记作

$$L(\boldsymbol{\alpha}_1,\boldsymbol{\alpha}_2,\cdots,\boldsymbol{\alpha}_m)\text{ 或者 }\operatorname{span}\{\boldsymbol{\alpha}_1,\boldsymbol{\alpha}_2,\cdots,\boldsymbol{\alpha}_m\}$$

证明　设 $\boldsymbol{\alpha},\boldsymbol{\beta}\in V$, 即 $\boldsymbol{\alpha}=k_1\boldsymbol{\alpha}_1+k_2\boldsymbol{\alpha}_2+\cdots+k_m\boldsymbol{\alpha}_m$, $\boldsymbol{\beta}=t_1\boldsymbol{\alpha}_1+t_2\boldsymbol{\alpha}_2+\cdots+t_m\boldsymbol{\alpha}_m$, 于是有 $\boldsymbol{\alpha}+\boldsymbol{\beta}=(k_1+t_1)\boldsymbol{\alpha}_1+(k_2+t_2)\boldsymbol{\alpha}_2+\cdots+(k_m+t_m)\boldsymbol{\alpha}_m\in V$

对于任意 $k\in\mathrm{R}$, 有 $k\boldsymbol{\alpha}=(kk_1)\boldsymbol{\alpha}_1+(kk_2)\boldsymbol{\alpha}_2+\cdots+(kk_m)\boldsymbol{\alpha}_m\in V$.　　证毕.

由定义 1 知, V 是向量空间.

定义 2　设 V_1 和 V_2 都是向量空间, 且 $V_1\subset V_2$, 称 V_1 为 V_2 的子空间.

例如, 例 4-11 中的 V_0 是 R^n 的子空间. 例 4-12 中 $L(\boldsymbol{\alpha}_1,\cdots,\boldsymbol{\alpha}_m)$ 也是 R^n 的子空间.

4.4.2　向量空间的基与维数

定义 3　设向量空间 V 中的 r 个向量 $\boldsymbol{a}_1,\boldsymbol{a}_2,\cdots,\boldsymbol{a}_r$ 满足

(1) $\boldsymbol{a}_1,\boldsymbol{a}_2,\cdots,\boldsymbol{a}_r$ 线性无关;

(2) V 中的任意向量都可由 $\boldsymbol{a}_1,\boldsymbol{a}_2,\cdots,\boldsymbol{a}_r$ 线性表示.

则称 $\boldsymbol{a}_1,\boldsymbol{a}_2,\cdots,\boldsymbol{a}_r$ 为 V 的一组基, 称 r 为 V 的维数, 记作 $\dim V=r$.

零空间没有基, 规定零空间的维数为 0.

注: (1)若把向量空间 V 看成向量组, 则由最大线性无关组的等价定义可知, V 的基就是向量组的一个最大线性无关组, V 的维数就是向量组的秩.

(2)若向量空间 V 的维数是 r, 则 V 中任意 $r+1$ 个向量线性相关.

(3)若 $\dim V=r$, 则 V 中任意 r 个线性无关的向量都是 V 的一组基.

特别地, R^n 中任意 n 个线性无关的向量都是 R^n 的一组基.

定理 4-14　设向量空间 V 的基为 $\boldsymbol{a}_1,\boldsymbol{a}_2,\cdots,\boldsymbol{a}_r$, 则 $V=L(\boldsymbol{a}_1,\boldsymbol{a}_2,\cdots,\boldsymbol{a}_r)$(证明见第 4.6 节).

定义 4　设向量空间 V 的基为 $\boldsymbol{a}_1,\boldsymbol{a}_2,\cdots,\boldsymbol{a}_r$, 对任意 $\boldsymbol{a}\in V$, 可唯一地表示为

$$\boldsymbol{a}=\lambda_1\boldsymbol{a}_1+\lambda_2\boldsymbol{a}_2+\cdots+\lambda_r\boldsymbol{a}_r$$

则称 $\lambda_1,\lambda_2,\cdots,\lambda_r$ 为 $\boldsymbol{a}$ 在基 $\boldsymbol{a}_1,\boldsymbol{a}_2,\cdots,\boldsymbol{a}_r$ 下的坐标.

例 4-13　设向量空间 V 的基为

$$\boldsymbol{\alpha}_1=(1,1,1,1)^{\mathrm{T}},\ \boldsymbol{\alpha}_2=(1,1,-1,1)^{\mathrm{T}},\ \boldsymbol{\alpha}_3=(1,-1,-1,1)^{\mathrm{T}}$$

求 $\boldsymbol{\alpha}=(1,2,1,1)^{\mathrm{T}}$ 在该基下的坐标.

解　设 $\boldsymbol{\alpha}=x_1\boldsymbol{\alpha}_1+x_2\boldsymbol{\alpha}_2+x_3\boldsymbol{\alpha}_3$, 即

$$\begin{pmatrix}1&1&1\\1&1&-1\\1&-1&-1\\1&1&1\end{pmatrix}\begin{pmatrix}x_1\\x_2\\x_3\end{pmatrix}=\begin{pmatrix}1\\2\\1\\1\end{pmatrix}$$

由 $\begin{pmatrix}1&1&1&\vdots&1\\1&1&-1&\vdots&2\\1&-1&-1&\vdots&1\\1&1&1&\vdots&1\end{pmatrix}\overset{r}{\sim}\begin{pmatrix}1&0&0&\vdots&1\\0&1&0&\vdots&1/2\\0&0&1&\vdots&-1/2\\0&0&0&\vdots&0\end{pmatrix}$，得 $\begin{pmatrix}x_1\\x_2\\x_3\end{pmatrix}=\begin{pmatrix}1\\1/2\\-1/2\end{pmatrix}$

所以 $\boldsymbol{\alpha}=(1,2,1,1)^{\mathrm{T}}$ 在该基 $\boldsymbol{\alpha}_1,\boldsymbol{\alpha}_2,\boldsymbol{\alpha}_3$ 下的坐标为 $1,\dfrac{1}{2},-\dfrac{1}{2}$.

要将向量空间的维数与向量的维数区分开来! 例 4-13 中的向量空间 V 是 3 维空间, 其中的元素都是 4 维列向量.

在向量空间 R^n 中, 常取向量组

$$\boldsymbol{\varepsilon}_1=(1,0,\cdots,0)^{\mathrm{T}},\ \boldsymbol{\varepsilon}_2=(0,1,\cdots,0)^{\mathrm{T}},\cdots,\ \boldsymbol{\varepsilon}_n=(0,0,\cdots,1)^{\mathrm{T}}$$

为基, 称为自然基. 此时, 任一向量 $\boldsymbol{x}=(x_1,x_2,\cdots,x_n)^{\mathrm{T}}$ 可表示为

$$\boldsymbol{x}=x_1\boldsymbol{\varepsilon}_1+x_2\boldsymbol{\varepsilon}_2+\cdots+x_n\boldsymbol{\varepsilon}_n$$

所以, 很容易得到向量 $\boldsymbol{x}=(x_1,x_2,\cdots,x_n)^{\mathrm{T}}$ 在自然基 $\boldsymbol{\varepsilon}_1,\boldsymbol{\varepsilon}_2,\cdots,\boldsymbol{\varepsilon}_n$ 下的坐标 $x_1,x_2,\cdots,x_n$.

例 4-14 设 $\boldsymbol{A}=(\boldsymbol{a}_1,\ \boldsymbol{a}_2,\ \boldsymbol{a}_3)=\begin{pmatrix}1&-1&-1\\-2&3&3\\-1&2&3\end{pmatrix}$, $\boldsymbol{B}=(\boldsymbol{b}_1,\boldsymbol{b}_2)=\begin{pmatrix}-3&2\\7&-3\\-1&1\end{pmatrix}$

验证 $\boldsymbol{a}_1,\boldsymbol{a}_2,\boldsymbol{a}_3$ 是 R^3 的一组基, 并求 $\boldsymbol{b}_1,\boldsymbol{b}_2$ 在这组基中的坐标.

解

$$(\boldsymbol{A},\boldsymbol{B})=\begin{pmatrix}1&-1&-1&-3&2\\-2&3&3&7&-3\\-1&2&3&-1&1\end{pmatrix}\overset{r}{\sim}\begin{pmatrix}1&0&0&-2&3\\0&1&0&6&-1\\0&0&1&-5&2\end{pmatrix}$$

可知, $R(\boldsymbol{A})=3$, 故 $\boldsymbol{a}_1,\boldsymbol{a}_2,\boldsymbol{a}_3$ 是 R^3 的一组基, 且

$$\boldsymbol{b}_1=-2\boldsymbol{a}_1+6\boldsymbol{a}_2-5\boldsymbol{a}_3,\quad \boldsymbol{b}_2=3\boldsymbol{a}_1-\boldsymbol{a}_2+2\boldsymbol{a}_3$$

所以, $\boldsymbol{b}_1,\boldsymbol{b}_2$ 在基 $\boldsymbol{a}_1,\boldsymbol{a}_2,\boldsymbol{a}_3$ 中的坐标分别为: $-2,6,-5$ 和 $3,-1,2$.

导读与提示

本节内容:

1. 向量空间的概念;
2. 子空间;
3. 向量空间的基、维数;
4. 向量在指定基下的坐标.

本节要求:

1. 掌握向量空间、子空间、向量空间的基、维数等定义;
2. 会求向量空间的基和维数, 会求向量在给定的基下的坐标.

向量空间是对几何空间概念的推广, 它在描述线性方程组的解的结构时十分重要.

习 题 4.4

1. 判断下列向量集合是否向量空间, 并说明理由.

(1) $V=\{\boldsymbol{x}=(x_1,x_2,\cdots,x_n)^{\mathrm{T}}\mid x_i\in R, x_1+x_2=0\}$;

(2) $V=\{\boldsymbol{x}=(x_1,x_2,\cdots,x_n)^{\mathrm{T}}\mid x_i\in R, x_1+x_2+\cdots+x_n=0\}$;

(3) $V=\{\boldsymbol{x}=(x_1,x_2,\cdots,x_n)^{\mathrm{T}}\mid x_i\in R, x_1+x_2=1\}$;

(4) $V=\{\boldsymbol{x}=(x_1,x_2,\cdots,x_n)^{\mathrm{T}}\mid x_i\in R, x_1+x_2+\cdots+x_n=1\}$.

2. 验证 $\boldsymbol{\alpha}_1=\begin{pmatrix}1\\1\\0\end{pmatrix}$, $\boldsymbol{\alpha}_2=\begin{pmatrix}0\\1\\1\end{pmatrix}$, $\boldsymbol{\alpha}_3=\begin{pmatrix}1\\2\\3\end{pmatrix}$ 为 R^3 的一组基, 并求 $\boldsymbol{\alpha}=\begin{pmatrix}-1\\0\\1\end{pmatrix}$ 在这组基下的坐标.

3. 设 $\boldsymbol{a}_1=(1,-1,2)^{\mathrm{T}}$, $\boldsymbol{a}_2=(2,-1,3)^{\mathrm{T}}$; $\boldsymbol{b}_1=(-2,1,-3)^{\mathrm{T}}$, $\boldsymbol{b}_2=(3,3,0)^{\mathrm{T}}$. 证明: $L(\boldsymbol{a}_1,\boldsymbol{a}_2)=L(\boldsymbol{b}_1,\boldsymbol{b}_2)$.

4.5 线性方程组解的结构

4.5.1 齐次线性方程组 $\boldsymbol{Ax}=\boldsymbol{0}$ 解的结构

齐次线性方程组

$$\begin{cases}a_{11}x_1+a_{12}x_2+\cdots+a_{1n}x_n=0\\a_{21}x_1+a_{22}x_2+\cdots+a_{2n}x_n=0\\\cdots\cdots\cdots\cdots\\a_{m1}x_1+a_{m2}x_2+\cdots+a_{mn}x_n=0\end{cases}$$

的矩阵表示形式为

$$\boldsymbol{Ax}=\boldsymbol{0}$$

其中

$$\boldsymbol{A}=\begin{pmatrix}a_{11}&a_{12}&\cdots&a_{1n}\\a_{21}&a_{22}&\cdots&a_{2n}\\\vdots&\vdots&&\vdots\\a_{m1}&a_{m2}&\cdots&a_{mn}\end{pmatrix},\ \boldsymbol{x}=\begin{pmatrix}x_1\\x_2\\\vdots\\x_n\end{pmatrix}$$

此齐次线性方程组 $\boldsymbol{Ax}=\boldsymbol{0}$ 的解是 n 维向量.

定义 1　n 维向量集合

$$S=\{\boldsymbol{x}\mid \boldsymbol{Ax}=\boldsymbol{0}, \boldsymbol{x}\in R^n\}$$

称为齐次线性方程组 $\boldsymbol{Ax}=\boldsymbol{0}$ 的解集合, 简称解集.

关于齐次线性方程组 $\boldsymbol{Ax}=\boldsymbol{0}$ 的解集 S 有下面的两个性质.

性质 1　$\forall\, \boldsymbol{x},\boldsymbol{y}\in S\Rightarrow \boldsymbol{x}+\boldsymbol{y}\in S$.

证明　$\forall\, \boldsymbol{x},\boldsymbol{y}\in S$, $\boldsymbol{Ax}=\boldsymbol{0}$, $\boldsymbol{Ay}=\boldsymbol{0}$, 则 $\boldsymbol{A}(\boldsymbol{x}+\boldsymbol{y})=\boldsymbol{Ax}+\boldsymbol{Ay}=\boldsymbol{0}\Rightarrow \boldsymbol{x}+\boldsymbol{y}\in S$.

性质 2　$\forall\, \boldsymbol{x}\in S$, $k\in R\Rightarrow k\boldsymbol{x}\in S$.

证明 $\forall \boldsymbol{x}\in S,\forall k\in \mathrm{R}, \boldsymbol{A}(k\boldsymbol{x})=k(\boldsymbol{A}\boldsymbol{x})=\boldsymbol{0}\Rightarrow k\boldsymbol{x}\in S$.

由上述性质 1, 2 可知, 齐次线性方程组 $\boldsymbol{Ax}=\boldsymbol{0}$ 的解集 S 是向量空间.

定义 2 设 $\boldsymbol{Ax}=\boldsymbol{0}$ 的解集为 S, 称 S 为 $\boldsymbol{Ax}=\boldsymbol{0}$ 的解空间, 称解空间的一个基为 $\boldsymbol{Ax}=\boldsymbol{0}$ 的基础解系.

显然, $\boldsymbol{Ax}=\boldsymbol{0}$ 的基础解系就是其解集(即解向量组、解空间)的一个最大线性无关组, 它不是唯一的.

在求齐次线性方程组 $\boldsymbol{Ax}=\boldsymbol{0}$ 的通解和基础解系时, 我们总是先利用初等行变换将其系数矩阵 $\boldsymbol{A}$ 化为行最简形式 $\boldsymbol{B}$, 不妨设

$$\boldsymbol{B}=\begin{pmatrix} 1 & \cdots & 0 & b_{1,r+1} & \cdots & b_{1,n} \\ \vdots & & \vdots & \vdots & & \vdots \\ 0 & \cdots & 1 & b_{r,r+1} & \cdots & b_{r,n} \\ 0 & \cdots & 0 & 0 & \cdots & 0 \\ \vdots & & \vdots & \vdots & & \vdots \\ 0 & \cdots & 0 & 0 & \cdots & 0 \end{pmatrix}$$

可得同解方程组

$$\begin{cases} x_1=-b_{1,r+1}x_{r+1}-b_{1,r+2}x_{r+2}-\cdots-b_{1n}x_n \\ x_2=-b_{2,r+1}x_{r+1}-b_{2,r+2}x_{r+2}-\cdots-b_{2n}x_n \\ \qquad\cdots\cdots\cdots\cdots \\ x_r=-b_{r,r+1}x_{r+1}-b_{r,r+2}x_{r+2}-\cdots-b_{rn}x_n \end{cases}$$

接下来, 可以按照两种方法处理.

方法一: 先求出通解(见第 3 章), 再根据通解得出基础解系.

令 $x_{r+1}=c_1,x_{r+2}=c_2,\cdots,x_n=c_{n-r}$; 得出原方程组 $\boldsymbol{Ax}=\boldsymbol{0}$ 的通解

$$\begin{cases} x_1 =-b_{1,r+1}c_1-b_{1,r+2}c_2-\cdots-b_{1n}c_{n-r} \\ x_2 =-b_{2,r+1}c_1-b_{2,r+2}c_2-\cdots-b_{2n}c_{n-r} \\ \qquad\cdots\cdots\cdots\cdots \\ x_r =-b_{r,r+1}c_1-b_{r,r+2}c_2-\cdots-b_{rn}c_{n-r} \\ x_{r+1}= c_1 \\ x_{r+2}= c_2 \\ \qquad\cdots\cdots\cdots\cdots \\ x_n= c_{n-r} \end{cases} \quad (\forall c_1,c_2,\cdots,c_{n-r}\in R)$$

写成向量的形式

$$\begin{pmatrix} x_1 \\ \vdots \\ x_r \\ x_{r+1} \\ x_{r+2} \\ \vdots \\ x_n \end{pmatrix}=c_1\begin{pmatrix} -b_{1,r+1} \\ \vdots \\ -b_{r,r+1} \\ 1 \\ 0 \\ \vdots \\ 0 \end{pmatrix}+c_2\begin{pmatrix} -b_{1,r+2} \\ \vdots \\ -b_{r,r+2} \\ 0 \\ 1 \\ \vdots \\ 0 \end{pmatrix}+\cdots+c_{n-r}\begin{pmatrix} -b_{1,n} \\ \vdots \\ -b_{r,n} \\ 0 \\ 0 \\ \vdots \\ 1 \end{pmatrix}$$

记
$$\xi_1=\begin{pmatrix}-b_{1,r+1}\\ \vdots\\ -b_{r,r+1}\\ 1\\ 0\\ \vdots\\ 0\end{pmatrix},\ \xi_2=\begin{pmatrix}-b_{1,r+2}\\ \vdots\\ -b_{r,r+2}\\ 0\\ 1\\ \vdots\\ 0\end{pmatrix},\ \cdots,\ \xi_{n-r}=\begin{pmatrix}-b_{1,n}\\ \vdots\\ -b_{r,n}\\ 0\\ 0\\ \vdots\\ 1\end{pmatrix}$$

因为:(1) $\xi_1,\xi_2,\cdots,\xi_{n-r}$ 线性无关; (2) $\forall \boldsymbol{x}\in S$, $\boldsymbol{x}=c_1\xi_1+c_2\xi_2+\cdots+c_{n-r}\xi_{n-r}$.

所以, $\xi_1,\xi_2,\cdots,\xi_{n-r}$ 是解空间 S 的一个基, 即是 $\boldsymbol{Ax}=\boldsymbol{0}$ 的基础解系.

从上面的讨论可以看出:

定理 4-15　若 $R(A_{m\times n})=r$, 则齐次线性方程组 $\boldsymbol{Ax}=\boldsymbol{0}$ 解空间的维数为 $n-r$.

例 4-15　设 $\boldsymbol{A}=\begin{pmatrix}1&2&2&0\\1&3&4&-2\\1&1&0&2\end{pmatrix}$, 求 $\boldsymbol{Ax}=\boldsymbol{0}$ 的一个基础解系与通解.

解　$\boldsymbol{A}\overset{r}{\sim}\begin{pmatrix}1&0&-2&4\\0&1&2&-2\\0&0&0&0\end{pmatrix}$, 同解方程组为 $\begin{cases}x_1=\ \ 2x_3-4x_4,\\ x_2=-2x_3+2x_4,\end{cases}$ 即

$$\begin{cases}x_1=\ \ 2x_3-4x_4\\ x_2=-2x_3+2x_4\\ x_3=x_3\\ x_4=x_4\end{cases}$$

令　$x_3=c_1$, $x_4=c_2$, 得原方程组的通解

$$\begin{pmatrix}x_1\\x_2\\x_3\\x_4\end{pmatrix}=c_1\begin{pmatrix}2\\-2\\1\\0\end{pmatrix}+c_2\begin{pmatrix}-4\\2\\0\\1\end{pmatrix}$$

基础解系为: $\xi_1=\begin{pmatrix}2\\-2\\1\\0\end{pmatrix}$, $\xi_2=\begin{pmatrix}-4\\2\\0\\1\end{pmatrix}$.

方法二: 先求出基础解系, 再写出通解.

在同解方程组中分别取

$$\begin{pmatrix}x_{r+1}\\x_{r+1}\\ \vdots\\ x_n\end{pmatrix}=\begin{pmatrix}1\\0\\ \vdots\\ 0\end{pmatrix},\begin{pmatrix}0\\1\\ \vdots\\ 0\end{pmatrix},\cdots,\begin{pmatrix}0\\0\\ \vdots\\ 1\end{pmatrix}$$

可得原方程组的 $n-r$ 个线性无关解

$$\boldsymbol{\xi}_1=\begin{pmatrix}-b_{1,r+1}\\ \vdots\\ -b_{r,r+1}\\ 1\\ 0\\ \vdots\\ 0\end{pmatrix},\ \boldsymbol{\xi}_2=\begin{pmatrix}-b_{1,r+2}\\ \vdots\\ -b_{r,r+2}\\ 0\\ 1\\ \vdots\\ 0\end{pmatrix},\cdots,\ \boldsymbol{\xi}_{n-r}=\begin{pmatrix}-b_{1,n}\\ \vdots\\ -b_{r,n}\\ 0\\ 0\\ \vdots\\ 1\end{pmatrix}$$

即基础解系. 原方程组的通解为: $\boldsymbol{x}=c_1\boldsymbol{\xi}_1+c_2\boldsymbol{\xi}_2+\cdots+c_{n-r}\boldsymbol{\xi}_{n-r}$, $(c_i\in R)$.

例 4-15 也可以采用下列解法.

另解 $\boldsymbol{A}\overset{r}{\sim}\begin{pmatrix}1&0&-2&4\\0&1&2&-2\\0&0&0&0\end{pmatrix}$, 同解方程组为 $\begin{cases}x_1=\ \ 2x_3-4x_4,\\x_2=-2x_3+2x_4.\end{cases}$ 分别取 $\begin{pmatrix}x_3\\x_4\end{pmatrix}=\begin{pmatrix}1\\0\end{pmatrix},\begin{pmatrix}0\\1\end{pmatrix}$; 得基础解系

$$\boldsymbol{\xi}_1=\begin{pmatrix}2\\-2\\1\\0\end{pmatrix},\ \boldsymbol{\xi}_2=\begin{pmatrix}-4\\2\\0\\1\end{pmatrix}$$

原方程组的通解为

$$\boldsymbol{x}=c_1\boldsymbol{\xi}_1+c_2\boldsymbol{\xi}_2\quad(c_1,c_2\in R)$$

注意 $\begin{pmatrix}x_3\\x_4\end{pmatrix}$ 也可以取其他向量, 比如, $\begin{pmatrix}1\\1\end{pmatrix},\begin{pmatrix}2\\1\end{pmatrix}$; 只不过得出原方程组的另外一组基础解系.

利用定理 4-15, 可以证明定理 3.6 结论(5), 放在第 4.6 节阐述.

4.5.2 非齐次线性方程组 $\boldsymbol{Ax}=\boldsymbol{b}$ 解的结构

n 个未知数 m 个方程的非齐次线性方程组

$$\begin{cases}a_{11}x_1+a_{12}x_2+\cdots+a_{1n}x_n=b_1\\a_{21}x_1+a_{22}x_2+\cdots+a_{2n}x_n=b_2\\\qquad\cdots\cdots\cdots\cdots\\a_{m1}x_1+a_{m2}x_2+\cdots+a_{mn}x_n=b_m\end{cases}$$

的矩阵表示形式为:

$$\boldsymbol{Ax}=\boldsymbol{b}$$

其中

$$\boldsymbol{A}=\begin{pmatrix}a_{11}&a_{12}&\cdots&a_{1n}\\a_{21}&a_{22}&\cdots&a_{2n}\\\vdots&\vdots&\ddots&\vdots\\a_{m1}&a_{m2}&\cdots&a_{mn}\end{pmatrix},\ \boldsymbol{x}=\begin{pmatrix}x_1\\x_2\\\vdots\\x_n\end{pmatrix},\ \boldsymbol{b}=\begin{pmatrix}b_1\\b_2\\\vdots\\b_m\end{pmatrix}$$

对应的齐次线性方程组

$$\boldsymbol{Ax}=\boldsymbol{0}$$

的解空间为 S, 基础解系为 $\boldsymbol{\xi}_1,\boldsymbol{\xi}_2,\cdots,\boldsymbol{\xi}_{n-r}$.

性质 1　$A\eta_1 = b$, $A\eta_2 = b \Rightarrow A(\eta_1 - \eta_2) = 0 \Rightarrow \eta_1 - \eta_2 \in S$.

性质 2　$A\eta_1 = b$, $A\xi = 0 \Rightarrow A(\eta_1 + \xi) = b \Rightarrow \eta_1 + \xi$ 是 $Ax = b$ 的解.

假设 $Ax = b$ 有一个特解为 η^*, 由性质 3、4, 可以得到非齐次线性方程组 $Ax = b$ 的通解为

$$x = \eta^* + c_1\xi_1 + c_2\xi_2 + \cdots + c_{n-r}\xi_{n-r},\ c_i \in \mathrm{R}$$

可以看出, 非齐次线性方程组的通解就是其一个特解与对应的齐次线性方程组的通解之和.

例 4-16　设 $A = \begin{pmatrix} 1 & 2 & 2 & 0 \\ 1 & 3 & 4 & -2 \\ 1 & 1 & 0 & 2 \end{pmatrix}$, $b = \begin{pmatrix} 5 \\ 6 \\ 4 \end{pmatrix}$, 求 $Ax = b$ 的通解, 并求对应的齐次线性方程组 $Ax = 0$ 的基础解系.

解法一　$$(A \mid b) = \left(\begin{array}{cccc|c} 1 & 2 & 2 & 0 & 5 \\ 1 & 3 & 4 & -2 & 6 \\ 1 & 1 & 0 & 2 & 4 \end{array}\right) \overset{r}{\sim} \left(\begin{array}{cccc|c} 1 & 0 & -2 & 4 & 3 \\ 0 & 1 & 2 & -2 & 1 \\ 0 & 0 & 0 & 0 & 0 \end{array}\right)$$

$Ax = b$ 的同解方程组为

$$\begin{cases} x_1 = 3 + 2x_3 - 4x_4 \\ x_2 = 1 - 2x_3 + 2x_4 \end{cases}$$

即
$$\begin{cases} x_1 = 3 + 2x_3 - 4x_4, \\ x_2 = 1 - 2x_3 + 2x_4, \\ x_3 = x_3, \\ x_4 = x_4. \end{cases} \quad \begin{pmatrix} x_1 \\ x_2 \\ x_3 \\ x_4 \end{pmatrix} = \begin{pmatrix} 3 \\ 1 \\ 0 \\ 0 \end{pmatrix} + x_3 \begin{pmatrix} 2 \\ -2 \\ 1 \\ 0 \end{pmatrix} + x_4 \begin{pmatrix} -4 \\ 2 \\ 0 \\ 1 \end{pmatrix}$$

令 $x_3 = c_1$, $x_4 = c_2$, 得

$$\begin{pmatrix} x_1 \\ x_2 \\ x_3 \\ x_4 \end{pmatrix} = \begin{pmatrix} 3 \\ 1 \\ 0 \\ 0 \end{pmatrix} + c_1 \begin{pmatrix} 2 \\ -2 \\ 1 \\ 0 \end{pmatrix} + c_2 \begin{pmatrix} -4 \\ 2 \\ 0 \\ 1 \end{pmatrix}$$

这就是方程组 $Ax = b$ 的通解.

对应的齐次线性方程组 $Ax = 0$ 的基础解系为

$$\xi_1 = \begin{pmatrix} 2 \\ -2 \\ 1 \\ 0 \end{pmatrix},\quad \xi_2 = \begin{pmatrix} -4 \\ 2 \\ 0 \\ 1 \end{pmatrix}$$

解法二　$$(A \mid b) = \left(\begin{array}{cccc|c} 1 & 2 & 2 & 0 & 5 \\ 1 & 3 & 4 & -2 & 6 \\ 1 & 1 & 0 & 2 & 4 \end{array}\right) \overset{r}{\sim} \left(\begin{array}{cccc|c} 1 & 0 & -2 & 4 & 3 \\ 0 & 1 & 2 & -2 & 1 \\ 0 & 0 & 0 & 0 & 0 \end{array}\right)$$

$\boldsymbol{Ax}=\boldsymbol{b}$ 的同解方程组为

$$\begin{cases} x_1 = 3+2x_3-4x_4 \\ x_2 = 1-2x_3+2x_4 \end{cases}$$

令 $x_3=x_4=0$, 得原方程组的一个特解

$$\boldsymbol{\eta}^*=\begin{pmatrix}3\\1\\0\\0\end{pmatrix}$$

原方程组对应的齐次线性方程组同解于方程组

$$\begin{cases} x_1 = 2x_3-4x_4 \\ x_2 = -2x_3+2x_4 \end{cases}$$

即

$$\begin{cases} x_1 = 2x_3-4x_4 \\ x_2 = -2x_3+2x_4 \\ x_3 = x_3 \\ x_4 = x_4 \end{cases}$$

分别取 $\begin{pmatrix}x_3\\x_4\end{pmatrix}=\begin{pmatrix}1\\0\end{pmatrix},\begin{pmatrix}0\\1\end{pmatrix}$; 得齐次方程组的基础解系

$$\boldsymbol{\xi}_1=\begin{pmatrix}2\\-2\\1\\0\end{pmatrix},\ \boldsymbol{\xi}_1=\begin{pmatrix}-4\\2\\0\\1\end{pmatrix}$$

所以, 原方程组的通解为: $\boldsymbol{x}=c_1\boldsymbol{\xi}_1+c_2\boldsymbol{\xi}_2+\boldsymbol{\eta}^*(c_1,c_2\in R)$.

导读与提示

本节内容:

1. 齐次线性方程组 $\boldsymbol{Ax}=\boldsymbol{0}$ 解的结构.

(1) 其解集构成一个向量空间, 即解空间;

(2) 解空间的基即为基础解系.

2. 非齐次线性方程组 $\boldsymbol{Ax}=\boldsymbol{b}$ 的解的结构.

(1) $\boldsymbol{Ax}=\boldsymbol{b}$ 的解的性质;

(2) $\boldsymbol{Ax}=\boldsymbol{b}$ 的通解等于其任一特解加上 $\boldsymbol{Ax}=\boldsymbol{0}$ 的通解.

本节要求:

1. 会求齐次线性方程组 $\boldsymbol{Ax}=\boldsymbol{0}$ 的基础解系、通解;

2. 会求非齐次线性方程组 $\boldsymbol{Ax}=\boldsymbol{b}$ 的通解.

本节从向量空间的高度阐述了线性方程组的解集的结构, 是对第 3 章线性方程组理论的延伸.

习 题 4.5

1. 求下列齐次线性方程组的基础解系, 并给出其通解.

(1) $\begin{cases} x_1-x_2-\ \ x_3+\ \ x_4=0, \\ x_1-x_2+\ \ x_3-3x_4=0, \\ x_1-x_2-2x_3+3x_4=0; \end{cases}$　(2) $\begin{cases} 2x_1-5x_2+12x_3+4x_4=0, \\ 2x_1-3x_2+13x_3+3x_4=0, \\ 2x_1+7x_2+18x_3-2x_4=0. \end{cases}$

2. 求下列非齐次线性方程组的通解.

(1) $\begin{cases} 2x_1+x_2-x_3+x_4=1, \\ x_1-x_2+x_3-x_4=2, \\ 4x_1-x_2+x_3-x_4=0; \end{cases}$　(2) $\begin{cases} x_1+x_2=5, \\ 2x_1+x_2+x_3+2x_4=1, \\ 5x_1+3x_2+2x_3+2x_4=3. \end{cases}$

3. 设某四元非齐次线性方程组的系数矩阵秩为 3, 已知 $\boldsymbol{\eta}_1,\boldsymbol{\eta}_2,\boldsymbol{\eta}_3$ 是它的三个解向量, 且

$$\boldsymbol{\eta}_1=\begin{pmatrix}2\\0\\0\\1\end{pmatrix},\ \boldsymbol{\eta}_2+\boldsymbol{\eta}_3=\begin{pmatrix}3\\1\\0\\2\end{pmatrix}$$

求该方程组的通解.

4. 设 $\boldsymbol{\xi}_1,\boldsymbol{\xi}_2,\boldsymbol{\xi}_3$ 是齐次线性方程组 $\boldsymbol{Ax}=\boldsymbol{0}$ 的基础解系, 证明: $\boldsymbol{\alpha}_1=\boldsymbol{\xi}_1+2\boldsymbol{\xi}_2+3\boldsymbol{\xi}_3$, $\boldsymbol{\alpha}_2=\boldsymbol{\xi}_2+2\boldsymbol{\xi}_3$, $\boldsymbol{\alpha}_3=\boldsymbol{\xi}_3$, 也是 $\boldsymbol{Ax}=\boldsymbol{0}$ 的基础解系.

5. 设四元齐次线性方程组(Ⅰ) $\begin{cases} x_1+x_2=0, \\ x_3-x_4=0. \end{cases}$ 又已知另外一个齐次线性方程组(Ⅱ)的通解为 $c_1(0,1,1,0)^{\mathrm{T}}+c_2(-1,2,2,1)^{\mathrm{T}}$.

(1) 求线性方程组(Ⅰ)的基础解系;

(2)问线性方程组(Ⅰ)和(Ⅱ)是否有非零公共解? 若有, 请求出所有的非零公共解, 若没有, 说明理由.

4.6* 相关结论证明

4.6.1　向量组及其线性组合(4.1 节)

定理 4-3　向量组 $\mathscr{B}$: $\boldsymbol{b}_1,\boldsymbol{b}_2,\cdots,\boldsymbol{b}_l$ 能由向量组 $\mathscr{A}$: $\boldsymbol{a}_1,\boldsymbol{a}_2,\cdots,\boldsymbol{a}_m$ 线性表示 $\Rightarrow R(\boldsymbol{b}_1,\boldsymbol{b}_2,\cdots,\boldsymbol{b}_l)\leqslant R(\boldsymbol{a}_1,\boldsymbol{a}_2,\cdots,\boldsymbol{a}_m)$.

证明　向量组 $\mathscr{B}$: $\boldsymbol{b}_1,\boldsymbol{b}_2,\cdots,\boldsymbol{b}_l$ 能由向量组 $\mathscr{A}$: $\boldsymbol{a}_1,\boldsymbol{a}_2,\cdots,\boldsymbol{a}_m$ 线性表示, 由引理 4-1, $R(\boldsymbol{A})=R(\boldsymbol{A},\boldsymbol{B})$. 又 $R(\boldsymbol{B})\leqslant R(\boldsymbol{A},\boldsymbol{B})$, 故 $R(\boldsymbol{B})\leqslant R(\boldsymbol{A})$, 即

$$R(\boldsymbol{b}_1,\boldsymbol{b}_2,\cdots,\boldsymbol{b}_l)\leqslant R(\boldsymbol{a}_1,\boldsymbol{a}_2,\cdots,\boldsymbol{a}_m)$$

4.6.2 向量组的线性相关性(4.2 节)

定理 4-5 向量组 $\boldsymbol{a}_1,\boldsymbol{a}_2,\cdots,\boldsymbol{a}_m$ $(m\geqslant 2)$ 线性相关 $\Leftrightarrow$ 其中至少有一个向量可由其余 $m-1$ 个向量线性表示.

证明 必要性:设 $\boldsymbol{a}_1,\boldsymbol{a}_2,\cdots,\boldsymbol{a}_m$ 线性相关, 则存在不全为零的数 $k_1,k_2,\cdots,k_m$, 使得

$$k_1\boldsymbol{a}_1+k_2\boldsymbol{a}_2+\cdots+k_m\boldsymbol{a}_m=\boldsymbol{0}$$

不妨设 $k_1\neq 0$, 则有 $\boldsymbol{a}_1=\left(-\dfrac{k_2}{k_1}\right)\boldsymbol{a}_2+\cdots+\left(-\dfrac{k_m}{k_1}\right)\boldsymbol{a}_m$

充分性:不妨设 $\boldsymbol{a}_1$ 能由 $\boldsymbol{a}_2,\cdots,\boldsymbol{a}_m$ 线性表示, 则有

$$(-1)\boldsymbol{a}_1+k_2\boldsymbol{a}_2+\cdots+k_m\boldsymbol{a}_m=\boldsymbol{0}$$

因为 $-1,k_2,\cdots,k_m$ 不全为零, 所以 $\boldsymbol{a}_1,\boldsymbol{a}_2,\cdots,\boldsymbol{a}_m$ 线性相关. 证毕.

定理 4-6 若向量组 $\boldsymbol{a}_1,\boldsymbol{a}_2,\cdots,\boldsymbol{a}_m$ 线性无关, $\boldsymbol{a}_1,\boldsymbol{a}_2,\cdots,\boldsymbol{a}_m,\boldsymbol{b}$ 线性相关 $\Rightarrow$ $\boldsymbol{b}$ 可由 $\boldsymbol{a}_1,\boldsymbol{a}_2,\cdots,\boldsymbol{a}_m$ 线性表示, 且表示式唯一.

证明 因为 $\boldsymbol{a}_1,\boldsymbol{a}_2,\cdots,\boldsymbol{a}_m,\boldsymbol{b}$ 线性相关, 所以存在数组 $k_1,\cdots,k_m,k$ 不全为零, 使得

$$k_1\boldsymbol{a}_1+\cdots+k_m\boldsymbol{a}_m+k\boldsymbol{b}=\boldsymbol{0}$$

若 $k=0$, 则有 $k_1\boldsymbol{a}_1+\cdots+k_m\boldsymbol{a}_m=\boldsymbol{0}$, 又 $\boldsymbol{a}_1,\boldsymbol{a}_2,\cdots,\boldsymbol{a}_m$ 线性无关, 可以推得, $k_1=0,\cdots,k_m=0$. 这与 $k_1,\cdots,k_m,k$ 不全为零矛盾! 故 $k\neq 0$, 从而有

$$\boldsymbol{b}=\left(-\frac{k_1}{k}\right)\boldsymbol{a}_1+\cdots+\left(-\frac{k_m}{k}\right)\boldsymbol{a}_m$$

下面证明表示式唯一.

若 $\boldsymbol{b}=k_1\boldsymbol{a}_1+\cdots+k_m\boldsymbol{a}_m$, $\boldsymbol{b}=l_1\boldsymbol{a}_1+\cdots+l_m\boldsymbol{a}_m$

则有

$$(k_1-l_1)\boldsymbol{a}_1+\cdots+(k_m-l_m)\boldsymbol{a}_m=\boldsymbol{0}$$

因为 $\boldsymbol{a}_1,\boldsymbol{a}_2,\cdots,\boldsymbol{a}_m$ 线性无关, 所以 $k_1-l_1=0,\cdots,k_m-l_m=0\Rightarrow k_1=l_1,\cdots,k_m=l_m$. 即 $\boldsymbol{b}$ 的表示唯一. 证毕.

定理 4-8 设 $\boldsymbol{a}_1,\boldsymbol{a}_2,\cdots,\boldsymbol{a}_m$ 是 n 维向量组, 且 $m>n$, 则向量组 $\boldsymbol{a}_1,\boldsymbol{a}_2,\cdots,\boldsymbol{a}_m$ 线性相关.

证明 向量组 $\boldsymbol{a}_1,\boldsymbol{a}_2,\cdots,\boldsymbol{a}_m$ 构成的矩阵记为 $\boldsymbol{A}=(\boldsymbol{a}_1,\boldsymbol{a}_2,\cdots,\boldsymbol{a}_m)$, 则 $R(\boldsymbol{A})\leqslant n<m$, 故向量组 $\boldsymbol{a}_1,\boldsymbol{a}_2,\cdots,\boldsymbol{a}_m$ 线性相关. 证毕.

4.6.3 向量组的秩(4.3 节)

定理 4-10 向量组 $\mathscr{A}$ 与其最大线性无关组 $\mathscr{A}_0$ 等价.

证明 记 $\mathscr{A}_0$: $\boldsymbol{a}_1,\boldsymbol{a}_2,\cdots,\boldsymbol{a}_r$. 由于 $\mathscr{A}_0$ 是 $\mathscr{A}$ 的一个部分组, 所以 $\mathscr{A}_0$ 能由 $\mathscr{A}$ 线性表示.

另外, 对于 $\mathscr{A}$ 中的任一向量 $\boldsymbol{a}$, 若 $\boldsymbol{a}\in\mathscr{A}_0$, 则 $\boldsymbol{a}$ 能由 $\mathscr{A}_0$ 线性表示; 若 $\boldsymbol{a}\notin\mathscr{A}_0$, 则 $r+1$ 个向量 $\boldsymbol{a}_1,\boldsymbol{a}_2,\cdots,\boldsymbol{a}_r$, $\boldsymbol{a}$ 是线性相关的, 而 $\boldsymbol{a}_1,\boldsymbol{a}_2,\cdots,\boldsymbol{a}_r$ 线性无关, 由定理 4-6, $\boldsymbol{a}$ 能由 $\boldsymbol{a}_1,\boldsymbol{a}_2,\cdots,\boldsymbol{a}_r$ 线性表示.

故向量组 $\mathscr{A}$ 与其最大线性无关组 $\mathscr{A}_0$ 等价. 证毕.

定理 4-11 向量组 $\mathscr{A}$ 的不同最大线性无关组是等价的, 且它们所含向量个数相同.

证明 设向量组 $\mathscr{A}$ 的两个最大线性无关组为 $\mathscr{A}_1, \mathscr{A}_2$.

$$\mathscr{A}_1: \boldsymbol{a}_1, \boldsymbol{a}_2, \cdots, \boldsymbol{a}_r;\ \mathscr{A}_2: \boldsymbol{b}_1, \boldsymbol{b}_2, \cdots, \boldsymbol{b}_s$$

由定理 4-10, $\mathscr{A}_1, \mathscr{A}_2$ 都与 $\mathscr{A}$ 等价, 所以 $\mathscr{A}_1$ 与 $\mathscr{A}_2$ 等价.

因为 $\mathscr{A}_1: \boldsymbol{a}_1, \boldsymbol{a}_2, \cdots, \boldsymbol{a}_r$ 和 $\mathscr{A}_2: \boldsymbol{b}_1, \boldsymbol{b}_2, \cdots, \boldsymbol{b}_s$ 都线性无关, 并且等价, 由定理 4-9 知, $r = s$.

定理 4-12 等价的向量组秩相等.

证明 设向量组 $\mathscr{A}_1: \boldsymbol{a}_1, \boldsymbol{a}_2, \cdots, \boldsymbol{a}_m$ 与 $\mathscr{B}_1: \boldsymbol{b}_1, \boldsymbol{b}_2, \cdots, \boldsymbol{b}_n$ 等价, 它们的秩分别为 r 和 s, 下面证明 $r = s$.

不妨设 $\mathscr{A}_1$、$\mathscr{B}_1$ 的最大线性无关组分别是 $\mathscr{A}_2: \boldsymbol{a}_1, \boldsymbol{a}_2, \cdots, \boldsymbol{a}_r$; $\mathscr{B}_2: \boldsymbol{b}_1, \boldsymbol{b}_2, \cdots, \boldsymbol{b}_s$, 则 $\mathscr{A}_2$ 与 $\mathscr{B}_2$ 等价, 又因为 $\mathscr{A}_2: \boldsymbol{a}_1, \boldsymbol{a}_2, \cdots, \boldsymbol{a}_r$ 和 $\mathscr{B}_2: \boldsymbol{b}_1, \boldsymbol{b}_2, \cdots, \boldsymbol{b}_s$ 都线性无关, 由定理 4-9 知, $r = s$. 证毕.

定理 4-13 矩阵的秩等于其行向量组的秩, 也等于其列向量组的秩.

证明 先来证明矩阵的秩等于其列向量组的秩.

设 m 行 n 列的矩阵 $\boldsymbol{A} = (\boldsymbol{a}_1, \boldsymbol{a}_2, \cdots, \boldsymbol{a}_n)$, 其列向量组记为

$$\mathscr{A}: \boldsymbol{a}_1, \boldsymbol{a}_2, \cdots, \boldsymbol{a}_n$$

都是 m 维的向量.

假设 $R(\mathscr{A}) = r$. 下面证明矩阵 $\boldsymbol{A}$ 的秩也等于 r, 即 $R(\boldsymbol{A}) = r$.

不妨设 $\mathscr{A}$ 的一个最大线性无关组为

$$\mathscr{A}_0: \boldsymbol{a}_1, \boldsymbol{a}_2, \cdots, \boldsymbol{a}_r$$

记矩阵 $\boldsymbol{A}_0 = (\boldsymbol{a}_1, \boldsymbol{a}_2, \cdots, \boldsymbol{a}_r)$. 因为 $\mathscr{A}_0$ 线性无关, 由定理 4-4, $R(\boldsymbol{A}_0) = r$.

因为 $\mathscr{A}$ 与 $\mathscr{A}_0$ 等价, 由定理 4-2, $R(\boldsymbol{A}) = R(\boldsymbol{A}_0)$. 故 $R(\boldsymbol{A}) = r$.

因为矩阵转置后, 其秩不变, 所以矩阵的秩也等于其行向量组的秩.

4.6.4 向量空间(4.4 节)

定理 4-14 设向量空间 V 的基为 $\boldsymbol{a}_1, \boldsymbol{a}_2, \cdots, \boldsymbol{a}_r$, 则 $V = L(\boldsymbol{a}_1, \boldsymbol{a}_2, \cdots, \boldsymbol{a}_r)$.

证明 $\forall \boldsymbol{a} \in V$, 由基的定义知, $\boldsymbol{a} = k_1\boldsymbol{a}_1 + \cdots + k_r\boldsymbol{a}_r$, 即 $\boldsymbol{a} \in L$, 所以 $V \subset L$.

又 $\forall \boldsymbol{a} \in L$, 即 $\boldsymbol{a} = k_1\boldsymbol{a}_1 + \cdots + k_r\boldsymbol{a}_r$, 由 $\boldsymbol{a}_1, \boldsymbol{a}_2, \cdots, \boldsymbol{a}_r \in V$, 且 V 对数乘和加法封闭, 知 $\boldsymbol{a} \in V$, 所以 $L \subset V$. 故 $V = L(\boldsymbol{a}_1, \boldsymbol{a}_2, \cdots, \boldsymbol{a}_r)$.

根据齐次线性方程组解空间的相关结论, 不难证明第 3 章定理 3.6 的结论(5). 证毕.

定理 3.6 结论(5): 若 $\boldsymbol{A}_{m\times n}\boldsymbol{B}_{n\times s} = \boldsymbol{O}$, 则 $R(\boldsymbol{A}) + R(\boldsymbol{B}) \leqslant n$

证明 将 $\boldsymbol{B}$ 进行列分块, 记 $\boldsymbol{B} = (\boldsymbol{b}_1, \boldsymbol{b}_2, \cdots, \boldsymbol{b}_s)$, 则

$$\boldsymbol{A}(\boldsymbol{b}_1, \boldsymbol{b}_2, \cdots, \boldsymbol{b}_s) = (\boldsymbol{0}, \boldsymbol{0}, \cdots, \boldsymbol{0})$$

即

$$\boldsymbol{A}\boldsymbol{b}_i = \boldsymbol{0} \quad (i = 1, 2, \cdots, s)$$

这表明矩阵 $\boldsymbol{B}$ 的每个列向量都是齐次线性方程组 $\boldsymbol{Ax}=\mathbf{0}$ 的解, 由定理 4-15 可知, $R(\boldsymbol{B})\leqslant n-r$, 其中 $r=R(\boldsymbol{A})$. 从而, $R(\boldsymbol{A})+R(\boldsymbol{B})\leqslant n$. 证毕.

复 习 题 4

1. 填空题

(1) 设 $\boldsymbol{\alpha}_1=(1,2,-3,4)^{\mathrm{T}}$, $\boldsymbol{\alpha}_2=(1,3,k,2)^{\mathrm{T}}$, $\boldsymbol{\alpha}_3=(1,0,5,8)^{\mathrm{T}}$, 则 $k=$________时, 此向量组线性相关;

(2) 设 $\boldsymbol{\alpha}_1=(2,-1,3,0)^{\mathrm{T}}$, $\boldsymbol{\alpha}_2=(1,2,0,-2)^{\mathrm{T}}$, $\boldsymbol{\alpha}_3=(0,-5,3,4)^{\mathrm{T}}$, $\boldsymbol{\alpha}_4=(-1,3,t,0)^{\mathrm{T}}$, 则 $t=$________时, 此向量组线性无关;

(3) 已知向量组 $\boldsymbol{\alpha}_1=(1,0,0,1)^{\mathrm{T}}$, $\boldsymbol{\alpha}_2=(1,2,4,1)^{\mathrm{T}}$, $\boldsymbol{\alpha}_3=(3,-1,0,3)^{\mathrm{T}}$, $\boldsymbol{\alpha}_4=(1,4,5,1)^{\mathrm{T}}$, $\boldsymbol{\alpha}_5=(2,5,5,2)^{\mathrm{T}}$, 则此该向量组的秩是________;

(4) n 维单位向量组 $\boldsymbol{\varepsilon}_1,\boldsymbol{\varepsilon}_2,\cdots,\boldsymbol{\varepsilon}_n$ 均可由向量组 $\boldsymbol{\alpha}_1,\boldsymbol{\alpha}_2,\cdots,\boldsymbol{\alpha}_s$ 线性表出, 则向量个数________;

(5) 已知 $\boldsymbol{A}=\begin{pmatrix}1&0&1&0&0\\1&1&0&0&0\\0&1&1&0&0\\0&0&1&1&0\\0&1&0&1&1\end{pmatrix}$, 则 $R(\boldsymbol{A})=$________;

(6) 方程组 $\boldsymbol{Ax}=\mathbf{0}$ 以 $\boldsymbol{\eta}_1=(1,0,2)^{\mathrm{T}}$, $\boldsymbol{\eta}_2=(0,1,-1)^{\mathrm{T}}$ 为其基础解系, 则该方程组的系数矩阵为________;

(7) 设 $\boldsymbol{\alpha}=(1,2,3)^{\mathrm{T}}$, $\boldsymbol{\beta}=(1,2,3)$, $\boldsymbol{A}=\boldsymbol{\alpha\beta}$, 则 $R(\boldsymbol{A})=$________;

(8) 向量组 $\boldsymbol{\alpha}_1=(1,2,3,4)^{\mathrm{T}}$, $\boldsymbol{\alpha}_2=(2,3,4,5)^{\mathrm{T}}$, $\boldsymbol{\alpha}_3=(3,4,5,6)^{\mathrm{T}}$, $\boldsymbol{\alpha}_4=(4,5,6,7)^{\mathrm{T}}$ 的一个最大无关组是________.

2. 计算题

(1) 已知 $\boldsymbol{\alpha}_1+2\boldsymbol{\alpha}_2+3\boldsymbol{\alpha}_3+4\boldsymbol{\beta}=\mathbf{0}$, 其中 $\boldsymbol{\alpha}_1=(5,-8,-1,2)^{\mathrm{T}}$, $\boldsymbol{\alpha}_2=(2,-1,4,-3)^{\mathrm{T}}$, $\boldsymbol{\alpha}_3=(-3,2,-5,4)^{\mathrm{T}}$, 求 $\boldsymbol{\beta}$.

(2) 已知向量组 $\boldsymbol{\alpha}_1=(t,2,1)^{\mathrm{T}}$, $\boldsymbol{\alpha}_2=(2,t,0)^{\mathrm{T}}$, $\boldsymbol{\alpha}_3=(1,-1,1)^{\mathrm{T}}$. 求 t 为何值时, 向量组 $\boldsymbol{\alpha}_1,\boldsymbol{\alpha}_2,\boldsymbol{\alpha}_3$ 线性相关, 线性无关?

(3) 求实数 a 和 b, 使向量组 $\boldsymbol{\alpha}_1=(1,1,0,0)^{\mathrm{T}}$, $\boldsymbol{\alpha}_2=(0,1,1,0)^{\mathrm{T}}$, $\boldsymbol{\alpha}_3=(0,0,1,1)^{\mathrm{T}}$. 与向量组 $\boldsymbol{\beta}_1=(1,a,b,1)^{\mathrm{T}}$, $\boldsymbol{\beta}_2=(2,1,1,2)^{\mathrm{T}}$, $\boldsymbol{\beta}_3=(0,1,2,1)^{\mathrm{T}}$ 等价.

3. 证明题

(1) 设 $\boldsymbol{A}$ 为 $m\times n$ 矩阵, $\boldsymbol{B}$ 为 $n\times m$ 矩阵, 且 $m>n$, 证明: $\det(\boldsymbol{AB})=0$.

(2) 设 $\boldsymbol{A}$ 为 $n\times n$ 矩阵, $\boldsymbol{B}$ 是 $n\times s$ 矩阵, 且秩 $R(\boldsymbol{B})=n(n\leqslant s)$, 证明: (i)若 $\boldsymbol{AB}=\boldsymbol{O}$, 则 $\boldsymbol{A}=\boldsymbol{O}$; (ii)若 $\boldsymbol{AB}=\boldsymbol{B}$, 则 $\boldsymbol{A}=\boldsymbol{E}$.

4. 向量组 $\boldsymbol{\alpha}_1,\boldsymbol{\alpha}_2,\boldsymbol{\alpha}_3$ 线性无关, 问常数 l,m 满足什么条件时, 向量组 $l\boldsymbol{\alpha}_1+\boldsymbol{\alpha}_2$, $\boldsymbol{\alpha}_2+\boldsymbol{\alpha}_3$, $m\boldsymbol{\alpha}_3+\boldsymbol{\alpha}_1$ 线性无关.

第 4 章阅读材料*

1. 第 4 章知识脉络图

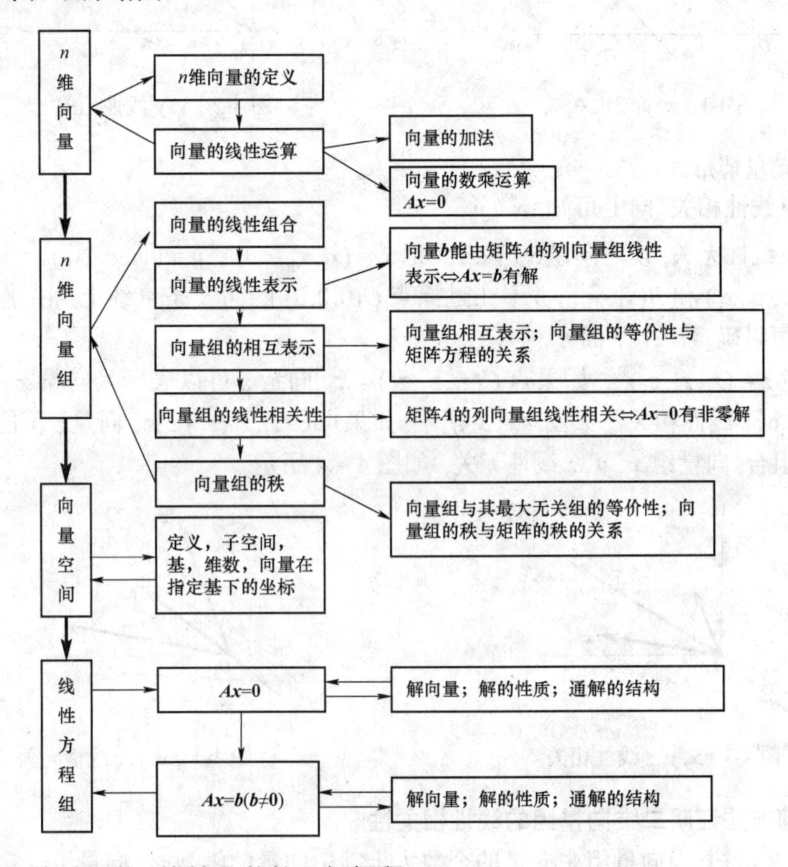

2. 向量组线性相关、线性无关的几何解释

大家知道, 二维向量、三维向量都有相应的几何图形. 那么, 对于由二维向量、三维向量所组成的向量组, 当它们分别是线性相关和线性无关时, 在几何上有什么特性呢?我们这里简要介绍一下.

(1) 二维向量情形:

设两向量 $\boldsymbol{x}$, $\boldsymbol{y}\in R^2$ 线性相关, 则存在不全为零的两个数 c_1,c_2, 使得

$$c_1\boldsymbol{x}+c_2\boldsymbol{y}=\boldsymbol{0}$$

不妨设 $c_1\neq 0$, 则

$$\boldsymbol{x}=-\frac{c_2}{c_1}\boldsymbol{y}$$

此式说明, 如果 R^2 中的两个向量线性相关, 则其中的一个向量等于另一个向量的常数倍. 在高等数学中, 我们称之平行. 如果将两个向量的始点都移至原点 O, 则两个向量在同一条直线上, 因此也把两向量平行称为两向量共线, 如图 4-1～图 4-2 所示.

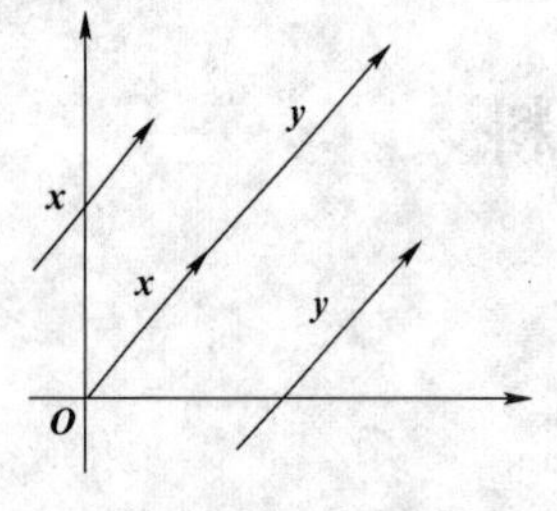

图 4-1　$\boldsymbol{x},\boldsymbol{y}$ 线性相关

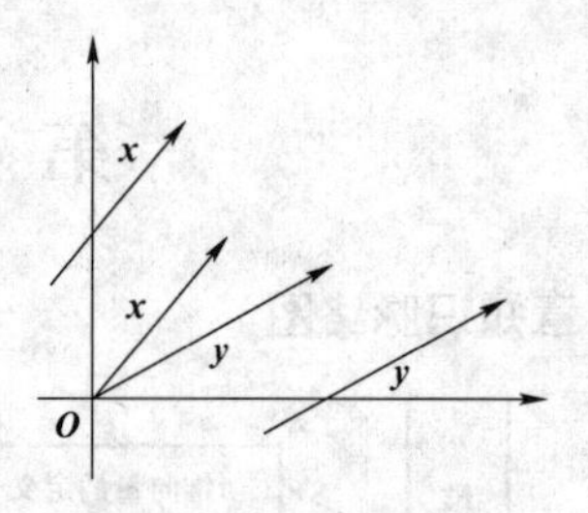

图 4-2　$\boldsymbol{x},\boldsymbol{y}$ 线性无关

(2) 三维向量情形:

如果 $\boldsymbol{x}$, $\boldsymbol{y}$ 线性相关, 同上可知, $\boldsymbol{x}\,/\!/\,\boldsymbol{y}$.

如果 $\boldsymbol{x}$, $\boldsymbol{y}$ 线性无关, 设两向量 $\boldsymbol{x}$, $\boldsymbol{y}\in R^3$.记 $\boldsymbol{x}=(x_1,x_2,x_3)^{\mathrm{T}}$, $\boldsymbol{y}=(y_1,y_2,y_3)^{\mathrm{T}}$.

则点 $A(x_1,x_2,x_3)$ 和 $B(y_1,y_2,y_3)$ 不在过原点 $O(0,0,0)$ 的同一条直线上. 由于 A,B,O 三点不共线, 它们可以确定一个平面 $\boldsymbol{\pi}$.

另记向量 $\boldsymbol{z}=(z_1,z_2,z_3)^{\mathrm{T}}$. 如果点 $C(z_1,z_2,z_3)\in\pi$, 向量 $\boldsymbol{z}$ 可以表示为向量 $\boldsymbol{x}$, $\boldsymbol{y}$ 的线性组合, 向量组 $\boldsymbol{x}$, $\boldsymbol{y}$, $\boldsymbol{z}$ 线性相关, 如图 4－3 所示; 如果点 $C(z_1,z_2,z_3)\notin\pi$, 向量 $\boldsymbol{z}$ 不能表示为向量 $\boldsymbol{x}$, $\boldsymbol{y}$ 的线性组合, 向量组 $\boldsymbol{x}$, $\boldsymbol{y}$, $\boldsymbol{z}$ 线性无关, 如图 4－4 所示.

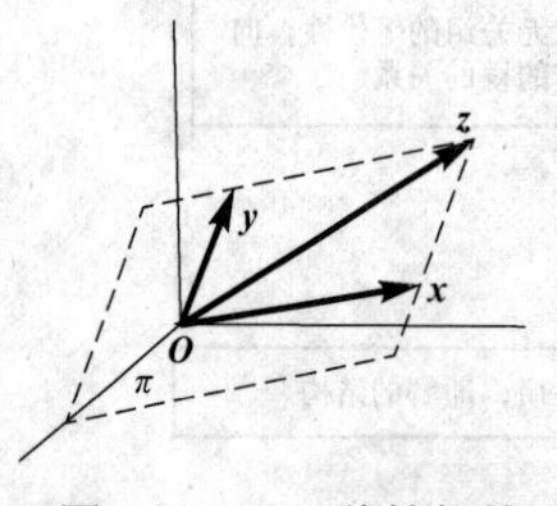

图 4-3　$\boldsymbol{x},\boldsymbol{y},\boldsymbol{z}$ 线性相关

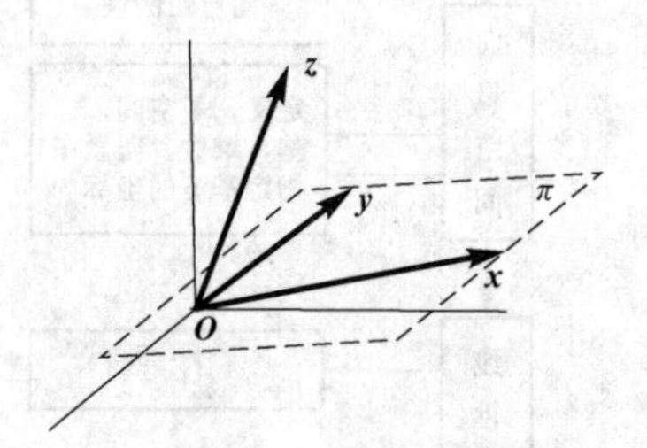

图 4-4　$\boldsymbol{x},\boldsymbol{y},\boldsymbol{z}$ 线性无关

3. 用几何方法证明二维向量组的线性相关性

由定理 4.8 可知, 当向量组中向量的个数大于其中向量的维数时, 向量组一定是线性相关的. 由此, 三个二维向量一定是线性相关的. 我们可以利用几何方法对此结论加以证明.

显然, 如果给定三个二维向量中含有零向量, 或者其中某两个向量相互平行, 这三个向量一定是线性相关的.

不妨假设给定三个非零二维向量 $\overrightarrow{OA}$, $\overrightarrow{OB}$, $\overrightarrow{OC}$, 它们之中任何两个向量不相平行, 如图 4－5 所示.

过向量 $\overrightarrow{OC}$ 的终点 C 分别做向量 $\overrightarrow{OA}$, $\overrightarrow{OB}$ 的平行线, 交线段 OA , OB 或其反向延长线与点 A',B' , 则

$$\overrightarrow{OC}=\overrightarrow{OA'}+\overrightarrow{OB'}$$

设 $\overrightarrow{OA'}=\boldsymbol{\lambda}\overrightarrow{OA}$, $\overrightarrow{OB'}=\boldsymbol{\mu}\overrightarrow{OB}$, 于是

$$\overrightarrow{OC}=\boldsymbol{\lambda}\overrightarrow{OA}+\boldsymbol{\mu}\overrightarrow{OB}$$

图 4－5

向量 $\overrightarrow{OC}$ 被表示成为向量 $\overrightarrow{OA}$, $\overrightarrow{OB}$ 的线性组合, 它们是线性相关的.

本节内容前半部分参阅参考文献［8］.

第5章　相似矩阵和二次型

本章主要内容:

1. 向量的内积、长度及正交性;
2. 矩阵的特征值和特征向量;
3. 相似矩阵及矩阵的相似对角化;
4. 二次型及其矩阵表示;
5. 化二次型为标准型的方法及二次型的正定性.

本章重点要求:

1. 向量的内积, 正交矩阵及其性质;
2. 矩阵的特征值和特征向量的概念、性质及求法, 相似矩阵的概念及性质;
3. 矩阵可相似对角化的充分必要条件, 实对称矩阵与对角矩阵相似的结论;
4. 二次型的概念、二次型的矩阵表示方法, 惯性定律的结论;
5. 了解化二次型为标准型的方法, 二次型正定性的概念及其判别方法.

5.1　向量的内积、长度及正交性

学过《高等数学》的读者知道, 在二、三维空间中, 可定义两个向量的数量积(内积). 例如, 在二维平面内, 有两个向量 $\boldsymbol{\alpha}=(a_1,a_2)^{\mathrm{T}}$, $\boldsymbol{\beta}=(b_1,b_2)^{\mathrm{T}}$, 可定义它们的数量积

$$\boldsymbol{\alpha}\cdot\boldsymbol{\beta}=a_1b_1+a_2b_2=\boldsymbol{\alpha}^{\mathrm{T}}\boldsymbol{\beta}$$

并可根据两向量的数量积判断两者之间的一些关系. 比如, $\boldsymbol{\alpha}\perp\boldsymbol{\beta}\Leftrightarrow\boldsymbol{\alpha}\cdot\boldsymbol{\beta}=0$. 本节中将这一概念推广到一般的 n 维向量空间中.

5.1.1　向量的内积

设实向量 $\boldsymbol{x}=(x_1,x_2,\cdots,x_n)^{\mathrm{T}}$, $\boldsymbol{y}=(y_1,y_2,\cdots,y_n)^{\mathrm{T}}$, 称实数.

$$(\boldsymbol{x},\boldsymbol{y})=x_1y_1+x_2y_2+\cdots+x_ny_n$$

为 $\boldsymbol{x}$ 与 $\boldsymbol{y}$ 的内积.

例如, $\boldsymbol{x}=\begin{pmatrix}1\\2\\3\end{pmatrix}$, $\boldsymbol{y}=\begin{pmatrix}2\\1\\-1\end{pmatrix}$, 则

$$(\boldsymbol{x},\boldsymbol{y})=1\times2+2\times1+3\times(-1)=1$$
$$(\boldsymbol{x},\boldsymbol{x})=1\times1+2\times2+3\times3=14$$
$$(\boldsymbol{y},\boldsymbol{y})=2\times2+1\times1+(-1)\times(-1)=6$$

注: 内积是两个向量之间的一种运算, 其结果是一个实数, 也可以用矩阵乘法形式表示

$$(\boldsymbol{x},\boldsymbol{y})=\boldsymbol{x}^{\mathrm{T}}\boldsymbol{y}$$

例如上例中，$(\boldsymbol{x},\boldsymbol{y})=1=(1,2,3)\begin{pmatrix}2\\1\\-1\end{pmatrix}=\boldsymbol{x}^{\mathrm{T}}\boldsymbol{y}$.

内积的性质($\boldsymbol{x},\boldsymbol{y},\boldsymbol{z}$ 都是 n 维向量，λ 是实数):

(1) $(\boldsymbol{x},\boldsymbol{y})=(\boldsymbol{y},\boldsymbol{x})$;

(2) $(\lambda\boldsymbol{x},\boldsymbol{y})=\lambda(\boldsymbol{x},\boldsymbol{y})$;

(3) $(\boldsymbol{x}+\boldsymbol{y},\boldsymbol{z})=(\boldsymbol{x},\boldsymbol{z})+(\boldsymbol{y},\boldsymbol{z})$;

(4) $(\boldsymbol{x},\boldsymbol{x})\geqslant 0$; $(\boldsymbol{x},\boldsymbol{x})=0\Leftrightarrow \boldsymbol{x}=\boldsymbol{0}$.

以上性质由向量内积的定义容易得到. 根据性质(4)及二次三项式的相关知识可得:

施瓦茨(Schwarz)不等式(证明见 5.8 节)

$$(\boldsymbol{x},\boldsymbol{y})^2\leqslant(\boldsymbol{x},\boldsymbol{x})\cdot(\boldsymbol{y},\boldsymbol{y})$$

5.1.2 向量的长度

设实向量 $\boldsymbol{x}$，称实数 $\|\boldsymbol{x}\|=\sqrt{(\boldsymbol{x},\boldsymbol{x})}$ 为 $\boldsymbol{x}$ 的长度.

例如，在 R^2 中，向量 $\boldsymbol{x}=(-3,4)^{\mathrm{T}}$ 的长度为 $\sqrt{(\boldsymbol{x},\boldsymbol{x})}=\sqrt{(-3)^2+4^2}=5$.

性质(1) $\boldsymbol{x}\neq\boldsymbol{0}$ 时，$\|\boldsymbol{x}\|>0$；$\boldsymbol{x}=\boldsymbol{0}$ 当且仅当 $\|\boldsymbol{x}\|=0$;

(2) $\|\lambda\boldsymbol{x}\|=|\lambda|\cdot\|\boldsymbol{x}\|$ $(\forall\lambda\in \mathrm{R})$;

(3) $\|\boldsymbol{x}+\boldsymbol{y}\|\leqslant\|\boldsymbol{x}\|+\|\boldsymbol{y}\|$.

5.1.3 正交性

夹角: 设实向量 $\boldsymbol{x}\neq\boldsymbol{0}$，$\boldsymbol{y}\neq\boldsymbol{0}$，称

$$\theta=\arccos\frac{(\boldsymbol{x},\boldsymbol{y})}{\|\boldsymbol{x}\|\|\boldsymbol{y}\|}\ (0\leqslant\theta\leqslant\pi)$$

为 $\boldsymbol{x}$ 与 $\boldsymbol{y}$ 之间的夹角.

正交: 若 $(\boldsymbol{x},\boldsymbol{y})=0$，称 $\boldsymbol{x}$ 与 $\boldsymbol{y}$ 正交，记作 $\boldsymbol{x}\perp\boldsymbol{y}$. 显然，若 $\boldsymbol{x}=\boldsymbol{0}$，则 $\boldsymbol{x}$ 与任何向量都正交.

单位化: 若 $\boldsymbol{x}\neq\boldsymbol{0}$，易求得 $\boldsymbol{x}_0=\dfrac{1}{\|\boldsymbol{x}\|}\boldsymbol{x}$ 为与 $\boldsymbol{x}$ 同方向的单位向量，这个过程称为将向量 $\boldsymbol{x}$ 单位化.

正交向量组: 两两正交的非零向量组成的向量组，称为正交向量组.

定理 5-1 设 $\boldsymbol{a}_1,\boldsymbol{a}_2,\cdots,\boldsymbol{a}_m$ 为正交向量组，则该向量组线性无关(证明见 5.8 节).

例如，向量组

$$\boldsymbol{e}_1=\begin{pmatrix}\frac{1}{\sqrt{2}}\\\frac{1}{\sqrt{2}}\\0\\0\end{pmatrix},\ \boldsymbol{e}_3=\begin{pmatrix}\frac{1}{\sqrt{2}}\\-\frac{1}{\sqrt{2}}\\0\\0\end{pmatrix},\ \boldsymbol{e}_3=\begin{pmatrix}0\\0\\\frac{1}{\sqrt{2}}\\\frac{1}{\sqrt{2}}\end{pmatrix},\ \boldsymbol{e}_4=\begin{pmatrix}0\\0\\\frac{1}{\sqrt{2}}\\-\frac{1}{\sqrt{2}}\end{pmatrix}$$

是正交向量组, 并且由于

$$\begin{vmatrix} \frac{1}{\sqrt{2}} & \frac{1}{\sqrt{2}} & 0 & 0 \\ \frac{1}{\sqrt{2}} & -\frac{1}{\sqrt{2}} & 0 & 0 \\ 0 & 0 & \frac{1}{\sqrt{2}} & \frac{1}{\sqrt{2}} \\ 0 & 0 & \frac{1}{\sqrt{2}} & -\frac{1}{\sqrt{2}} \end{vmatrix} = \begin{vmatrix} \frac{1}{\sqrt{2}} & \frac{1}{\sqrt{2}} \\ \frac{1}{\sqrt{2}} & -\frac{1}{\sqrt{2}} \end{vmatrix} \cdot \begin{vmatrix} \frac{1}{\sqrt{2}} & \frac{1}{\sqrt{2}} \\ \frac{1}{\sqrt{2}} & -\frac{1}{\sqrt{2}} \end{vmatrix} = 1$$

所以, 此向量组线性无关.

根据定理 5-1 易知, R^n 中的正交向量组 $\boldsymbol{\alpha}_1, \boldsymbol{\alpha}_2, \cdots, \boldsymbol{\alpha}_n$ 是 R^n 的一组基.

例 5-1　已知 R^3 中的两个向量

$$\boldsymbol{\alpha}_1 = \begin{pmatrix} 1 \\ 1 \\ 1 \end{pmatrix}, \ \boldsymbol{\alpha}_2 = \begin{pmatrix} 1 \\ -2 \\ 1 \end{pmatrix}$$

正交, 求一个非零向量 $\boldsymbol{\alpha}_3$, 使 $\boldsymbol{\alpha}_1, \boldsymbol{\alpha}_2, \boldsymbol{\alpha}_3$ 两两正交.

解　设 $\boldsymbol{\alpha}_3 = \begin{pmatrix} x_1 \\ x_2 \\ x_3 \end{pmatrix}$, 由已知条件, $\boldsymbol{\alpha}_3$ 应满足 $\begin{cases} (\boldsymbol{\alpha}_1, \boldsymbol{\alpha}_3) = 0, \\ (\boldsymbol{\alpha}_2, \boldsymbol{\alpha}_3) = 0. \end{cases}$ 即方程组

$$\begin{pmatrix} 1 & 1 & 1 \\ 1 & -2 & 1 \end{pmatrix} \begin{pmatrix} x_1 \\ x_2 \\ x_3 \end{pmatrix} = \begin{pmatrix} 0 \\ 0 \end{pmatrix}$$

由

$$\begin{pmatrix} 1 & 1 & 1 \\ 1 & -2 & 1 \end{pmatrix} \overset{r}{\sim} \begin{pmatrix} 1 & 1 & 1 \\ 0 & -3 & 0 \end{pmatrix} \overset{r}{\sim} \begin{pmatrix} 1 & 0 & 1 \\ 0 & 1 & 0 \end{pmatrix}$$

得等价方程组 $\begin{cases} x_1 = -x_3, \\ x_2 = 0, \end{cases}$ 从而得基础解系: $\begin{pmatrix} -1 \\ 0 \\ 1 \end{pmatrix}$, 取 $\boldsymbol{\alpha}_3 = \begin{pmatrix} -1 \\ 0 \\ 1 \end{pmatrix}$ 即可.

5.1.4　施米特(Schmidt)正交化

1. 规范正交基

设向量空间 $V \subset R^n$, $\boldsymbol{e}_1, \boldsymbol{e}_2, \cdots, \boldsymbol{e}_r$ 是 V 的正交基, 并且其中每个向量都是单位向量, 称 $\boldsymbol{e}_1, \boldsymbol{e}_2, \cdots, \boldsymbol{e}_r$ 是 V 的规范正交基.

例如,

$$\boldsymbol{e}_1 = \begin{pmatrix} \frac{1}{\sqrt{2}} \\ \frac{1}{\sqrt{2}} \\ 0 \\ 0 \end{pmatrix}, \ \boldsymbol{e}_3 = \begin{pmatrix} \frac{1}{\sqrt{2}} \\ -\frac{1}{\sqrt{2}} \\ 0 \\ 0 \end{pmatrix}, \ \boldsymbol{e}_3 = \begin{pmatrix} 0 \\ 0 \\ \frac{1}{\sqrt{2}} \\ \frac{1}{\sqrt{2}} \end{pmatrix}, \ \boldsymbol{e}_4 = \begin{pmatrix} 0 \\ 0 \\ \frac{1}{\sqrt{2}} \\ -\frac{1}{\sqrt{2}} \end{pmatrix} \tag{5-1}$$

是 R^4 的一组规范正交基.

设 $\boldsymbol{a}_1,\boldsymbol{a}_2,\cdots,\boldsymbol{a}_r$ 是向量空间 $V\subset R^n$ 的一组基, 对于任一向量 $\boldsymbol{b}\in V$, 都可由其线性表示. 这需要求解线性方程组.

$$x_1\boldsymbol{a}_1+x_2\boldsymbol{a}_2+\cdots+x_r\boldsymbol{a}_r=\boldsymbol{b}$$

计算量可能较大, 甚至会产生较大的计算误差, 影响到计算结果的可靠性.

如果 $\boldsymbol{a}_1,\boldsymbol{a}_2,\cdots,\boldsymbol{a}_r$ 是 V 的正交基, 依次用 $\boldsymbol{a}_i^{\mathrm{T}}\ (i=1,2,\cdots,r)$ 左乘上式两边, 可得

$$x_i=\frac{\boldsymbol{a}_i^{\mathrm{T}}\boldsymbol{b}}{\boldsymbol{a}_i^{\mathrm{T}}\boldsymbol{\alpha}_i}=\frac{(\boldsymbol{a}_i^{\mathrm{T}},\boldsymbol{b})}{(\boldsymbol{a}_i^{\mathrm{T}},\boldsymbol{\alpha}_i)}\quad(i=1,2,\cdots,r)\tag{5-2}$$

直接利用上面公式即可求出向量的坐标 $x_i\ (i=1,2,\cdots,r)$, 就比较简单了.

用规范正交基表示向量, 则式(5-2)将更加精炼.

事实上, 设 $\boldsymbol{e}_1,\boldsymbol{e}_2,\cdots,\boldsymbol{e}_r$ 是 V 的规范正交基, $\boldsymbol{b}$ 是 V 中任一向量, 设

$$\boldsymbol{b}=x_1\boldsymbol{e}_1+x_2\boldsymbol{e}_2+\cdots+x_r\boldsymbol{e}_r$$

由于 $\boldsymbol{e}_i^{\mathrm{T}}\boldsymbol{e}_i=1\ (i=1,2,\cdots,r)$, 利用上式可得

$$x_i=\boldsymbol{e}_i^{\mathrm{T}}\boldsymbol{b}=(\boldsymbol{e}_i,\boldsymbol{b})\qquad(i=1,2,\cdots,r)\tag{5-3}$$

因此, 在给向量空间 $V\subset R^n$ 取基时, 常取规范正交基.

例 5-2 设向量 $\boldsymbol{b}=(5,-2,-2,0)^{\mathrm{T}}$, 已知 $\boldsymbol{\alpha}_1=(1,1,2,3)^{\mathrm{T}}$, $\boldsymbol{\alpha}_2=(1,2,-3,1)^{\mathrm{T}}$, $\boldsymbol{\alpha}_3=(1,-1,-1,2)^{\mathrm{T}}$, $\boldsymbol{\alpha}_4=(1,4,-5,11)^{\mathrm{T}}$ 是向量空间 R^4 的一组基.

(1) 将向量 $\boldsymbol{b}$ 用基向量组 $\boldsymbol{\alpha}_1,\boldsymbol{\alpha}_2,\boldsymbol{\alpha}_3,\boldsymbol{\alpha}_4$ 线性表示;

(2) 将向量 $\boldsymbol{b}$ 用(5-1)中的规范正交基 $\boldsymbol{e}_1,\boldsymbol{e}_2,\boldsymbol{e}_3,\boldsymbol{e}_4$ 线性表示.

解 (1)由

$$x_1\boldsymbol{\alpha}_1+x_2\boldsymbol{\alpha}_2+x_3\boldsymbol{\alpha}_3+x_4\boldsymbol{\alpha}_4=\boldsymbol{b}$$

得方程组

$$\begin{cases}x_1+x_2+x_3+x_4=5\\x_1+2x_2-x_3+4x_4=-2\\2x_1-3x_2-x_3-5x_4=-2\\3x_1+x_2+2x_3+11x_4=0\end{cases}$$

解之(可参阅例 1-14)得

$$x_1=1,\ x_2=2,\ x_3=3,\ x_4=-1$$

(2) 利用式(5-3), 得

$$x_1=(\boldsymbol{e}_1,\boldsymbol{b})=\frac{3}{\sqrt{2}},\ x_2=(\boldsymbol{e}_2,\boldsymbol{b})=\frac{7}{\sqrt{2}},\ x_3=(\boldsymbol{e}_3,\boldsymbol{b})=-\sqrt{2},\ x_4=(\boldsymbol{e}_4,\boldsymbol{b})=-\sqrt{2}$$

省去了解线性方程组的麻烦. 这一方法优越性在数值计算中得到应用.

根据向量空间的任意一组基, 可求出其一组规范正交基.

2. 施米特正交化

设 $\boldsymbol{a}_1,\boldsymbol{a}_2,\cdots,\boldsymbol{a}_r$ 是向量空间 V 的一组基, 求一个规范正交向量组 $\boldsymbol{e}_1,\boldsymbol{e}_2,\cdots,\boldsymbol{e}_r$, 使 $\boldsymbol{e}_1,\boldsymbol{e}_2,\cdots,\boldsymbol{e}_r$ 与 $\boldsymbol{a}_1,\boldsymbol{a}_2,\cdots,\boldsymbol{a}_r$ 等价. 这个过程称为把 $\boldsymbol{a}_1,\boldsymbol{a}_2,\cdots,\boldsymbol{a}_r$ 这组基规范正交化. 显然, 所得的 $\boldsymbol{e}_1,\boldsymbol{e}_2,\cdots,\boldsymbol{e}_r$ 是

向量空间 V 的一组规范正交基.

把基 $\boldsymbol{a}_1,\boldsymbol{a}_2,\cdots,\boldsymbol{a}_r$ 规范正交化——施米特正交化的过程:

第一步: 正交化

$$\boldsymbol{b}_1=\boldsymbol{a}_1$$

$$\boldsymbol{b}_2=\boldsymbol{a}_2-\frac{(\boldsymbol{a}_2,\boldsymbol{b}_1)}{(\boldsymbol{b}_1,\boldsymbol{b}_1)}\boldsymbol{b}_1$$

$$\cdots\cdots\cdots\cdots$$

$$\boldsymbol{b}_r=\boldsymbol{a}_r-\frac{(\boldsymbol{a}_r,\boldsymbol{b}_1)}{(\boldsymbol{b}_1,\boldsymbol{b}_1)}\boldsymbol{b}_1-\frac{(\boldsymbol{a}_r,\boldsymbol{b}_2)}{(\boldsymbol{b}_2,\boldsymbol{b}_2)}\boldsymbol{b}_2-\cdots-\frac{(\boldsymbol{a}_r,\boldsymbol{b}_{r-1})}{(\boldsymbol{b}_{r-1},\boldsymbol{b}_{r-1})}\boldsymbol{b}_{r-1}$$

这一步得到的 $\boldsymbol{b}_1,\boldsymbol{b}_2,\cdots,\boldsymbol{b}_r$ 是正交向量组, 它是向量空间 V 的一组正交基.

第二步: 单位化, 取 $\boldsymbol{e}_1=\frac{1}{\|\boldsymbol{b}_1\|}\boldsymbol{b}_1$, $\boldsymbol{e}_2=\frac{1}{\|\boldsymbol{b}_2\|}\boldsymbol{b}_2$, $\cdots$, $\boldsymbol{e}_r=\frac{1}{\|\boldsymbol{b}_r\|}\boldsymbol{b}_r$.

这一步得到的 $\boldsymbol{e}_1,\boldsymbol{e}_2,\cdots,\boldsymbol{e}_r$ 是向量空间 V 的一组规范正交基.

注意, 在对向量组进行规范正交化的过程中, 一定要先正交化, 再单位化. 不要搞错了顺序.

例 5-3　设

$$\boldsymbol{a}_1=\begin{pmatrix}1\\2\\-1\end{pmatrix},\ \boldsymbol{a}_2=\begin{pmatrix}-1\\3\\1\end{pmatrix},\ \boldsymbol{a}_3=\begin{pmatrix}4\\-1\\0\end{pmatrix}$$

试用施米特正交化过程将这组向量规范正交化.

解　先正交化

$$\boldsymbol{b}_1=\boldsymbol{a}_1$$

$$\boldsymbol{b}_2=\boldsymbol{a}_2-\frac{(\boldsymbol{a}_2,\boldsymbol{b}_1)}{(\boldsymbol{b}_1,\boldsymbol{b}_1)}\boldsymbol{b}_1=\begin{pmatrix}-1\\3\\1\end{pmatrix}-\frac{4}{6}\begin{pmatrix}1\\2\\-1\end{pmatrix}=\frac{5}{3}\begin{pmatrix}-1\\1\\1\end{pmatrix}$$

$$\boldsymbol{b}_3=\boldsymbol{a}_3-\frac{(\boldsymbol{a}_3,\boldsymbol{b}_1)}{(\boldsymbol{b}_1,\boldsymbol{b}_1)}\boldsymbol{b}_1-\frac{(\boldsymbol{a}_3,\boldsymbol{b}_2)}{(\boldsymbol{b}_2,\boldsymbol{b}_2)}\boldsymbol{b}_2=\begin{pmatrix}4\\-1\\0\end{pmatrix}-\frac{1}{3}\begin{pmatrix}1\\2\\-1\end{pmatrix}+\frac{5}{3}\begin{pmatrix}-1\\1\\1\end{pmatrix}=2\begin{pmatrix}1\\0\\1\end{pmatrix}$$

再单位化

$$\boldsymbol{e}_1=\frac{1}{\|\boldsymbol{b}_1\|}\boldsymbol{b}_1=\frac{1}{\sqrt{6}}\begin{pmatrix}1\\2\\-1\end{pmatrix},\ \boldsymbol{e}_2=\frac{1}{\|\boldsymbol{b}_2\|}\boldsymbol{b}_2=\frac{1}{\sqrt{3}}\begin{pmatrix}-1\\1\\1\end{pmatrix},\ \boldsymbol{e}_3=\frac{1}{\|\boldsymbol{b}_3\|}\boldsymbol{b}_3=\frac{1}{\sqrt{2}}\begin{pmatrix}1\\0\\1\end{pmatrix}$$

5.1.5　正交矩阵

定义　如果 n 阶矩阵 $\boldsymbol{A}$ 满足

$$\boldsymbol{A}^{\mathrm{T}}\boldsymbol{A}=\boldsymbol{E}\quad(\text{即 }\boldsymbol{A}^{-1}=\boldsymbol{A}^{\mathrm{T}})$$

那么称 A 为正交矩阵, 简称正交阵. 例如, $\begin{pmatrix}1 & 0\\ 0 & -1\end{pmatrix}$ 就是一个二阶正交矩阵.

定理 5-2 A 为正交矩阵 $\Leftrightarrow$ A 的 n 个列向量构成 R^n 的规范正交基(证明见 5.8 节).

例如, $A=\begin{pmatrix}\frac{1}{2} & -\frac{1}{2} & \frac{1}{2} & -\frac{1}{2}\\ \frac{1}{2} & -\frac{1}{2} & -\frac{1}{2} & \frac{1}{2}\\ \frac{1}{\sqrt{2}} & \frac{1}{\sqrt{2}} & 0 & 0\\ 0 & 0 & \frac{1}{\sqrt{2}} & \frac{1}{\sqrt{2}}\end{pmatrix}$ 是正交矩阵

正交矩阵的性质:

(1) A 为正交阵 $\Rightarrow A^{-1}=A^{\mathrm{T}}$ 也是正交阵, 且 $|A|=\pm 1$;

(2) A,B 都是正交阵 $\Rightarrow AB$ 也是正交阵.

例 5-4* 设 w 是 n 维列向量, $w^{\mathrm{T}}w=1$, 令 $H=E-2ww^{\mathrm{T}}$, H 被称为 Householder 矩阵. 证明:

(1) H 是对称的正交阵;

(2) 对任意的 $x\in(\mathrm{span}\{w\})^{\perp}$, $\alpha\in R$, 有 $H(x+\alpha w)=x-\alpha w$.

证明 (1) (参阅例 2-6);

(2) $x^{\mathrm{T}}w=0$, 所以

$$\begin{aligned}H(x+\alpha w)&=(E-2ww^{\mathrm{T}})(x+\alpha w)\\&=x-2w(w^{\mathrm{T}}x)+\alpha w-2\alpha w(w^{\mathrm{T}}w)=x-\alpha w\end{aligned}$$ 证毕.

空间中的任一 n 维列向量 y 可以表示成 $x+\alpha w$ 形式, 如下图. 可以看出, y 与 Hy 关于"平面" $(\mathrm{span}\{w\})^{\perp}$ 对称, Hy 就像 y 在镜面中的反射的"影子", H 又被称为反射矩阵.

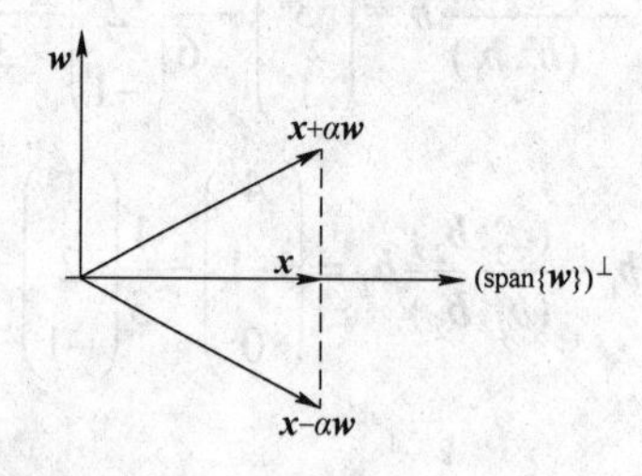

Householder 矩阵在数值计算中有用.

导 读 与 提 示

本节内容:

1. 向量的内积、长度、夹角、正交性等概念及正交向量组的概念及性质;

2. 向量空间的规范正交基、施米特正交化;

3. 正交矩阵的概念和性质.

本节要求:

1. 理解上述基本概念和及其性质;

2. 会求向量的夹角, 会对向量组进行施米特正交化;

3. 掌握正交矩阵的概念和性质.

习　题　5.1

1. 设向量 $\boldsymbol{\alpha}=\begin{pmatrix}1\\1\\2\end{pmatrix}$, $\boldsymbol{\beta}=\begin{pmatrix}1\\-1\\1\end{pmatrix}$, 求 $(\boldsymbol{\alpha}+2\boldsymbol{\beta},\ \boldsymbol{\beta})$.

2. 试用施密特正交化过程将下列向量组规范正交化.

(1) $(\boldsymbol{a}_1,\boldsymbol{a}_2,\boldsymbol{a}_3)=\begin{pmatrix}1&1&1\\1&2&4\\1&3&9\end{pmatrix}$; (2) $(\boldsymbol{a}_1,\boldsymbol{a}_2,\boldsymbol{a}_3)=\begin{pmatrix}1&1&-1\\0&-1&1\\-1&0&1\\1&1&0\end{pmatrix}$.

3. 下列矩阵是否是正交矩阵？并说明理由.

(1) $\begin{pmatrix}1&-\frac{1}{2}&\frac{1}{3}\\-\frac{1}{2}&1&\frac{1}{2}\\\frac{1}{3}&\frac{1}{2}&-1\end{pmatrix}$; (2) $\begin{pmatrix}\frac{1}{9}&-\frac{8}{9}&-\frac{4}{9}\\-\frac{8}{9}&\frac{1}{9}&-\frac{4}{9}\\-\frac{4}{9}&-\frac{4}{9}&\frac{7}{9}\end{pmatrix}$.

4. 设 $\boldsymbol{A},\boldsymbol{B}$ 都是正交阵, 证明 $\boldsymbol{AB}$ 也是正交阵.

5.2　方阵的特征值与特征向量

引例*: 求三元二次多项式 $f(x_1,x_2,x_3)=x_1^2+x_2^2+x_3^2+4x_1x_2+4x_1x_3+4x_2x_3$ 在球面 $x_1^2+x_2^2+x_3^2=1$ 上的极值时, 可以构造拉格朗日函数

$$L(x_1,x_2,x_3,\lambda)=f(x_1,x_2,x_3)-\lambda\varphi(x_1,x_2,x_3)$$

其中, $\varphi(x_1,x_2,x_3)=x_1^2+x_2^2+x_3^2-1$. 令

$$\begin{cases}L_{x_1}=2x_1+4x_2+4x_3-2\lambda x_1=0\\L_{x_2}=4x_1+2x_2+4x_3-2\lambda x_2=0\\L_{x_3}=4x_1+4x_2+2x_3-2\lambda x_3=0\\L_{\lambda}=x_1^2+x_2^2+x_3^2-1=0\end{cases}$$

前三个方程可化为

$$\begin{pmatrix}1&2&2\\2&1&2\\2&2&1\end{pmatrix}\begin{pmatrix}x_1\\x_2\\x_3\end{pmatrix}=\lambda\begin{pmatrix}x_1\\x_2\\x_3\end{pmatrix}$$

记

$$\boldsymbol{A}=\begin{pmatrix}1&2&2\\2&1&2\\2&2&1\end{pmatrix},\ \boldsymbol{x}=\begin{pmatrix}x_1\\x_2\\x_3\end{pmatrix}$$

上式可化为

$$\boldsymbol{Ax}=\lambda\boldsymbol{x}$$

这里, 方阵 $\boldsymbol{A}$ 左乘非零向量 $\boldsymbol{x}$ 等于向量 $\boldsymbol{x}$ 和拉格朗日乘数 λ 的乘积.

5.2.1 特征值与特征向量的定义

定义 设 $\boldsymbol{A}$ 是一个 n 阶方阵, 若数 λ 和非零向量 $\boldsymbol{x}$ 使得关系式

$$\boldsymbol{Ax}=\lambda\boldsymbol{x} \tag{5-4}$$

成立, 则称 λ 是矩阵 $\boldsymbol{A}$ 的特阵值, $\boldsymbol{x}$ 称为矩阵 $\boldsymbol{A}$ 的属于特征值 λ 的特征向量.

式(5-4)可变为

$$(\boldsymbol{A}-\lambda\boldsymbol{E})\boldsymbol{x}=\boldsymbol{0} \tag{5-5}$$

这是一个含有 n 个未知数、n 个方程的齐次线性方程组, (5-5)有非零解 $\Leftrightarrow$

$$|\boldsymbol{A}-\lambda\boldsymbol{E}|=0 \tag{5-6}$$

即

$$\begin{vmatrix}a_{11}-\lambda & a_{12} & \cdots & a_{1n}\\ a_{21} & a_{22}-\lambda & \cdots & a_{2n}\\ \vdots & \vdots & & \vdots\\ a_{n1} & a_{n2} & \cdots & a_{nn}-\lambda\end{vmatrix}=0$$

上式是一个以 λ 为未知数的 n 次代数方程, 称为方阵 $\boldsymbol{A}$ 的特征方程, 其左边 $|\boldsymbol{A}-\lambda\boldsymbol{E}|=f(\lambda)$ 称为方阵 $\boldsymbol{A}$ 的特征多项式.

显然, λ 是矩阵 $\boldsymbol{A}$ 的特征值 $\Leftrightarrow$ λ 是方程 $|\boldsymbol{A}-\lambda\boldsymbol{E}|=0$ 的根.

注: 在复数范围内, n 次方程有 n 个根(重根按重数计), 所以, n 阶方阵一定有 n 个复特征值(重根按重数计).

定理 5-3 设 n 阶方阵 $\boldsymbol{A}$ 的 n 个复特征值为: $\lambda_1,\lambda_2,\cdots,\lambda_n$, 则

(1) $\lambda_1+\lambda_2+\cdots+\lambda_n=a_{11}+a_{22}+\cdots+a_{nn}$ [$\operatorname{tr}(\boldsymbol{A})=\sum_{i=1}^{n}a_{ii}=\sum_{i=1}^{n}\lambda_i$, 称为 $\boldsymbol{A}$ 的迹];

(2) $\lambda_1\lambda_2\cdots\lambda_n=|\boldsymbol{A}|$

(证明见 5.8 节)

推论: n 阶方阵 $\boldsymbol{A}$ 可逆 $\Leftrightarrow$ $\boldsymbol{A}$ 的 n 个特征值非零.

设 $\lambda=\lambda_i$ 是方阵 $\boldsymbol{A}$ 的一个特征值, 则方程组 $(\boldsymbol{A}-\lambda_i\boldsymbol{E})\boldsymbol{x}=\boldsymbol{0}$ 的所有非零解是方阵 $\boldsymbol{A}$ 的属

于特征值 $\lambda=\lambda_i$ 的全部特征向量.根据齐次线性方程组解的性质可知, 若 $\boldsymbol{x}_1,\boldsymbol{x}_2,\cdots,\boldsymbol{x}_s$ 都是 $\boldsymbol{A}$ 的属于特征值 λ 的特征向量, 则它们的任意非零线性组合 $k_1\boldsymbol{x}_1+k_2\boldsymbol{x}_2+\cdots+k_s\boldsymbol{x}_s$ 也是 $\boldsymbol{A}$ 的属于特征值 λ 的特征向量.

5.2.2　特征值与特征向量的求法

根据上面的分析, 可将求 n 阶方阵 $\boldsymbol{A}$ 的特征值与特征向量的步骤归纳如下:

(1) 计算 n 阶方阵 $\boldsymbol{A}$ 的特征多项式 $f(\lambda)=|\boldsymbol{A}-\lambda\boldsymbol{E}|$;

(2) 解特征方程 $|\boldsymbol{A}-\lambda\boldsymbol{E}|=0$, 其所有根即方阵 $\boldsymbol{A}$ 的全部特征值;

(3) 对于各个特征值 $\lambda=\lambda_i$, 分别解方程组 $(\boldsymbol{A}-\lambda_i\boldsymbol{E})\boldsymbol{x}=\boldsymbol{0}$.

其所有非零解是方阵 $\boldsymbol{A}$ 的属于特征值 $\lambda=\lambda_i$ 的全部特征向量.

例 5-5　求矩阵 $\boldsymbol{A}=\begin{pmatrix}3 & -1\\ -1 & 3\end{pmatrix}$ 的特征值和特征向量.

解　$\boldsymbol{A}$ 的特征多项式为

$$|\boldsymbol{A}-\lambda\boldsymbol{E}|=\begin{vmatrix}3-\lambda & -1\\ -1 & 3-\lambda\end{vmatrix}=(4-\lambda)(2-\lambda)$$

所以 $\boldsymbol{A}$ 的特征值为 $\lambda_1=2,\ \lambda_2=4$.

当 $\lambda_1=2$ 时, 对应的特征向量应满足

$$\begin{pmatrix}3-2 & -1\\ -1 & 3-2\end{pmatrix}\begin{pmatrix}x_1\\ x_2\end{pmatrix}=\begin{pmatrix}0\\ 0\end{pmatrix},\ \text{即}\begin{pmatrix}1 & -1\\ -1 & 1\end{pmatrix}\begin{pmatrix}x_1\\ x_2\end{pmatrix}=\begin{pmatrix}0\\ 0\end{pmatrix}$$

其基础解系为 $\boldsymbol{p}_1=\begin{pmatrix}1\\ 1\end{pmatrix}$, 方阵 $\boldsymbol{A}$ 属于特征值 $\lambda_1=2$ 的所有特征值为 $k_1\boldsymbol{p}_1\ (k_1\neq 0)$.

当 $\lambda_2=4$ 时, 对应的特征向量应满足

$$\begin{pmatrix}3-4 & -1\\ -1 & 3-4\end{pmatrix}\begin{pmatrix}x_1\\ x_2\end{pmatrix}=\begin{pmatrix}0\\ 0\end{pmatrix}$$

即

$$\begin{pmatrix}-1 & -1\\ -1 & -1\end{pmatrix}\begin{pmatrix}x_1\\ x_2\end{pmatrix}=\begin{pmatrix}0\\ 0\end{pmatrix}$$

其基础解系为 $\boldsymbol{p}_2=\begin{pmatrix}-1\\ 1\end{pmatrix}$, 方阵 $\boldsymbol{A}$ 属于特征值 $\lambda_2=4$ 的所有特征值为 $k_2\boldsymbol{p}_2\ (k_2\neq 0)$.

例 5-6　求 $\boldsymbol{A}=\begin{pmatrix}1 & 2 & 2\\ 2 & 1 & 2\\ 2 & 2 & 1\end{pmatrix}$ 的特征值与特征向量.

解　此即引例中的矩阵 $\boldsymbol{A}$.

$$f(\lambda)=\begin{vmatrix}1-\lambda & 2 & 2\\ 2 & 1-\lambda & 2\\ 2 & 2 & 1-\lambda\end{vmatrix}=(5-\lambda)(\lambda+1)^2$$

$f(\lambda)=0 \Rightarrow \lambda_1=5, \lambda_2=\lambda_3=-1$.

求属于 $\lambda_1=5$ 的特征向量:

方程组 $(\boldsymbol{A}-5\boldsymbol{E})\boldsymbol{x}=\boldsymbol{0}$, 即

$$\begin{pmatrix} -4 & 2 & 2 \\ 2 & -4 & 2 \\ 2 & 2 & -4 \end{pmatrix}\begin{pmatrix} x_1 \\ x_2 \\ x_3 \end{pmatrix}=\boldsymbol{0}$$

其基础解系: $\boldsymbol{p}_1=\begin{pmatrix} 1 \\ 1 \\ 1 \end{pmatrix}$.

所以, $\boldsymbol{x}=k_1\boldsymbol{p}_1 \quad (k_1 \neq 0)$ 是对应于 $\lambda_1=5$ 的全部特征向量.

求属于 $\lambda_2=\lambda_3=-1$ 的特征向量:

方程组 $(\boldsymbol{A}+\boldsymbol{E})\boldsymbol{x}=\boldsymbol{0}$, 即

$$\begin{pmatrix} 2 & 2 & 2 \\ 2 & 2 & 2 \\ 2 & 2 & 2 \end{pmatrix}\begin{pmatrix} x_1 \\ x_2 \\ x_3 \end{pmatrix}=\boldsymbol{0}$$

其基础解系: $\boldsymbol{p}_2=\begin{pmatrix} -1 \\ 1 \\ 0 \end{pmatrix}$, $\boldsymbol{p}_3=\begin{pmatrix} -1 \\ 0 \\ 1 \end{pmatrix}$.

所以, $\boldsymbol{x}=k_2\boldsymbol{p}_2+k_3\boldsymbol{p}_3$ (k_2,k_3 不同时为 0)是对应于 $\lambda_2=\lambda_3=-1$ 的全部特征向量.

例 5-7 求 $\boldsymbol{A}=\begin{pmatrix} -1 & 1 & 0 \\ -4 & 3 & 0 \\ 1 & 0 & 2 \end{pmatrix}$ 的特征值与特征向量.

解

$$f(\lambda)=\begin{vmatrix} -1-\lambda & 1 & 0 \\ -4 & 3-\lambda & 0 \\ 1 & 0 & 2-\lambda \end{vmatrix}=(2-\lambda)(\lambda-1)^2$$

$$f(\lambda)=0 \Rightarrow \lambda_1=2, \lambda_2=\lambda_3=1$$

求属于 $\lambda_1=2$ 的特征向量

方程组 $(\boldsymbol{A}-2\boldsymbol{E})\boldsymbol{x}=\boldsymbol{0}$, 即

$$\begin{pmatrix} -3 & 1 & 0 \\ -4 & 1 & 0 \\ 1 & 0 & 0 \end{pmatrix}\begin{pmatrix} x_1 \\ x_2 \\ x_3 \end{pmatrix}=\boldsymbol{0}$$

其基础解系: $\boldsymbol{p}_1=\begin{pmatrix} 0 \\ 0 \\ 1 \end{pmatrix}$.

所以, $\boldsymbol{x}=k_1\boldsymbol{p}_1 (k_1 \neq 0)$ 是对应于 $\lambda_1=2$ 的全部特征向量.

求属于 $\lambda_2=\lambda_3=1$ 的特征向量

方程组 $(\boldsymbol{A}-\boldsymbol{E})\boldsymbol{x}=\boldsymbol{0}$, 即

$$\begin{pmatrix} -2 & 1 & 0 \\ -4 & 2 & 0 \\ 1 & 0 & 1 \end{pmatrix}\begin{pmatrix} x_1 \\ x_2 \\ x_3 \end{pmatrix}=\boldsymbol{0}$$

其基础解系: $\boldsymbol{p}_2=\begin{pmatrix} -1 \\ -2 \\ 1 \end{pmatrix}$.

所以, $\boldsymbol{x}=k_2\boldsymbol{p}_2(k_2\neq 0)$ 是对应于 $\lambda_2=\lambda_3=1$ 的全部特征向量.

例 5-8 设 λ 是方阵 $\boldsymbol{A}$ 的特征值, 则

(1) λ^2 是 $\boldsymbol{A}^2$ 的特征值;

(2) $k\lambda$ 是 $k\boldsymbol{A}$ 的特征值 $(k\neq 0)$;

(3) 当 $\boldsymbol{A}$ 可逆时, $\dfrac{1}{\lambda}$ 是 $\boldsymbol{A}^{-1}$ 的特征值($\lambda\neq 0$).

证明: (1) 因 λ 是方阵 $\boldsymbol{A}$ 的特征值, 故有非零向量 $\boldsymbol{p}$, 使得 $\boldsymbol{A}\boldsymbol{p}=\lambda\boldsymbol{p}$, 则有 $\boldsymbol{A}^2\boldsymbol{p}=\boldsymbol{A}(\boldsymbol{A}\boldsymbol{p})=\boldsymbol{A}(\lambda\boldsymbol{p})=\lambda(\boldsymbol{A}\boldsymbol{p})=\lambda^2\boldsymbol{p}$, 故 λ^2 是 $\boldsymbol{A}^2$ 的特征值;

(2) $(k\boldsymbol{A})\boldsymbol{p}=k(\boldsymbol{A}\boldsymbol{p})=k(\lambda\boldsymbol{p})=(k\lambda)\boldsymbol{p}$, 故 $k\lambda$ 是 $k\boldsymbol{A}$ 的特征值 $(k\neq 0)$;

(3) $\boldsymbol{A}^{-1}\boldsymbol{A}\boldsymbol{p}=\lambda\boldsymbol{A}^{-1}\boldsymbol{p}$, 则 $\boldsymbol{A}^{-1}\boldsymbol{p}=\dfrac{1}{\lambda}\boldsymbol{p}$, 所以 $\dfrac{1}{\lambda}$ 是 $\boldsymbol{A}^{-1}$ 的特征值.

对于一元多项式 $f(t)=c_0+c_1t+c_2t^2+\cdots+c_mt^m$, 将变量 t 换成方阵 $\boldsymbol{A}$, 即得矩阵多项式

$$f(\boldsymbol{A})=c_0\boldsymbol{E}+c_1\boldsymbol{A}+c_2\boldsymbol{A}^2+\cdots+c_m\boldsymbol{A}^m$$

例 5-9 设 $\boldsymbol{A}\boldsymbol{x}=\lambda\boldsymbol{x}(\boldsymbol{x}\neq\boldsymbol{0})$, 证明:

(1) $f(\boldsymbol{A})\boldsymbol{x}=f(\lambda)\boldsymbol{x}$; (2) $f(\boldsymbol{A})=\boldsymbol{O}\Rightarrow f(\lambda)=0$.

证明 (1) 因为 $\boldsymbol{A}\boldsymbol{x}=\lambda\boldsymbol{x}\Rightarrow\boldsymbol{A}^k\boldsymbol{x}=\lambda^k\boldsymbol{x}\ (k=1,2,\cdots)$

所以, $f(\boldsymbol{A})\boldsymbol{x}=c_0\boldsymbol{E}\boldsymbol{x}+c_1\boldsymbol{A}\boldsymbol{x}+c_2\boldsymbol{A}^2\boldsymbol{x}+\cdots+c_m\boldsymbol{A}^m\boldsymbol{x}$

$$=c_0\boldsymbol{x}+c_1\lambda\boldsymbol{x}+c_2\lambda^2\boldsymbol{x}+\cdots+c_m\lambda^m\boldsymbol{x}=f(\lambda)\boldsymbol{x}$$

(2) $f(\boldsymbol{A})=\boldsymbol{O}\Rightarrow f(\lambda)\boldsymbol{x}=f(\boldsymbol{A})\boldsymbol{x}=\boldsymbol{O}\boldsymbol{x}=\boldsymbol{0}\Rightarrow f(\lambda)=0$ (因为 $\boldsymbol{x}\neq\boldsymbol{0}$).

一般地, 若 $\boldsymbol{A}$ 的全体特征值为 $\lambda_1,\lambda_2,\cdots,\lambda_n$, 则 $f(\boldsymbol{A})$ 的全体特征值为

$$f(\lambda_1),f(\lambda_2),\cdots,f(\lambda_n)$$

例 5-10 设 $\boldsymbol{A}_{3\times 3}$ 的特征值为 $\lambda_1=1,\lambda_2=2,\lambda_3=-3$, 求 $\det(\boldsymbol{A}^3-3\boldsymbol{A}+\boldsymbol{E})$.

解 设 $f(t)=t^3-3t+1$, 则 $f(\boldsymbol{A})=\boldsymbol{A}^3-3\boldsymbol{A}+\boldsymbol{E}$ 的特征值为

$$f(\lambda_1)=-1,f(\lambda_2)=3,f(\lambda_3)=-17$$

故
$$\det(\boldsymbol{A}^3-3\boldsymbol{A}+\boldsymbol{E})=(-1)\cdot 3\cdot(-17)=51$$

定理 5-4 设 $\lambda_1,\lambda_2,\cdots,\lambda_m$ 为矩阵 $\boldsymbol{A}_{n\times n}$ 的 m 个互异特征值, 对应的特征向量依次为 $\boldsymbol{p}_1,\boldsymbol{p}_2,\cdots,\boldsymbol{p}_m$, 则向量组 $\boldsymbol{p}_1,\boldsymbol{p}_2,\cdots,\boldsymbol{p}_m$ 线性无关(证明见 5.8 节).

定理 5-5 设 $\lambda_1,\lambda_2,\cdots,\lambda_s$ 为矩阵 $\boldsymbol{A}_{n\times n}$ 的 s 个互异特征值, $\boldsymbol{p}_1^{(i)},\boldsymbol{p}_2^{(i)},\cdots,\boldsymbol{p}_{m_i}^{(i)}$ 是 $\lambda_i(i=1,2,\cdots,s)$

对应的一组线性无关的特征向量,则向量组

$$p_1^{(1)},p_2^{(1)},\cdots,p_{m_1}^{(1)};\ p_1^{(2)},p_2^{(2)},\cdots,p_{m_2}^{(2)};\ \cdots\ p_1^{(m)},p_2^{(m)},\cdots,p_{m_s}^{(m)}$$

线性无关.(证明见5.8节)

导读与提示

本节内容:

1. 方阵的特征值与特征向量的定义;
2. 特征值的性质;对应于不同特征值的特征向量的线性无关性.

本节要求:

1. 理解方阵的特征值与特征向量的概念、性质;
2. 会求方阵的特征值及特征向量.

习 题 5.2

1. 求下列矩阵的特征值和特征向量:

(1) $\begin{pmatrix} 2 & -1 & 2 \\ 5 & -3 & 3 \\ -1 & 0 & -2 \end{pmatrix}$; (2) $\begin{pmatrix} 1 & 2 & 3 \\ 2 & 1 & 3 \\ 3 & 3 & 6 \end{pmatrix}$; (3) $\begin{pmatrix} 0 & 0 & 0 & 1 \\ 0 & 0 & 1 & 0 \\ 0 & 1 & 0 & 0 \\ 1 & 0 & 0 & 0 \end{pmatrix}$.

2. 设 $\boldsymbol{A}$ 是 n 阶方阵,证明: $\boldsymbol{A}^{\mathrm{T}}$ 与 $\boldsymbol{A}$ 的特征值相同.

3. 已知3阶矩阵 $\boldsymbol{A}$ 的特征值为1, 2, 3, 求 $\left|\boldsymbol{A}^3-5\boldsymbol{A}^2+7\boldsymbol{A}\right|$.

4. 已知3阶矩阵 $\boldsymbol{A}$ 的特征值为1, 2, −3, 求 $\left|\boldsymbol{A}^*+3\boldsymbol{A}^2+2\boldsymbol{E}\right|$.

5. 假设 n 阶方阵 $\boldsymbol{A}$ 满足 $\boldsymbol{A}^2-3\boldsymbol{A}+2\boldsymbol{E}=\boldsymbol{O}$, 证明 $\boldsymbol{A}$ 的特征值只能是1或2.

6. 设三阶矩阵 $\boldsymbol{A}$ 对应的特征值为 $\lambda_1=-1,\lambda_2=1,\lambda_3=5$, 对应的特征向量是 $\boldsymbol{\xi}_1=\begin{pmatrix}1\\-1\\0\end{pmatrix}$, $\boldsymbol{\xi}_2=\begin{pmatrix}1\\-1\\1\end{pmatrix},\boldsymbol{\xi}_3=\begin{pmatrix}0\\1\\-1\end{pmatrix}$. 求矩阵 $\boldsymbol{A}$.

5.3 相 似 矩 阵

5.3.1 相似矩阵的定义和性质

对于 n 阶方阵 $\boldsymbol{A}$ 和 $\boldsymbol{B}$, 若有可逆矩阵 $\boldsymbol{P}$ 使得 $\boldsymbol{P}^{-1}\boldsymbol{A}\boldsymbol{P}=\boldsymbol{B}$, 称 $\boldsymbol{A}$ 相似于 $\boldsymbol{B}$.

例如,矩阵

$$\boldsymbol{A}=\begin{pmatrix}-3 & 3 & -2\\ -7 & 6 & -3\\ 1 & -1 & 2\end{pmatrix},\ \boldsymbol{B}=\begin{pmatrix}1 & 0 & 0\\ 0 & 2 & 1\\ 0 & 0 & 2\end{pmatrix}$$

是相似的, 因为, 存在矩阵

$$\boldsymbol{P}=\begin{pmatrix}1 & -1 & -1\\ 2 & -1 & -2\\ 1 & 1 & 0\end{pmatrix}$$

使得

$$\boldsymbol{P}^{-1}\boldsymbol{A}\boldsymbol{P}=\boldsymbol{B}$$

同矩阵的等价关系一样, 矩阵相似也有如下性质:

(1) 反身性: $\boldsymbol{A}$ 相似于 $\boldsymbol{A}$;

(2) 对称性: $\boldsymbol{A}$ 相似于 $\boldsymbol{B} \Rightarrow \boldsymbol{B}$ 相似于 $\boldsymbol{A}$;

(3) 传递性: $\boldsymbol{A}$ 相似于 $\boldsymbol{B}$, $\boldsymbol{B}$ 相似于 $\boldsymbol{C} \Rightarrow \boldsymbol{A}$ 相似于 $\boldsymbol{C}$.

定理 5-6　$\boldsymbol{A}$ 相似于 $\boldsymbol{B} \Rightarrow |\boldsymbol{A}-\lambda\boldsymbol{E}|=|\boldsymbol{B}-\lambda\boldsymbol{E}| \Rightarrow \boldsymbol{A}$ 与 $\boldsymbol{B}$ 的特征值相同(证明见 5.8 节).

容易求得, 上面两个相似矩阵的特征值均为: 1, 2, 2.

注: (1) 由定理 5-6 可知: 相似矩阵有相同的特征值, 但特征向量并不一定相同.

(2) 定理 5-6 的逆定理不成立, 即若两矩阵的特征值相同, 并不能保证两矩阵相似.

5.3.2　矩阵的相似对角化

若方阵 $\boldsymbol{A}$ 能够与一个对角矩阵相似, 称 $\boldsymbol{A}$ 可对角化.

若存在可逆矩阵 $\boldsymbol{P}$, 使

$$\boldsymbol{P}^{-1}\boldsymbol{A}\boldsymbol{P}=\boldsymbol{\Lambda}=\begin{pmatrix}\lambda_1 & & & \\ & \lambda_2 & & \\ & & \ddots & \\ & & & \lambda_n\end{pmatrix}$$

为对角矩阵, 则可很容易地求出矩阵 $\boldsymbol{A}$ 的任一多项式 $\varphi(\boldsymbol{A})$.

事实上, $\boldsymbol{A}^k=\boldsymbol{P}\boldsymbol{\Lambda}^k\boldsymbol{P}^{-1}$, $\varphi(\boldsymbol{A})=\boldsymbol{P}\varphi(\boldsymbol{\Lambda})\boldsymbol{P}^{-1}$; 而

$$\boldsymbol{\Lambda}^k=\begin{pmatrix}\lambda_1^k & & & \\ & \lambda_2^k & & \\ & & \ddots & \\ & & & \lambda_n^k\end{pmatrix},\ \varphi(\boldsymbol{\Lambda})=\begin{pmatrix}\varphi(\lambda_1) & & & \\ & \varphi(\lambda_2) & & \\ & & \ddots & \\ & & & \varphi(\lambda_n)\end{pmatrix}$$

定理 5-7　n 阶方阵 $\boldsymbol{A}$ 可对角化 $\Leftrightarrow \boldsymbol{A}$ 有 n 个线性无关的特征向量. (证明见 5.8 节)

推论　$\boldsymbol{A}_{n\times n}$ 有 n 个互异特征值 $\Rightarrow \boldsymbol{A}$ 可对角化.

例 5-11　判断下列矩阵可否对角化

(1) $A=\begin{pmatrix}0&1&0\\0&0&1\\-6&-11&-6\end{pmatrix}$; (2) $A=\begin{pmatrix}1&2&2\\2&1&2\\2&2&1\end{pmatrix}$; (3) $A=\begin{pmatrix}-1&1&0\\-4&3&0\\1&0&2\end{pmatrix}$.

解 (1) $f(\lambda)=-(\lambda+1)(\lambda+2)(\lambda+3)$.

A 有 3 个互异特征值 $\Rightarrow A$ 可对角化.对应于 $\lambda_1=-1, \lambda_2=-2, \lambda_3=-3$ 的特征向量依次为

$$p_1=\begin{pmatrix}1\\-1\\1\end{pmatrix},\ p_2=\begin{pmatrix}1\\-2\\4\end{pmatrix},\ p_3=\begin{pmatrix}1\\-3\\9\end{pmatrix}$$

构造矩阵

$$P=\begin{pmatrix}1&1&1\\-1&-2&-3\\1&4&9\end{pmatrix},\ \Lambda=\begin{pmatrix}-1&0&0\\0&-2&0\\0&0&-3\end{pmatrix}$$

则有 $P^{-1}AP=\Lambda$.

(2) $f(\lambda)=-(\lambda-5)(\lambda+1)^2$.

例 5-6 求得 A 有 3 个线性无关的特征向量$\Rightarrow A$ 可对角化. 对应于 $\lambda_1=5, \lambda_2=\lambda_3=-1$ 的特征向量依次为

$$p_1=\begin{pmatrix}1\\1\\1\end{pmatrix},\ p_2=\begin{pmatrix}-1\\1\\0\end{pmatrix},\ p_3=\begin{pmatrix}-1\\0\\1\end{pmatrix}$$

构造矩阵

$$P=\begin{pmatrix}1&-1&-1\\1&1&0\\1&0&1\end{pmatrix},\ \Lambda=\begin{pmatrix}5&0&0\\0&-1&0\\0&0&-1\end{pmatrix}$$

则有 $P^{-1}AP=\Lambda$.

(3) $f(\lambda)=-(\lambda-2)(\lambda-1)^2$

例 5-7 求得对应于二重特征值 $\lambda_2=\lambda_3=1$时, A 只有 1 个线性无关的特征向量$\Rightarrow A$ 不可对角化.

例 5-12 设 $A=\begin{pmatrix}1&2&2\\2&1&2\\2&2&1\end{pmatrix}$, 求 A^5.

解 例 5-11(2)求得 $P=\begin{pmatrix}1&-1&-1\\1&1&0\\1&0&1\end{pmatrix}$, $\Lambda=\begin{pmatrix}5&0&0\\0&-1&0\\0&0&-1\end{pmatrix}$, 使得

$P^{-1}AP=\Lambda$, 则有 $A=P\Lambda P^{-1}$, $A^5=P\Lambda^5P^{-1}$, 故

$$A^5=\frac{1}{3}\begin{pmatrix}1&-1&-1\\1&1&0\\1&0&1\end{pmatrix}\begin{pmatrix}5^5&0&0\\0&(-1)^5&0\\0&0&(-1)^5\end{pmatrix}\begin{pmatrix}1&1&1\\-1&2&-1\\-1&-1&2\end{pmatrix}$$

$$=\frac{1}{3}\begin{pmatrix} 5^5-2 & 5^5+1 & 5^5+1 \\ 5^5+1 & 5^5-2 & 5^5+1 \\ 5^5+1 & 5^5+1 & 5^5-2 \end{pmatrix}$$

导 读 与 提 示

本节内容:

1. 相似矩阵的定义、性质;
2. 相似矩阵的特征多项式及特征值的关系;
3. 方阵可对角化的充要条件.

本节要求:

1. 理解有关的概念、性质;
2. 会将给定的矩阵, 判断它是否可对角化; 在可对角化时, 会将其进行对角化.

习 题 5.3

1. 判断下列矩阵能否对角化; 若能, 试将其对角化.

(1) $\begin{pmatrix} 1 & -1 \\ 0 & 2 \end{pmatrix}$;　(2) $\begin{pmatrix} 1 & 1 & 0 \\ 1 & 1 & 0 \\ 0 & 0 & 0 \end{pmatrix}$;　(3) $\begin{pmatrix} -2 & 0 & 0 & 0 \\ 0 & -2 & 5 & -5 \\ 0 & 0 & 3 & 0 \\ 0 & 0 & 0 & 3 \end{pmatrix}$.

2. 设 $\boldsymbol{A},\boldsymbol{B}$ 均为 n 阶方阵, 且 $|\boldsymbol{A}|\neq 0$, 求证: $\boldsymbol{AB}$ 与 $\boldsymbol{BA}$ 相似.

3. 设 3 阶矩阵 $\boldsymbol{A}$ 的特征值为 $\lambda_1=2$, $\lambda_2=-2$, $\lambda_3=1$; 对应的特征向量依次为

$$\boldsymbol{p}_1=\begin{pmatrix} 0 \\ 1 \\ 1 \end{pmatrix},\ \boldsymbol{p}_2=\begin{pmatrix} 1 \\ 1 \\ 1 \end{pmatrix},\ \boldsymbol{p}_3=\begin{pmatrix} 1 \\ 1 \\ 0 \end{pmatrix}$$

求 $\boldsymbol{A}$.

4. 设 $\boldsymbol{A}=\begin{pmatrix} 1 & 4 & 2 \\ 0 & -3 & 4 \\ 0 & 4 & 3 \end{pmatrix}$, 求 $\boldsymbol{A}^{100}$.

5. 设矩阵 $\boldsymbol{A}=\begin{pmatrix} 2 & 0 & 1 \\ 3 & 1 & x \\ 4 & 0 & 5 \end{pmatrix}$ 可相似对角化, 求 x.

6. 设 $\boldsymbol{A}$ 为3阶方阵, 且方阵 $\boldsymbol{A}-\boldsymbol{E}$, $\boldsymbol{A}+\boldsymbol{E}$, $\boldsymbol{A}-3\boldsymbol{E}$ 都不可逆, 问: $\boldsymbol{A}$ 能否对角化?

5.4 对称矩阵的对角化

在 5.3 节的讨论中, 我们看到: 并不是任何方阵都可以对角化. 但是, 有一类矩阵却是一定可以对角化的. 这就是对称矩阵.

5.4.1 对称矩阵的特征值和特征向量的性质

定理 5-8 若 $\boldsymbol{A}^{\mathrm{T}}=\boldsymbol{A}$, 则其特征值为实数(证明见 5.8 节).

定理 5-8 反映了对称阵的一个很重要的性质, 其他矩阵不一定具有这个性质.

注: 由于 $\lambda\in R$, 所以 $(\boldsymbol{A}-\lambda\boldsymbol{E})\boldsymbol{x}=\boldsymbol{0}$ 是实系数齐次线性方程组. 由 $|\boldsymbol{A}-\lambda\boldsymbol{E}|=0$ 知, 必有实的基础解系.

约定: 实对称矩阵的特征向量为实向量.

定理 5-9 $\boldsymbol{A}^{\mathrm{T}}=\boldsymbol{A}$, $\lambda_1\neq\lambda_2$ 为其特征值, 对应的特征向量分别为 $\boldsymbol{p}_1,\boldsymbol{p}_2$, 则 $\boldsymbol{p}_1\perp\boldsymbol{p}_2$ (证明见 5.8 节).

注: 由定理 5-1 可知, 定理 5-9 的结论比定理 5-4 强.

定理 5-10 $\boldsymbol{A}^{\mathrm{T}}=\boldsymbol{A}\Rightarrow$ 存在正交矩阵 $\boldsymbol{Q}$, 使得 $\boldsymbol{Q}^{\mathrm{T}}\boldsymbol{A}\boldsymbol{Q}=\boldsymbol{\Lambda}$(实对称矩阵一定可以对角化).

定理 5-10 的证明比较复杂, 本书从略.

推论 设 $\boldsymbol{A}^{\mathrm{T}}=\boldsymbol{A}$, 若 λ 是 $\boldsymbol{A}$ 的 r 重特征值, 则对应于特征值 λ 一定有 r 个线性无关的特征向量(证明见 5.8 节).

5.4.2 实对称矩阵的对角化

根据定理 5-10, 对于实对称矩阵 $\boldsymbol{A}$ $(\boldsymbol{A}^{\mathrm{T}}=\boldsymbol{A})$, 可求正交矩阵 $\boldsymbol{Q}$ $(\boldsymbol{Q}^{\mathrm{T}}\boldsymbol{Q}=\boldsymbol{E})$, 使得 $\boldsymbol{Q}^{\mathrm{T}}\boldsymbol{A}\boldsymbol{Q}=\boldsymbol{\Lambda}$. 这个过程称为实对称矩阵的对角化(此时, 称 $\boldsymbol{A}$ 正交相似于对角矩阵 $\boldsymbol{\Lambda}$). 其步骤:

(1) 求出 $\boldsymbol{A}$ 的全部互不相同的特征值 $\lambda_1, \lambda_2, \cdots, \lambda_r$, 其重数分别为 $k_1, k_2, \cdots, k_r$ $(k_1+k_2+\cdots+k_r=n)$.

(2) 对于每个 k_i 重特征值 λ_i, 求方程组 $(\boldsymbol{A}-\lambda_i\boldsymbol{E})\boldsymbol{x}=\boldsymbol{0}$ 的基础解系, 得 k_i 个线性无关的特征向量. 再把它们正交化、单位化, 得 k_i 个两两正交的单位特征向量. 因 $k_1+k_2+\cdots+k_r=n$, 故总共可得 n 个两两正交的单位特征向量.

(3) 把这 n 个两两正交的单位特征向量构成正交矩阵 $\boldsymbol{Q}$, 便有

$$\boldsymbol{Q}^{-1}\boldsymbol{A}\boldsymbol{Q}=\boldsymbol{Q}^{\mathrm{T}}\boldsymbol{A}\boldsymbol{Q}=\boldsymbol{\Lambda}$$

注: $\boldsymbol{\Lambda}$ 中对角元素的排列次序与 $\boldsymbol{Q}$ 中列向量的排列次序相对应.

例 5-13 对下列矩阵 $\boldsymbol{A}$, 求正交矩阵 $\boldsymbol{Q}$, 使得 $\boldsymbol{Q}^{\mathrm{T}}\boldsymbol{A}\boldsymbol{Q}=\boldsymbol{\Lambda}$.

(1) $\boldsymbol{A}=\begin{pmatrix}1&0&1\\0&1&1\\1&1&2\end{pmatrix}$; (2) $\boldsymbol{A}=\begin{pmatrix}1&2&2\\2&1&2\\2&2&1\end{pmatrix}$; (3) $\boldsymbol{A}=\begin{pmatrix}0&1&1&-1\\1&0&-1&1\\1&-1&0&1\\-1&1&1&0\end{pmatrix}$.

解 (1) $f(\lambda)=-\lambda(\lambda-1)(\lambda-3)$.

特征值: $\lambda_1=0, \lambda_2=1, \lambda_3=3$.

对应于它们的特征向量依次为

$$\boldsymbol{\xi}_1=\begin{pmatrix}-1\\-1\\1\end{pmatrix},\ \boldsymbol{\xi}_2=\begin{pmatrix}-1\\1\\0\end{pmatrix},\ \boldsymbol{\xi}_3=\begin{pmatrix}1\\1\\2\end{pmatrix}$$

(定理 5-9 保证了它们两两正交)再将它们单位化

$$\boldsymbol{q}_1=\frac{1}{\sqrt{3}}\begin{pmatrix}-1\\-1\\1\end{pmatrix},\ \boldsymbol{q}_2=\frac{1}{\sqrt{2}}\begin{pmatrix}-1\\1\\0\end{pmatrix},\ \boldsymbol{q}_3=\frac{1}{\sqrt{6}}\begin{pmatrix}1\\1\\2\end{pmatrix}$$

构造正交矩阵 $\boldsymbol{Q}$ 和对角矩阵 $\boldsymbol{\Lambda}$

$$\boldsymbol{Q}=\begin{pmatrix}-1/\sqrt{3} & -1/\sqrt{2} & 1/\sqrt{6}\\-1/\sqrt{3} & 1/\sqrt{2} & 1/\sqrt{6}\\1/\sqrt{3} & 0 & 2/\sqrt{6}\end{pmatrix},\ \boldsymbol{\Lambda}=\begin{pmatrix}0&0&0\\0&1&0\\0&0&3\end{pmatrix}$$

则有
$$\boldsymbol{Q}^{\mathrm{T}}\boldsymbol{A}\boldsymbol{Q}=\boldsymbol{\Lambda}$$

(2) $f(\lambda)=-(\lambda-5)(\lambda+1)^2$.

特征值: $\lambda_1=5$, $\lambda_2=\lambda_3=-1$.

属于 $\lambda_1=5$ 的特征向量为 $\boldsymbol{\xi}_1=\begin{pmatrix}1\\1\\1\end{pmatrix}$, 求属于 $\lambda_2=\lambda_3=-1$ 的两个特征向量(凑正交)

$$\boldsymbol{A}-(-1)\boldsymbol{E}=\begin{pmatrix}2&2&2\\2&2&2\\2&2&2\end{pmatrix}\overset{r}{\sim}\begin{pmatrix}1&1&1\\0&0&0\\0&0&0\end{pmatrix},\ \boldsymbol{\xi}_2=\begin{pmatrix}-1\\1\\0\end{pmatrix},\ \boldsymbol{\xi}_3=\begin{pmatrix}1\\1\\-2\end{pmatrix}$$

再将它们单位化

$$\boldsymbol{q}_1=\frac{1}{\sqrt{3}}\begin{pmatrix}1\\1\\1\end{pmatrix},\ \boldsymbol{q}_2=\frac{1}{\sqrt{2}}\begin{pmatrix}-1\\1\\0\end{pmatrix},\ \boldsymbol{q}_3=\frac{1}{\sqrt{6}}\begin{pmatrix}1\\1\\-2\end{pmatrix}$$

构造正交矩阵 $\boldsymbol{Q}$ 和对角矩阵 $\boldsymbol{\Lambda}$

$$\boldsymbol{Q}=\begin{pmatrix}1/\sqrt{3} & -1/\sqrt{2} & 1/\sqrt{6}\\1/\sqrt{3} & 1/\sqrt{2} & 1/\sqrt{6}\\1/\sqrt{3} & 0 & -2/\sqrt{6}\end{pmatrix},\ \boldsymbol{\Lambda}=\begin{pmatrix}5&0&0\\0&-1&0\\0&0&-1\end{pmatrix}$$

则有 $\boldsymbol{Q}^{\mathrm{T}}\boldsymbol{A}\boldsymbol{Q}=\boldsymbol{\Lambda}$.

(3) $f(\lambda)=(\lambda-1)^3(\lambda+3)$.

特征值: $\lambda_1=\lambda_2=\lambda_3=1$, $\lambda_4=-3$.

求属于 $\lambda_1=\lambda_2=\lambda_3=1$ 的 3 个特征向量

$$A-1E=\begin{pmatrix}-1&1&1&-1\\1&-1&-1&1\\1&-1&-1&1\\-1&1&1&-1\end{pmatrix}\overset{r}{\sim}\begin{pmatrix}-1&1&1&-1\\0&0&0&0\\0&0&0&0\\0&0&0&0\end{pmatrix}$$

$$\boldsymbol{\xi}_1=\begin{pmatrix}1\\1\\0\\0\end{pmatrix},\ \boldsymbol{\xi}_2=\begin{pmatrix}1\\0\\1\\0\end{pmatrix},\ \boldsymbol{\xi}_3=\begin{pmatrix}-1\\0\\0\\1\end{pmatrix}$$

将 $\boldsymbol{\xi}_1$, $\boldsymbol{\xi}_2$, $\boldsymbol{\xi}_3$ 正交化, 取

$$\boldsymbol{p}_1=\boldsymbol{\xi}_1=\begin{pmatrix}1\\1\\0\\0\end{pmatrix}$$

$$\boldsymbol{p}_2=\boldsymbol{\xi}_2-\frac{(\boldsymbol{\xi}_2,\boldsymbol{p}_1)}{(\boldsymbol{p}_1,\boldsymbol{p}_1)}\boldsymbol{p}_1=\begin{pmatrix}1\\0\\1\\0\end{pmatrix}-\frac{1}{2}\begin{pmatrix}1\\1\\0\\0\end{pmatrix}=\frac{1}{2}\begin{pmatrix}1\\-1\\2\\0\end{pmatrix}$$

$$\boldsymbol{p}_3=\boldsymbol{\xi}_3-\frac{(\boldsymbol{\xi}_3,\boldsymbol{p}_1)}{(\boldsymbol{p}_1,\boldsymbol{p}_1)}\boldsymbol{p}_1-\frac{(\boldsymbol{\xi}_3,\boldsymbol{p}_2)}{(\boldsymbol{p}_2,\boldsymbol{p}_2)}\boldsymbol{p}_2$$

$$=\begin{pmatrix}-1\\0\\0\\1\end{pmatrix}-\frac{-1}{2}\begin{pmatrix}1\\1\\0\\0\end{pmatrix}-\frac{-1/2}{3/2}\begin{pmatrix}1/2\\-1/2\\1\\0\end{pmatrix}=\frac{1}{3}\begin{pmatrix}-1\\1\\1\\3\end{pmatrix}$$

将 $\boldsymbol{p}_1,\boldsymbol{p}_2,\boldsymbol{p}_3$ 单位化

$$\boldsymbol{q}_1=\frac{1}{\|\boldsymbol{p}_1\|}\boldsymbol{p}_1=\frac{1}{\sqrt{2}}\begin{pmatrix}1\\1\\0\\0\end{pmatrix},\ \boldsymbol{q}_2=\frac{1}{\|\boldsymbol{p}_2\|}\boldsymbol{p}_2=\frac{1}{\sqrt{6}}\begin{pmatrix}1\\-1\\2\\0\end{pmatrix},\ \boldsymbol{q}_3=\frac{1}{\|\boldsymbol{p}_3\|}\boldsymbol{p}_3=\frac{1}{2\sqrt{3}}\begin{pmatrix}-1\\1\\1\\3\end{pmatrix}$$

属于 $\lambda_4=-3$ 的特征向量为

$$\boldsymbol{p}_4=\begin{pmatrix}-1\\1\\1\\-1\end{pmatrix}$$

将 $\boldsymbol{p}_4$ 单位化: $\boldsymbol{q}_4=\frac{1}{\|\boldsymbol{p}_4\|}\boldsymbol{p}_4=\frac{1}{2}\begin{pmatrix}-1\\1\\1\\-1\end{pmatrix}$.

构造正交矩阵 $\boldsymbol{Q}$ 和对角矩阵 $\boldsymbol{\Lambda}$

$$\boldsymbol{Q}=\begin{pmatrix}1/\sqrt{2} & 1/\sqrt{6} & -1/2\sqrt{3} & -1/2\\ 1/\sqrt{2} & -1/\sqrt{6} & 1/2\sqrt{3} & 1/2\\ 0 & 2/\sqrt{6} & 1/2\sqrt{3} & 1/2\\ 0 & 0 & 3/2\sqrt{3} & -1/2\end{pmatrix},\ \boldsymbol{\Lambda}=\begin{pmatrix}1&0&0&0\\0&1&0&0\\0&0&1&0\\0&0&0&-3\end{pmatrix}$$

则有 $\boldsymbol{Q}^{\mathrm{T}}\boldsymbol{AQ}=\boldsymbol{\Lambda}$.

例 5-14　设 $\boldsymbol{A}=\begin{pmatrix}2&-1\\-1&2\end{pmatrix}$, 求 $\boldsymbol{A}^n$.

解　先将 $\boldsymbol{A}$ 对角化

由 $|\boldsymbol{A}-\lambda\boldsymbol{E}|=\begin{vmatrix}2-\lambda & -1\\ -1 & 2-\lambda\end{vmatrix}=\lambda^2-4\lambda+3=(\lambda-1)(\lambda-3)$, 得 $\boldsymbol{A}$ 的特征值 $\lambda_1=1,\ \lambda_2=3$.

对于 $\lambda_1=1$, 由方程组 $\begin{pmatrix}1&-1\\-1&1\end{pmatrix}\begin{pmatrix}x_1\\x_2\end{pmatrix}=\mathbf{0}$, 得 $\boldsymbol{\xi}_1=\begin{pmatrix}1\\1\end{pmatrix}$;

对于 $\lambda_2=3$, 由方程组 $\begin{pmatrix}-1&-1\\-1&-1\end{pmatrix}\begin{pmatrix}x_1\\x_2\end{pmatrix}=\mathbf{0}$, 得 $\boldsymbol{\xi}_2=\begin{pmatrix}1\\-1\end{pmatrix}$.

令 $\boldsymbol{P}=\begin{pmatrix}1&1\\1&-1\end{pmatrix}$, 可求出 $\boldsymbol{P}^{-1}=\frac{1}{2}\begin{pmatrix}1&1\\1&-1\end{pmatrix}$.

则
$$\boldsymbol{P}^{-1}\boldsymbol{AP}=\boldsymbol{\Lambda}=\begin{pmatrix}1&0\\0&3\end{pmatrix}$$

从而
$$\boldsymbol{A}=\boldsymbol{P\Lambda P}^{-1}$$

$$\boldsymbol{A}^n=\boldsymbol{P\Lambda}^n\boldsymbol{P}^{-1}=\frac{1}{2}\begin{pmatrix}1&1\\1&-1\end{pmatrix}\begin{pmatrix}1&0\\0&3^n\end{pmatrix}\begin{pmatrix}1&1\\1&-1\end{pmatrix}=\frac{1}{2}\begin{pmatrix}1+3^n&1-3^n\\1-3^n&1+3^n\end{pmatrix}$$

导 读 与 提 示

本节内容:

1. 实对称矩阵的特征值和特征向量的性质;

2. 实对称矩阵的对角化.

本节要求:

1. 理解实对称矩阵的特征值的性质: 其特征值全是实数.

2. 理解实对称矩阵的特征向量的性质: 其属于不同特征值的特征向量正交(当然线性无关); 而对于一般的矩阵而言, 其属于不同特征值的特征向量线性无关(不一定正交).

3. 掌握实对称矩阵的对角化的方法. n 阶实对称矩阵有 n 个线性无关的特征向量, 所以, 一定可以对角化. 更进一步, 由于这 n 个线性无关的特征向量可以是正交的, 所以对称矩阵正交相似于对角矩阵.

习　题　5.4

1. 将下列对称矩阵化为对角阵:

(1) $\begin{pmatrix} 2 & -2 & 0 \\ -2 & 1 & -2 \\ 0 & -2 & 0 \end{pmatrix}$;　(2) $\begin{pmatrix} 2 & 2 & -2 \\ 2 & 5 & -4 \\ -2 & -4 & 5 \end{pmatrix}$.

2. (1) 设 $\boldsymbol{A}=\begin{pmatrix} 3 & -2 \\ -2 & 3 \end{pmatrix}$, 求 $\varphi(\boldsymbol{A})=\boldsymbol{A}^{10}-5\boldsymbol{A}^{9}$.

(2) 设 $\boldsymbol{A}=\begin{pmatrix} 2 & 1 & 2 \\ 1 & 2 & 2 \\ 2 & 2 & 1 \end{pmatrix}$, 求 $\varphi(\boldsymbol{A})=\boldsymbol{A}^{10}-6\boldsymbol{A}^{9}+5\boldsymbol{A}^{8}$.

3. 设矩阵 $\boldsymbol{A}=\begin{pmatrix} 1 & -2 & -4 \\ -2 & x & -2 \\ -4 & -2 & 1 \end{pmatrix}$ 与 $\boldsymbol{\Lambda}=\begin{pmatrix} 5 & 0 & 0 \\ 0 & -4 & 0 \\ 0 & 0 & y \end{pmatrix}$ 相似, 求 x, y; 并求一个正交阵 $\boldsymbol{P}$, 使 $\boldsymbol{P}^{-1}\boldsymbol{A}\boldsymbol{P}=\boldsymbol{\Lambda}$.

5.5　二次型及其标准形

5.5.1　二次型及其矩阵表示

变量 $x_1, x_2, \cdots, x_n$ 的二次齐次多项式

$$\begin{aligned} f(x_1,x_2,\cdots,x_n)=a_{11}x_1^2+2a_{12}x_1x_2+2a_{13}x_1x_3+\cdots+2a_{1n}x_1x_n+ \\ a_{22}x_2^2+2a_{23}x_2x_3+\cdots+2a_{2n}x_2x_n+ \\ \cdots\cdots\cdots\cdots+ \\ a_{nn}x_n^2 \end{aligned}$$

称为 n 元二次型, 简称为二次型.

系数 $a_{ij}\,(i,j=1,2,\cdots,n)$ 为实数时, 称 $f(x_1,x_2,\cdots,x_n)$ 为实二次型(本书只讨论实二次型).

系数 a_{ij} 为复数时, 称 $f(x_1,x_2,\cdots,x_n)$ 为复二次型.

在二次型的定义式中, 令 $a_{ji}=a_{ij}\ (j>i)$, 则有

$$\begin{aligned} f=\ & a_{11}x_1x_1+a_{12}x_1x_2+a_{13}x_1x_3+\cdots+a_{1n}x_1x_n+ \\ & a_{21}x_2x_1+a_{22}x_2x_2+a_{23}x_2x_3+\cdots+a_{2n}x_2x_n+ \\ & \cdots\cdots\cdots\cdots+ \\ & a_{n1}x_nx_1+a_{n2}x_nx_2+a_{n3}x_nx_3+\cdots+a_{nn}x_nx_n\left(=\sum_{i=1}^{n}\sum_{j=1}^{n}a_{ij}x_ix_j\right) \end{aligned}$$

$$
\begin{aligned}
&=x_1(a_{11}x_1+a_{12}x_2+a_{13}x_3+\cdots+a_{1n}x_n)+\\
&\quad x_2(a_{21}x_1+a_{22}x_2+a_{23}x_3+\cdots+a_{2n}x_n)+\\
&\quad \cdots\cdots\cdots+\\
&\quad x_n(a_{n1}x_1+a_{n2}x_2+a_{n3}x_3+\cdots+a_{nn}x_n)\\
&=(x_1,x_2,\cdots,x_n)\begin{pmatrix} a_{11}x_1+a_{12}x_2+\cdots+a_{1n}x_n\\ a_{21}x_1+a_{22}x_2+\cdots+a_{2n}x_n\\ \cdots\cdots\cdots\\ a_{n1}x_1+a_{n2}x_2+\cdots+a_{nn}x_n \end{pmatrix}\\
&=(x_1,x_2,\cdots,x_n)\begin{pmatrix} a_{11} & a_{12} & \cdots & a_{1n}\\ a_{21} & a_{22} & \cdots & a_{2n}\\ \vdots & \vdots & & \vdots\\ a_{n1} & a_{n2} & \cdots & a_{nn} \end{pmatrix}\begin{pmatrix} x_1\\ x_2\\ \vdots\\ x_n \end{pmatrix}
\end{aligned}
$$

记 $\boldsymbol{A}=\begin{pmatrix} a_{11} & a_{12} & \cdots & a_{1n}\\ a_{21} & a_{22} & \cdots & a_{2n}\\ \vdots & \vdots & & \vdots\\ a_{n1} & a_{n2} & \cdots & a_{nn} \end{pmatrix}$, $\boldsymbol{x}=\begin{pmatrix} x_1\\ x_2\\ \vdots\\ x_n \end{pmatrix}$.

则二次型可记为: $f=\boldsymbol{x}^{\mathrm{T}}\boldsymbol{A}\boldsymbol{x}$.

例如, 二次型 $f=x^2-3z^2-4xy+yz$ 用矩阵表示, 即

$$
f=(x,y,z)\begin{pmatrix} 1 & -2 & 0\\ -2 & 0 & \frac{1}{2}\\ 0 & \frac{1}{2} & -3 \end{pmatrix}\begin{pmatrix} x\\ y\\ z \end{pmatrix}
$$

$f(x_1,x_2,\cdots,x_n)$ 与实对称矩阵 $\boldsymbol{A}$ 是一一对应关系. 称 $\boldsymbol{A}$ 为 f 的矩阵, 称 f 为 $\boldsymbol{A}$ 对应的二次型, 称 $\boldsymbol{A}$ 的秩为 f 的秩.

二次型 $f=\boldsymbol{x}^{\mathrm{T}}\boldsymbol{A}\boldsymbol{x}$ 实质上是以向量 $\boldsymbol{x}$ 的分量 $x_1,x_2,\cdots,x_n$ 为自变量的 n 元函数.易知, 二次齐次多项式函数

$$
g=\frac{1}{2}\boldsymbol{x}^{\mathrm{T}}\boldsymbol{A}\boldsymbol{x}
$$

的梯度

$$
\nabla \boldsymbol{g}=\boldsymbol{A}\boldsymbol{x}
$$

而二次非齐次多项式函数

$$
\boldsymbol{\varphi}(\boldsymbol{x})=\frac{1}{2}\boldsymbol{x}^{\mathrm{T}}\boldsymbol{A}\boldsymbol{x}-\boldsymbol{b}^{\mathrm{T}}\boldsymbol{x}+c
$$

的梯度

$$
\nabla\boldsymbol{\varphi}=\boldsymbol{A}\boldsymbol{x}-\boldsymbol{b}
$$

因此, 有时可以通过求解(非)齐次方程组($\boldsymbol{A}\boldsymbol{x}=\boldsymbol{b}$) $\boldsymbol{A}\boldsymbol{x}=\boldsymbol{0}$ 来求二次(非)齐次多项式函数

($\boldsymbol{\varphi}(\boldsymbol{x})=\frac{1}{2}\boldsymbol{x}^{\mathrm{T}}\boldsymbol{A}\boldsymbol{x}-\boldsymbol{b}^{\mathrm{T}}\boldsymbol{x}+c$) $g=\frac{1}{2}\boldsymbol{x}^{\mathrm{T}}\boldsymbol{A}\boldsymbol{x}$ 的极值.

例 5-15 求函数 $f(\boldsymbol{x})=\frac{1}{2}\boldsymbol{x}^{\mathrm{T}}\boldsymbol{A}\boldsymbol{x}-\boldsymbol{b}^{\mathrm{T}}\boldsymbol{x}+c$ 在点 $P_0(1,0,1)$ 处的函数值下降最快的方向. 其中, $\boldsymbol{A}=\begin{pmatrix}5&-2&-2\\-2&6&0\\-2&0&4\end{pmatrix}$, $\boldsymbol{b}=\begin{pmatrix}2\\1\\0\end{pmatrix}$, $\boldsymbol{x}=\begin{pmatrix}x_1\\x_2\\x_3\end{pmatrix}$.

解 函数在某点处的负梯度方向即其函数值下降最快的方向.

$$\boldsymbol{r}=-\nabla f\big|_{P_0}=(\boldsymbol{b}-\boldsymbol{A}\boldsymbol{x})\big|_{P_0}=\begin{pmatrix}-1\\3\\-2\end{pmatrix}$$

所以, $f(\boldsymbol{x})$ 点 $P_0(1,0,1)$ 处沿点 $\boldsymbol{r}=(-1,3,-2)^{\mathrm{T}}$ 方向下降速度最快.

5.5.2 二次型的标准形

只含平方项的二次型

$$f(y_1,y_2,\cdots,y_n)=d_1y_1^2+d_2y_2^2+\cdots+d_ny_n^2$$

称为标准形.

可以证明: 任何一个二次型 $f(x_1,x_2,\cdots,x_n)$ 都可经过适当的线性变换 $\boldsymbol{x}=\boldsymbol{C}\boldsymbol{y}$ 化为标准形.

事实上, 记 $\boldsymbol{C}=(c_{ij})$, 将可逆线性变换 $\boldsymbol{x}=\boldsymbol{C}\boldsymbol{y}$ 代入 $f(x_1,x_2,\cdots,x_n)$ 得

$$f=\boldsymbol{x}^{\mathrm{T}}\boldsymbol{A}\boldsymbol{x}=(\boldsymbol{C}\boldsymbol{y})^{\mathrm{T}}\boldsymbol{A}(\boldsymbol{C}\boldsymbol{y})=\boldsymbol{y}^{\mathrm{T}}(\boldsymbol{C}^{\mathrm{T}}\boldsymbol{A}\boldsymbol{C})\boldsymbol{y}$$

如果能取适当的矩阵 $\boldsymbol{C}$, 使得 $\boldsymbol{C}^{T}\boldsymbol{A}\boldsymbol{C}=\boldsymbol{D}=\begin{pmatrix}d_1&&&\\&d_2&&\\&&\ddots&\\&&&d_n\end{pmatrix}$, 就有

$$f=d_1y_1^2+d_2y_2^2+\cdots+d_ny_n^2$$

经上面分析可知: 将二次型 $f(x_1,x_2,\cdots,x_n)$ 化为标准形 $\Leftrightarrow$ 对实对称矩阵 $\boldsymbol{A}$, 找可逆矩阵 $\boldsymbol{C}$, 使得 $\boldsymbol{C}^{\mathrm{T}}\boldsymbol{A}\boldsymbol{C}=\boldsymbol{D}$.

因为 $\boldsymbol{A}$ 是对称矩阵, 由上节知识可知, 总有正交矩阵 $\boldsymbol{Q}$, 使 $\boldsymbol{Q}^{-1}\boldsymbol{A}\boldsymbol{Q}=\boldsymbol{Q}^{\mathrm{T}}\boldsymbol{A}\boldsymbol{Q}=\boldsymbol{\Lambda}$. 取 $\boldsymbol{C}=\boldsymbol{Q}$ 即可.

5.5.3 化二次型为标准形

设 $\boldsymbol{A}_{n\times n}$ 为实对称矩阵, 其特征值为 $\lambda_1,\lambda_2,\cdots,\lambda_n$, 则存在正交矩阵 $\boldsymbol{Q}$, 使得

$$\boldsymbol{Q}^{\mathrm{T}}\boldsymbol{A}\boldsymbol{Q}=\boldsymbol{\Lambda}=\begin{pmatrix}\lambda_1&&\\&\ddots&\\&&\lambda_n\end{pmatrix}$$

作正交变换 $\boldsymbol{x}=\boldsymbol{Q}\boldsymbol{y}$, 可得

$$\begin{aligned} f &= \boldsymbol{x}^{\mathrm{T}}\boldsymbol{A}\boldsymbol{x} = (\boldsymbol{Q}\boldsymbol{y})^{\mathrm{T}}\boldsymbol{A}(\boldsymbol{Q}\boldsymbol{y}) = \boldsymbol{y}^{\mathrm{T}}(\boldsymbol{Q}^{\mathrm{T}}\boldsymbol{A}\boldsymbol{Q})\boldsymbol{y} = \boldsymbol{y}^{\mathrm{T}}\boldsymbol{\Lambda}\boldsymbol{y} \\ &= \lambda_1 y_1^2 + \lambda_2 y_2^2 + \cdots + \lambda_n y_n^2 \end{aligned}$$

定理 5-11　任何二次型 $\sum_{i,j=1}^{n} a_{ij}x_i x_j \ (a_{ij} = a_{ji})$，总存在正交变换 $\boldsymbol{x} = \boldsymbol{Q}\boldsymbol{y}$，使 f 化为标准形

$$f = \lambda_1 y_1^2 + \lambda_2 y_2^2 + \cdots + \lambda_n y_n^2$$

其中 $\lambda_1, \lambda_2, \cdots, \lambda_n$ 是矩阵 $\boldsymbol{A} = (a_{ij})$ 的特征值(证明见 5.8 节).

例 5-16　设 $f(x_1, x_2, x_3) = 2x_1^2 + 5x_2^2 + 5x_3^2 + 4x_1x_2 - 4x_1x_3 - 8x_2x_3$
用正交变换化 $f(x_1, x_2, x_3)$ 为标准形.

解　f 的矩阵 $\boldsymbol{A} = \begin{pmatrix} 2 & 2 & -2 \\ 2 & 5 & -4 \\ -2 & -4 & 5 \end{pmatrix}$.

可求得 $\boldsymbol{A}$ 的特征多项式

$$\varphi(\lambda) = -(\lambda - 1)^2(\lambda - 10)$$

$\boldsymbol{A}$ 的特征值为 $\lambda_1 = \lambda_2 = 1$，$\lambda_3 = 10$.

属于 $\lambda_1 = \lambda_2 = 1$ 的两个正交的特征向量为

$$\boldsymbol{p}_1 = \begin{pmatrix} 0 \\ 1 \\ 1 \end{pmatrix}, \ \boldsymbol{p}_2 = \begin{pmatrix} 4 \\ -1 \\ 1 \end{pmatrix}$$

将 $\boldsymbol{p}_1$，$\boldsymbol{p}_2$ 单位化得

$$\boldsymbol{q}_1 = \frac{1}{\sqrt{2}}\begin{pmatrix} 0 \\ 1 \\ 1 \end{pmatrix}, \ \boldsymbol{q}_2 = \frac{1}{3\sqrt{2}}\begin{pmatrix} 4 \\ -1 \\ 1 \end{pmatrix}$$

属于 $\lambda_3 = 10$ 的特征向量为

$$\boldsymbol{p}_3 = \begin{pmatrix} 1 \\ 2 \\ -2 \end{pmatrix}$$

将 $\boldsymbol{p}_3$ 单位化得

$$\boldsymbol{q}_3 = \frac{1}{3}\begin{pmatrix} 1 \\ 2 \\ -2 \end{pmatrix}$$

于是, 有正交矩阵

$$\boldsymbol{Q} = \begin{pmatrix} 0 & 4/3\sqrt{2} & 1/3 \\ 1/\sqrt{2} & -1/3\sqrt{2} & 2/3 \\ 1/\sqrt{2} & 1/3\sqrt{2} & -2/3 \end{pmatrix}$$

在正交变换 $\boldsymbol{x}=\boldsymbol{Q}\boldsymbol{y}$ 下, 标准形: $f=y_1^2+y_2^2+10y_3^2$.

5.5.4 规范形

如果标准形的系数 d_1, d_2, …, d_n 只在三个数: 1, −1, 0 中取值, 即

$$f=y_1^2+\cdots+y_p^2-\cdots-y_r^2$$

称此式为二次型的规范形.

由定理 5-11 可得:

推论 任给 n 元二次型 $f(\boldsymbol{x})=\boldsymbol{x}^{\mathrm{T}}\boldsymbol{A}\boldsymbol{x}$ $(\boldsymbol{A}^{\mathrm{T}}=\boldsymbol{A})$, 总有可逆变换 $\boldsymbol{x}=\boldsymbol{C}\boldsymbol{z}$, 使 $f(\boldsymbol{C}\boldsymbol{z})$ 为规范形.

例 5-17 用可逆变换将二次型

$$f(x_1,\cdots,x_4)=2x_1x_2+2x_1x_3-2x_1x_4-2x_2x_3+2x_2x_4+2x_3x_4$$

化为规范形.

解 f 的矩阵 $\boldsymbol{A}=\begin{pmatrix}0&1&1&-1\\1&0&-1&1\\1&-1&0&1\\-1&1&1&0\end{pmatrix}$.

$\boldsymbol{A}$ 的特征多项式为

$$\varphi(\lambda)=(\lambda-1)^3(\lambda+3)$$

于是得 $\boldsymbol{A}$ 的特征值

$$\lambda_1=-3,\ \lambda_2=\lambda_3=\lambda_4=1$$

属于 $\lambda_1=-3$ 的特征向量: $\boldsymbol{p}_1=\begin{pmatrix}1\\-1\\-1\\1\end{pmatrix}$, 单位化得 $\boldsymbol{q}_1=\dfrac{1}{2}\begin{pmatrix}1\\-1\\-1\\1\end{pmatrix}$

属于 $\lambda_2=\lambda_3=\lambda_4=1$ 且正交的特征向量: $\boldsymbol{p}_2=\begin{pmatrix}1\\1\\0\\0\end{pmatrix}$, $\boldsymbol{p}_3=\begin{pmatrix}0\\0\\1\\1\end{pmatrix}$, $\boldsymbol{p}_4=\begin{pmatrix}1\\-1\\1\\-1\end{pmatrix}$.

单位化得

$$\boldsymbol{q}_2=\frac{1}{\sqrt{2}}\begin{pmatrix}1\\1\\0\\0\end{pmatrix},\ \boldsymbol{q}_3=\frac{1}{\sqrt{2}}\begin{pmatrix}0\\0\\1\\1\end{pmatrix},\ \boldsymbol{q}_4=\frac{1}{2}\begin{pmatrix}1\\-1\\1\\-1\end{pmatrix}$$

令 $\boldsymbol{Q}=\begin{pmatrix} 1/\sqrt{2} & 0 & 1/2 & 1/2 \\ 1/\sqrt{2} & 0 & -1/2 & -1/2 \\ 0 & 1/\sqrt{2} & 1/2 & -1/2 \\ 0 & 1/\sqrt{2} & -1/2 & 1/2 \end{pmatrix}$, $\boldsymbol{\Lambda}=\begin{pmatrix} 1 & 0 & 0 & 0 \\ 0 & 1 & 0 & 0 \\ 0 & 0 & 1 & 0 \\ 0 & 0 & 0 & -3 \end{pmatrix}$, 则 $\boldsymbol{Q}^{\mathrm{T}}\boldsymbol{A}\boldsymbol{Q}=\boldsymbol{\Lambda}$.

正交变换 $\boldsymbol{x}=\boldsymbol{Q}\boldsymbol{y}$ 将原二次型化为标准形 $f=y_1^2+y_2^2+y_3^2-3y_4^2$.

再令
$$\begin{cases} y_1=z_1 \\ y_2=z_2 \\ y_3=z_3 \\ y_4=\dfrac{1}{\sqrt{3}}z_4 \end{cases}$$

可得 f 的规范形

$$f=z_1^2+z_2^2+z_3^2-z_4^2$$

5.5.5　合同矩阵

对于 $\boldsymbol{A}_{n\times n},\boldsymbol{B}_{n\times n}$, 若有可逆矩阵 $\boldsymbol{C}_{n\times n}$ 使得 $\boldsymbol{C}^{\mathrm{T}}\boldsymbol{A}\boldsymbol{C}=\boldsymbol{B}$, 称 $\boldsymbol{A}$ 合同于 $\boldsymbol{B}$.

矩阵合同有如下性质:

(1) $\boldsymbol{A}$ 合同于 $\boldsymbol{A}$: $\boldsymbol{E}^{\mathrm{T}}\boldsymbol{A}\boldsymbol{E}=\boldsymbol{A}$;

(2) $\boldsymbol{A}$ 合同于 $\boldsymbol{B}\Rightarrow\boldsymbol{B}$ 合同于 $\boldsymbol{A}$: $(\boldsymbol{C}^{-1})^{\mathrm{T}}\boldsymbol{B}(\boldsymbol{C}^{-1})=\boldsymbol{A}$;

(3) $\boldsymbol{A}$ 合同于 $\boldsymbol{B}$, $\boldsymbol{B}$ 合同于 $\boldsymbol{S}\Rightarrow\boldsymbol{A}$ 合同于 $\boldsymbol{S}$;

(4) $\boldsymbol{A}$ 合同于 $\boldsymbol{B}\Rightarrow \mathrm{R}(\boldsymbol{A})=\mathrm{R}(\boldsymbol{B})$.

导 读 与 提 示

本节内容:

1. 二次型的定义;
2. 二次型的标准形;
3. 二次型的规范形.

本节要求:

1. 理解二次型的定义, 掌握它与实对称矩阵的一一对应关系;
2. 会利用正交变换求二次型的标准形;
3. 会利用正交变换求二次型的规范形;

化二次型为标准形还有另外一种方法——配方法, 将在 5.6 节讲解.

习　题　5.5

1. 用矩阵记号表示下列二次型:

(1) $f = x^2 + 4xy + 4y^2 + 2xz + z^2 + 4yz$;

(2) $f = x^2 + y^2 - 7z^2 - 2xy - 4xz - 4yz$;

(3) $f = x_1^2 + x_2^2 + x_3^2 + x_4^2 - 2x_1x_2 + 4x_1x_3 - 2x_1x_4 + 6x_2x_3 - 4x_2x_4$.

2. 写出下列实对称矩阵对应的二次型:

(1) $\begin{pmatrix} 2 & 1 \\ 1 & 3 \end{pmatrix}$;　　(2) $\begin{pmatrix} 1 & 2 & 3 \\ 2 & 5 & 6 \\ 3 & 6 & 9 \end{pmatrix}$.

3. 求一个正交变换化下列二次型为标准形:

(1) $f = 2x_1^2 + 3x_2^2 + 3x_3^2 + 4x_2x_3$;

(2) $f = 2x_1x_2 + 2x_1x_3 - 2x_1x_4 - 2x_2x_3 + 2x_2x_4 + 2x_3x_4$.

5.6　用配方法化二次型成标准形

除了 5.5 节所讲的正交变换法外, 还可用配方法化二次型成标准形. 其基本思路是: 利用完全平方公式和两个数的平方差公式逐步消去非平方项, 并构造新的平方项. 下面通过例子进行讲解.

第一种情形:

如果二次型 f 中含有 x_i 的平方项, 则先把含有 x_i 的项集中, 按 x_i 配成完全平方, 然后按此法对其他变量配方, 直至都配成平方项.

例 5-18　设 $f(x_1, x_2, x_3) = 2x_1^2 + 5x_2^2 + 5x_3^2 + 4x_1x_2 - 4x_1x_3 - 8x_2x_3$

用配方法化 $f(x_1, x_2, x_3)$ 为标准形.

解
$$\begin{aligned} f &= 2[x_1^2 + 2x_1(x_2 - x_3)] + 5x_2^2 + 5x_3^2 - 8x_2x_3 \\ &= 2[(x_1 + x_2 - x_3)^2 - (x_2 - x_3)^2] + 5x_2^2 + 5x_3^2 - 8x_2x_3 \\ &= 2(x_1 + x_2 - x_3)^2 + 3x_2^2 - 4x_2x_3 + 3x_3^2 \\ &= 2(x_1 + x_2 - x_3)^2 + 3\left[\left(x_2 - \frac{2}{3}x_3\right)^2 - \frac{4}{9}x_3^2\right] + 3x_3^2 \\ &= 2(x_1 + x_2 - x_3)^2 + 3\left(x_2 - \frac{2}{3}x_3\right)^2 + \frac{5}{3}x_3^2 \end{aligned}$$

令 $\begin{cases} y_1 = x_1 + x_2 - \quad x_3, \\ y_2 = \qquad x_2 - (2/3)x_3, \\ y_1 = \qquad\qquad x_3, \end{cases}$ 则 $\begin{cases} x_1 = y_1 - y_2 + (1/3)y_3, \\ x_2 = \qquad y_2 + (2/3)y_3, \\ x_3 = \qquad\qquad y_3. \end{cases}$

可逆变换: $\boldsymbol{x}=\boldsymbol{C}\boldsymbol{y}$, $\boldsymbol{C}=\begin{pmatrix}1 & -1 & 1/3\\ 0 & 1 & 2/3\\ 0 & 0 & 1\end{pmatrix}$.

标准形: $f=2y_1^2+3y_2^2+\dfrac{5}{3}y_3^2$.

与例 5-15 比较可知, 这说明二次型的标准形是不唯一的.

第二种情形:

如果二次型 f 中不含平方项, 可利用两个数的平方差公式作变换, 在 f 中凑出平方项, 再利用第一种情形的方法进行运算.

例 5-19　$f(x_1,x_2,x_3)=2x_1x_2+2x_1x_3-6x_2x_3$, 用配方法化 $f(x_1,x_2,x_3)$ 为标准形.

解　先凑平方项

令 $\begin{cases}x_1=y_1+y_2,\\ x_2=y_1-y_2,\\ x_3=\quad\quad y_3,\end{cases}$ 即 $\boldsymbol{x}=\boldsymbol{C}_1\boldsymbol{y}$: $\boldsymbol{C}_1=\begin{pmatrix}1 & 1 & 0\\ 1 & -1 & 0\\ 0 & 0 & 1\end{pmatrix}$.

代入原二次型, 得

$$\begin{aligned}f&=2y_1^2-2y_2^2+2y_1y_3+2y_2y_3-6y_1y_3+6y_2y_3\\&=2[y_1^2-2y_1y_3]-2y_2^2+8y_2y_3\\&=2[(y_1-y_3)^2-y_3^2]-2y_2^2+8y_2y_3\\&=2(y_1-y_3)^2-2[y_2^2-4y_2y_3]-2y_3^2\\&=2(y_1-y_3)^2-2[(y_2-2y_3)^2-4y_3^2]-2y_3^2\\&=2(y_1-y_3)^2-2(y_2-2y_3)^2+6y_3^2\end{aligned}$$

再令 $\begin{cases}z_1=y_1\quad -\ y_3,\\ z_2=\quad y_2-2y_3,\\ z_3=\quad\quad y_3,\end{cases}$ 则 $\begin{cases}y_1=z_1\quad +\ z_3,\\ y_2=\quad z_2+2z_3,\\ y_3=\quad\quad z_3.\end{cases}$

即
$$\boldsymbol{y}=\boldsymbol{C}_2\boldsymbol{z}:\ \boldsymbol{C}_2=\begin{pmatrix}1 & 0 & 1\\ 0 & 1 & 2\\ 0 & 0 & 1\end{pmatrix}$$

可逆变换
$$\boldsymbol{x}=\boldsymbol{C}_1\boldsymbol{y}=\boldsymbol{C}_1\boldsymbol{C}_2\boldsymbol{z}=\boldsymbol{C}\boldsymbol{z},\ \boldsymbol{C}=\boldsymbol{C}_1\boldsymbol{C}_2=\begin{pmatrix}1 & 1 & 3\\ 1 & -1 & -1\\ 0 & 0 & 1\end{pmatrix}$$

将原二次型化为标准形: $f=2z_1^2-2z_2^2+6z_3^2$.

导读与提示

本节内容:

通过例子讲解了求二次型的标准形的另一种方法——配方法.

本节要求:
会用配方法化二次型为标准形.

习 题 5.6

用配方法化下面二次型为标准形, 并求出可逆变换矩阵.

(1) $f(x_1,x_2,x_3)=x_1^2+2x_1x_2-4x_1x_3-3x_2^2-6x_2x_3+x_3^2$;

(2) $f(x,y,z)=xy+xz+yz$;

(3) $f(u,v,w)=2v^2-w^2+uv+uw$.

5.7 正 定 二 次 型

5.7.1 惯性定理

从前面可知, 二次型的标准形不是唯一的. 下面我们进一步学习有关二次型的理论.

设可逆变换 $\boldsymbol{x}=\boldsymbol{C}\boldsymbol{y}$, 使得

$$f=\boldsymbol{x}^{\mathrm{T}}\boldsymbol{A}\boldsymbol{x}=\boldsymbol{y}^{\mathrm{T}}(\boldsymbol{C}^{\mathrm{T}}\boldsymbol{A}\boldsymbol{C})\boldsymbol{y}=d_1y_1^2+d_2y_2^2+\cdots+d_ny_n^2$$

如果限定变换是实变换, 则有下面的惯性定理.

定理 5-12 设 $f=\boldsymbol{x}^{\mathrm{T}}\boldsymbol{A}\boldsymbol{x}$ 的秩为 r, 则在 f 的标准形中:

(1) 系数不为 0 的平方项的个数一定是 r;

(2) 正项个数 p 一定, 称为 f 的正惯性指数;

(3) 负项个数 $r-p$ 一定, 称为 f 的负惯性指数.

(证明略)

从定理 5-12 可知, 标准形中系数不为 0 的平方项的项数、系数为正的平方项的项数、系数为负的平方项的项数都是唯一的.

5.7.2 正定二次型

正定二次型: $\forall \boldsymbol{x}\neq\boldsymbol{0}$, $f=\boldsymbol{x}^{\mathrm{T}}\boldsymbol{A}\boldsymbol{x}>0$, 称 f 为正定二次型, $\boldsymbol{A}$ 为正定矩阵.

负定二次型: $\forall \boldsymbol{x}\neq\boldsymbol{0}$, $f=\boldsymbol{x}^{\mathrm{T}}\boldsymbol{A}\boldsymbol{x}<0$, 称 f 为负定二次型, $\boldsymbol{A}$ 为负定矩阵.

定理 5-13 $f=\boldsymbol{x}^{\mathrm{T}}\boldsymbol{A}\boldsymbol{x}$ 为正定二次型 $\Leftrightarrow$ f 的标准形中 $d_i>0\ (i=1,2,\cdots,n)$ $\Leftrightarrow$ 正惯性指数$=n$. (证明见 5.8 节)

推论 1 设 $\boldsymbol{A}_{n\times n}$ 为实对称矩阵, 则 $\boldsymbol{A}$ 为正定矩阵 $\Leftrightarrow$ $\boldsymbol{A}$ 的特征值全为正数.

推论 2 设 $\boldsymbol{A}_{n\times n}$ 为实对称正定矩阵, 则 $|\boldsymbol{A}|>0$.

定理 5-14 设 $\boldsymbol{A}_{n\times n}$ 是实对称矩阵, 则 $\boldsymbol{A}$ 为正定矩阵 $\Leftrightarrow$ $\boldsymbol{A}$ 的顺序主子式全为正数, 即

$$a_{11}>0,\ \begin{vmatrix} a_{11} & a_{12} \\ a_{21} & a_{22} \end{vmatrix}>0,\cdots,\ \begin{vmatrix} a_{11} & \cdots & a_{1n} \\ \vdots & & \vdots \\ a_{n1} & \cdots & a_{nn} \end{vmatrix}>0$$

(证明略).

定理 5-15　设 $\boldsymbol{A}_{n\times n}$ 是实对称矩阵, 则:

　$f=\boldsymbol{x}^{\mathrm{T}}\boldsymbol{A}\boldsymbol{x}$ 为负定二次型;

$\Leftrightarrow -f=\boldsymbol{x}^{\mathrm{T}}(-\boldsymbol{A})\boldsymbol{x}$ 为正定二次型;

$\Leftrightarrow$ f 的负惯性指数为 n;

$\Leftrightarrow$ $\boldsymbol{A}$ 的特征值全为负数;

$\Leftrightarrow$ $\boldsymbol{A}$ 的奇数阶顺序主子式全为负数, $\boldsymbol{A}$ 的偶数阶顺序主子式全为正数, 即

$$(-1)^r\begin{vmatrix}a_{11} & \cdots & a_{1r}\\ \vdots & & \vdots\\ a_{r1} & \cdots & a_{rr}\end{vmatrix}>0\ (r=1,2,\cdots,n)$$

(证明略)

例 5-20　判断下列二次型的正定性:

(1) $f(x_1,x_2,x_3)=5x_1^2+x_2^2+5x_3^2+4x_1x_2-8x_1x_3-4x_2x_3$;

(2) $f(x_1,x_2,x_3)=-5x_1^2-6x_2^2-4x_3^2+4x_1x_2+4x_1x_3$.

解 (1) $\boldsymbol{A}=\begin{pmatrix}5 & 2 & -4\\ 2 & 1 & -2\\ -4 & -2 & 5\end{pmatrix}$, $a_{11}=5>0$, $\begin{vmatrix}5 & 2\\ 2 & 1\end{vmatrix}=1>0$, $|\boldsymbol{A}|=1>0$.

故 $\boldsymbol{A}$ 为正定矩阵, f 为正定二次型.

(2) $\boldsymbol{A}=\begin{pmatrix}-5 & 2 & 2\\ 2 & -6 & 0\\ 2 & 0 & -4\end{pmatrix}$, $a_{11}=-5<0$, $\begin{vmatrix}-5 & 2\\ 2 & -6\end{vmatrix}=26>0$, $|\boldsymbol{A}|=-80<0$.

故 $\boldsymbol{A}$ 为负定矩阵, f 为负定二次型.

例 5-21　当 λ 取何值时, 二次型 $f(x_1,x_2,x_3)$ 为正定二次型, 其中

$$f(x_1,x_2,x_3)=x_1^2+2x_1x_2+4x_1x_3+2x_2^2+6x_2x_3+\boldsymbol{\lambda}x_3^2$$

解　二次型 $f(x_1,x_2,x_3)$ 的矩阵为 $\boldsymbol{A}=\begin{pmatrix}1 & 1 & 2\\ 1 & 2 & 3\\ 2 & 3 & \boldsymbol{\lambda}\end{pmatrix}$, $\boldsymbol{A}$ 的各阶顺序主子式

$$|\boldsymbol{A}_1|=1>0,\ |\boldsymbol{A}_2|=\begin{vmatrix}1 & 1\\ 1 & 2\end{vmatrix}=1>0,\ |\boldsymbol{A}_3|=|\boldsymbol{A}|=\lambda-5$$

因此, 当 $\boldsymbol{\lambda}>5$ 时, $f(x_1,x_2,x_3)$ 为正定二次型.

导 读 与 提 示

本节内容:

1. 惯性定理;
2. 正定二次型.

本节要求:

1. 理解惯性定理;
2. 理解正定二次型的定义;
3. 会利用标准形、特征值、正惯性指数、顺序主子式等判断正定二次型及正定矩阵.

习 题 5.7

1. 判断下列二次型的正定性.

(1) $f(x_1,x_2,x_3)=3x_1^2+4x_1x_2+2x_1x_3+2x_2^2$;

(2) $f(x_1,x_2,x_3)=5x_1^2+5x_2^2+5x_3^2+4x_1x_2-4x_1x_3-2x_2x_3$;

(3) $f(x_1,x_2,x_3,x_4)=x_1^2+3x_2^2+9x_3^2+19x_4^2-2x_1x_2+4x_1x_3+2x_1x_4-6x_2x_4$.

2. 设 $f(x_1,x_2,x_3)=x_1^2+x_2^2+5x_3^2+2ax_1x_2-2x_1x_3+4x_2x_3$ 为正定二次型, 求 a.

5.8* 相关结论证明

5.8.1 向量的内积、长度及正交性(5.1 节)

施瓦茨(Schwarz)不等式

$$(\boldsymbol{x},\boldsymbol{y})^2\leqslant(\boldsymbol{x},\boldsymbol{x})\cdot(\boldsymbol{y},\boldsymbol{y})$$

证明 对于任一实数 t, 根据内积的性质(4)有

$$(t\boldsymbol{x}+\boldsymbol{y},t\boldsymbol{x}+\boldsymbol{y})=(\boldsymbol{x},\boldsymbol{x})t^2+2(\boldsymbol{x},\boldsymbol{y})t+(\boldsymbol{y},\boldsymbol{y})\geqslant 0$$

根据二次三项式的判别式, 有

$$\Delta=4[(\boldsymbol{x},\boldsymbol{y})^2-(\boldsymbol{x},\boldsymbol{x})(\boldsymbol{y},\boldsymbol{y})]\leqslant 0$$

所以

$$(\boldsymbol{x},\boldsymbol{y})^2\leqslant(\boldsymbol{x},\boldsymbol{x})\cdot(\boldsymbol{y},\boldsymbol{y})$$

证毕.

定理 5-1 设 $\boldsymbol{a}_1,\boldsymbol{a}_2,\cdots,\boldsymbol{a}_m$ 为正交向量组, 则该向量组线性无关.

证明 设 $k_1\boldsymbol{a}_1+k_2\boldsymbol{a}_2+\cdots+k_m\boldsymbol{a}_m=\boldsymbol{0}$, 两端与 $\boldsymbol{\alpha}_i\ (i=1,2,\cdots,m)$ 作内积可得

$$k_1(\boldsymbol{a}_1,\boldsymbol{a}_i)+\cdots+k_i(\boldsymbol{a}_i,\boldsymbol{a}_i)+\cdots+k_m(\boldsymbol{a}_m,\boldsymbol{a}_i)=(\boldsymbol{0},\boldsymbol{a}_i)=0$$

当 $i\neq j$ 时, $(\boldsymbol{a}_i,\boldsymbol{a}_j)=0$, 于是有

$k_i(\boldsymbol{a}_i,\boldsymbol{a}_i)=0\Rightarrow$ 只有 $k_i=0$ (因为 $\boldsymbol{a}_i\neq\boldsymbol{0}$).

所以, $k_1=k_2=\cdots=k_m=0$ 都成立, 故 $\boldsymbol{a}_1,\boldsymbol{a}_2,\cdots,\boldsymbol{a}_m$ 线性无关. 证毕.

定理 5-2 $\boldsymbol{A}_n$ 为正交矩阵 $\Leftrightarrow$ $\boldsymbol{A}$ 的 n 个列向量构成 R^n 的规范正交基.

证明 记 $\boldsymbol{A}=(\boldsymbol{a}_1,\boldsymbol{a}_2,\cdots,\boldsymbol{a}_n)$, 则由定义

$$\boldsymbol{A}^{\mathrm{T}}\boldsymbol{A}=\begin{pmatrix}\boldsymbol{a}_1^{\mathrm{T}}\\ \boldsymbol{a}_2^{\mathrm{T}}\\ \vdots\\ \boldsymbol{a}_n^{\mathrm{T}}\end{pmatrix}(\boldsymbol{a}_1,\boldsymbol{a}_2,\cdots,\boldsymbol{a}_n)=\begin{pmatrix}\boldsymbol{a}_1^{\mathrm{T}}\boldsymbol{a}_1 & \boldsymbol{a}_1^{\mathrm{T}}\boldsymbol{a}_2 & \cdots & \boldsymbol{a}_1^{\mathrm{T}}\boldsymbol{a}_n\\ \boldsymbol{a}_2^{\mathrm{T}}\boldsymbol{a}_1 & \boldsymbol{a}_2^{\mathrm{T}}\boldsymbol{a}_2 & \cdots & \boldsymbol{a}_2^{\mathrm{T}}\boldsymbol{a}_n\\ \cdots & \cdots & & \cdots\\ \boldsymbol{a}_n^{\mathrm{T}}\boldsymbol{a}_1 & \boldsymbol{a}_n^{\mathrm{T}}\boldsymbol{a}_2 & \cdots & \boldsymbol{a}_n^{\mathrm{T}}\boldsymbol{a}_n\end{pmatrix}$$

所以, $\boldsymbol{A}^{\mathrm{T}}\boldsymbol{A}=\boldsymbol{E}\Leftrightarrow \boldsymbol{a}_i^{\mathrm{T}}\boldsymbol{a}_j=\boldsymbol{\delta}_{ij}=\begin{cases}1, & 当=j,\\ 0, & 当\neq j,\end{cases}\ (i,j=1,2,\cdots,n).$ 　证毕.

5.8.2　方阵的特征值与特征向量(5.2 节)

定理 5-3　设 n 阶方阵 $\boldsymbol{A}$ 的 n 个复特征值为: $\lambda_1,\lambda_2,\cdots,\lambda_n$, 则:

(1) $\lambda_1\lambda_2\cdots\lambda_n=|\boldsymbol{A}|$;

(2) $\lambda_1+\lambda_2+\cdots+\lambda_n=a_{11}+a_{22}+\cdots+a_{nn}$ ($\mathrm{tr}(\boldsymbol{A})=\sum_{i=1}^{n}a_{ii}=\sum_{i=1}^{n}\boldsymbol{\lambda}_i$, 称为 $\boldsymbol{A}$ 的迹).

证明 (1) 矩阵 $\boldsymbol{A}$ 的特征多项式为

$$|\lambda\boldsymbol{E}-\boldsymbol{A}|=\prod_{i=1}^{n}(\lambda-\lambda_i)=\lambda^n-(\lambda_1+\lambda_2+\cdots+\lambda_n)\lambda^{n-1}+\cdots+(-1)^n\lambda_1\lambda_2\cdots\lambda_n$$

令 $\lambda=0$, 得

$$|-\boldsymbol{A}|=(-1)^n|\boldsymbol{A}|=(-1)^n\lambda_1\lambda_2\cdots\lambda_n$$

所以

$$\lambda_1\lambda_2\cdots\lambda_n=|\boldsymbol{A}|$$

(2) 由

$$|\lambda\boldsymbol{E}-\boldsymbol{A}|=\begin{vmatrix}\lambda-a_{11} & -a_{12} & \cdots & -a_{1n}\\ -a_{21} & \lambda-a_{22} & \cdots & -a_{2n}\\ \vdots & \vdots & & \vdots\\ -a_{n1} & -a_{n2} & \cdots & \lambda-a_{nn}\end{vmatrix}$$

不难看出, $\prod_{i=1}^{n}(\lambda-a_{ii})$ 为 $|\lambda\boldsymbol{E}-\boldsymbol{A}|$ 的展开式中的一项. 在 $|\lambda\boldsymbol{E}-\boldsymbol{A}|$ 的展开式中的含有 λ^n 和 λ^{n-1} 的项只可能包含在

$$\prod_{i=1}^{n}(\lambda-a_{ii})$$

中, 故

$$|\lambda\boldsymbol{E}-\boldsymbol{A}|=\lambda^n-\left(\sum_{i=1}^{n}a_{ii}\right)\lambda^{n-1}+\ \cdots\ +(-1)^n|\boldsymbol{A}|$$

两个特征多项式比较可得

$$\mathrm{tr}(\boldsymbol{A})=\sum_{i=1}^{n}a_{ii}=\sum_{i=1}^{n}\lambda_i$$

证毕.

定理 5-4　设 $\lambda_1,\lambda_2,\cdots,\lambda_m$ 为矩阵 $\boldsymbol{A}_{n\times n}$ 的 m 个互异特征值, 对应的特征向量依次为 $\boldsymbol{p}_1,\boldsymbol{p}_2,\cdots,\boldsymbol{p}_m$, 则向量组 $\boldsymbol{p}_1,\boldsymbol{p}_2,\cdots,\boldsymbol{p}_m$ 线性无关.

证明　利用数学归纳法.

(1) 当 $m=2$ 时, 令

$$k_1\boldsymbol{p}_1+k_2\boldsymbol{p}_2=\boldsymbol{0} \qquad ①$$

则

$$A(k_1 \boldsymbol{p}_1 + k_2 \boldsymbol{p}_2) = k_1 \lambda_1 \boldsymbol{p}_1 + k_2 \lambda_2 \boldsymbol{p}_2 = \boldsymbol{0} \qquad ②$$

$\lambda_1 \times$①$-$②得

$$k_2(\lambda_1 - \lambda_2)\boldsymbol{p}_2 = \boldsymbol{0}$$

由于$\lambda_1 - \lambda_2 \neq 0$, $\boldsymbol{p}_2 \neq \boldsymbol{0}$, 所以, $k_2 = 0$. 代入①可得 $k_1 = 0$. 于是, 当$m = 2$时, 定理成立.

(2) 假设当$m = s-1$时定理成立, 下面证明对于$m = s$定理也成立.

令

$$k_1 \boldsymbol{p}_1 + k_2 \boldsymbol{p}_2 + \cdots + k_s \boldsymbol{p}_s = \boldsymbol{0} \qquad ③$$

则

$$A(k_1 \boldsymbol{p}_1 + k_2 \boldsymbol{p}_2 + \cdots + k_s \boldsymbol{p}_s) = k_1 \lambda_1 \boldsymbol{p}_1 + k_2 \lambda_2 \boldsymbol{p}_2 + \cdots + k_s \lambda_s \boldsymbol{p}_s = \boldsymbol{0} \qquad ④$$

$\lambda_m \times$③$-$④得

$$k_1(\lambda_s - \lambda_1)\boldsymbol{p}_1 + k_2(\lambda_s - \lambda_2)\boldsymbol{p}_2 + \cdots + k_{s-1}(\lambda_s - \lambda_{s-1})\boldsymbol{p}_{s-1} = \boldsymbol{0}$$

由归纳假设, $\boldsymbol{p}_1, \boldsymbol{p}_2, \cdots, \boldsymbol{p}_{s-1}$ 线性无关, 所以$k_i(\lambda_s - \lambda_i) = 0$ ($i = 1,2,\cdots,s-1$). 而$\lambda_s - \lambda_i \neq 0$, 所以 $k_i = 0$ ($i = 1,2,\cdots,s-1$). 代入③式, 可得$k_s = 0$. 证毕.

定理 5-5 设$\lambda_1, \lambda_2, \cdots, \lambda_s$为矩阵$\boldsymbol{A}_{n\times n}$的$s$个互异特征值, $\boldsymbol{p}_1^{(i)}, \boldsymbol{p}_2^{(i)}, \cdots, \boldsymbol{p}_{m_i}^{(i)}$是$\lambda_i$ ($i = 1,2,\cdots,s$)对应的一组线性无关的特征向量. 则向量组

$$\boldsymbol{p}_1^{(1)}, \boldsymbol{p}_2^{(1)}, \cdots, \boldsymbol{p}_{m_1}^{(1)};\ \ \boldsymbol{p}_1^{(2)}, \boldsymbol{p}_2^{(2)}, \cdots, \boldsymbol{p}_{m_2}^{(2)}; \cdots;\ \boldsymbol{p}_1^{(m)}, \boldsymbol{p}_2^{(m)}, \cdots, \boldsymbol{p}_{m_s}^{(m)}$$

线性无关.

证明 设常数 $k_{i1}, k_{i2}, \cdots, k_{im_i}$ ($i = 1,2,\cdots,s$), 使得

$$\sum_{j=1}^{m_1} k_{1j} \boldsymbol{p}_j^{(1)} + \sum_{j=1}^{m_2} k_{2j} \boldsymbol{p}_j^{(2)} + \cdots + \sum_{j=1}^{m_s} k_{sj} \boldsymbol{p}_j^{(s)} = \boldsymbol{0}$$

记$\boldsymbol{z}_i = \sum_{j=1}^{m_i} k_{ij} \boldsymbol{p}_j^{(i)}$ ($i = 1,2,\cdots,s$). 上式变为

$$\boldsymbol{z}_1 + \boldsymbol{z}_2 + \cdots + \boldsymbol{z}_s = \boldsymbol{0}$$

若存在$\boldsymbol{z}_i \neq \boldsymbol{0}$, 则$\boldsymbol{z}_i$是矩阵$\boldsymbol{A}_{n\times n}$的对应于$\lambda_i$的特征向量.这与定理 5-4 矛盾, 所以有

$$\boldsymbol{z}_i = \sum_{j=1}^{m_i} k_{ij} \boldsymbol{p}_j^{(i)} = \boldsymbol{0} \ \ (i = 1,2,\cdots,s)$$

由于$\boldsymbol{p}_j^{(i)}$ ($j = 1,2,\cdots,m_i$)线性无关, 所以, $k_{ij} = 0$ ($j = 1,2,\cdots,m_i$; $i = 1,2,\cdots,s$) 证毕.

5.8.3 相似矩阵(5.3 节)

定理 5-6 $\boldsymbol{A}$相似于$\boldsymbol{B} \Rightarrow |\boldsymbol{A} - \lambda\boldsymbol{E}| = |\boldsymbol{B} - \lambda\boldsymbol{E}| \Rightarrow \boldsymbol{A}$与$\boldsymbol{B}$的特征值相同.

证明 由$\boldsymbol{P}^{-1}\boldsymbol{A}\boldsymbol{P} = \boldsymbol{B}$, 可得

$$\boldsymbol{B} - \lambda\boldsymbol{E} = \boldsymbol{P}^{-1}\boldsymbol{A}\boldsymbol{P} - \lambda\boldsymbol{E} = \boldsymbol{P}^{-1}(\boldsymbol{A} - \lambda\boldsymbol{E})\boldsymbol{P}$$

$$|\boldsymbol{B} - \lambda\boldsymbol{E}| = |\boldsymbol{P}^{-1}| \cdot |\boldsymbol{A} - \lambda\boldsymbol{E}| \cdot |\boldsymbol{P}| = |\boldsymbol{P}|^{-1} \cdot |\boldsymbol{A} - \lambda\boldsymbol{E}| \cdot |\boldsymbol{P}| = |\boldsymbol{A} - \lambda\boldsymbol{E}|$$

第二个结论显然.

定理 5-7　n阶方阵$\boldsymbol{A}$可对角化$\Leftrightarrow$$\boldsymbol{A}$有$n$个线性无关的特征向量.

证明

$$\boldsymbol{P}^{-1}\boldsymbol{A}\boldsymbol{P}=\boldsymbol{\Lambda}=\begin{pmatrix}\lambda_1 & & & \\ & \lambda_2 & & \\ & & \ddots & \\ & & & \lambda_n\end{pmatrix}\Leftrightarrow \boldsymbol{A}\boldsymbol{P}=\begin{pmatrix}\lambda_1 & & & \\ & \lambda_2 & & \\ & & \ddots & \\ & & & \lambda_n\end{pmatrix}\boldsymbol{P}$$

将矩阵$\boldsymbol{P}$进行列分块, $\boldsymbol{P}=(\boldsymbol{p}_1,\boldsymbol{p}_2,\cdots,\boldsymbol{p}_n)$, 代入上式右边得

$$(\boldsymbol{A}\boldsymbol{p}_1,\boldsymbol{A}\boldsymbol{p}_2,\cdots,\boldsymbol{A}\boldsymbol{p}_n)=(\lambda_1\boldsymbol{p}_1,\lambda_2\boldsymbol{p}_2,\cdots,\lambda_n\boldsymbol{p}_n)$$

即

$$\boldsymbol{A}\boldsymbol{p}_i=\lambda_i\boldsymbol{p}_i\quad(i=1,2,\cdots,n)$$

证毕.

可以看出, $\boldsymbol{P}^{-1}\boldsymbol{A}\boldsymbol{P}=\begin{pmatrix}\lambda_1 & & \\ & \ddots & \\ & & \lambda_n\end{pmatrix}=\boldsymbol{\Lambda}$的主对角元素为$\boldsymbol{A}$的特征值.

5.8.4　对称矩阵的对角化(5.4 节)

定理 5-8　若$\boldsymbol{A}^{\mathrm{T}}=\boldsymbol{A}$, 则其特征值为实数.

证明　设$\boldsymbol{\lambda}$为$\boldsymbol{A}$的特征值(注意到本书的矩阵都是实矩阵), $\boldsymbol{x}$为相应的特征向量, 则

$$\overline{\boldsymbol{x}}^{\mathrm{T}}\boldsymbol{A}\boldsymbol{x}=\overline{\boldsymbol{x}}^{\mathrm{T}}(\boldsymbol{A}\boldsymbol{x})=\overline{\boldsymbol{x}}^{\mathrm{T}}\lambda\boldsymbol{x}=\lambda\overline{\boldsymbol{x}}^{\mathrm{T}}\boldsymbol{x}$$

$$\overline{\boldsymbol{x}}^{\mathrm{T}}\boldsymbol{A}\boldsymbol{x}=\overline{\boldsymbol{x}}^{\mathrm{T}}(\boldsymbol{A}^{\mathrm{T}}\boldsymbol{x})=(\boldsymbol{A}\overline{\boldsymbol{x}})^{\mathrm{T}}\boldsymbol{x}=(\overline{\boldsymbol{A}}\overline{\boldsymbol{x}})^{\mathrm{T}}\boldsymbol{x}=(\overline{\boldsymbol{A}\boldsymbol{x}})^{\mathrm{T}}\boldsymbol{x}=\overline{\lambda\boldsymbol{x}}^{\mathrm{T}}\boldsymbol{x}=\overline{\lambda}\overline{\boldsymbol{x}}^{\mathrm{T}}\boldsymbol{x}$$

两式相减, 得

$$(\boldsymbol{\lambda}-\overline{\boldsymbol{\lambda}})\overline{\boldsymbol{x}}^{\mathrm{T}}\boldsymbol{x}=0$$

由于$\overline{\boldsymbol{x}}^{\mathrm{T}}\boldsymbol{x}\neq 0$, 则$\lambda-\overline{\lambda}=0$, 即$\lambda=\overline{\lambda}$.　　证毕.

定理 5-9　$\boldsymbol{A}^{\mathrm{T}}=\boldsymbol{A}$, 特征值$\lambda_1\neq\lambda_2$, 对应的特征向量依次为$\boldsymbol{p}_1,\boldsymbol{p}_2$, 则$\boldsymbol{p}_1\perp\boldsymbol{p}_2$.

证明

$$\boldsymbol{A}\boldsymbol{p}_1=\lambda_1\boldsymbol{p}_1,\ \boldsymbol{A}\boldsymbol{p}_2=\lambda_2\boldsymbol{p}_2$$

$$\boldsymbol{p}_1^{\mathrm{T}}\boldsymbol{A}\boldsymbol{p}_2=\boldsymbol{p}_1^{\mathrm{T}}(\boldsymbol{A}\boldsymbol{p}_2)=\boldsymbol{p}_1^{\mathrm{T}}(\lambda_2\boldsymbol{p}_2)=\lambda_2(\boldsymbol{p}_1^{\mathrm{T}}\boldsymbol{p}_2)$$

$$\boldsymbol{p}_1^{\mathrm{T}}\boldsymbol{A}\boldsymbol{p}_2=\boldsymbol{p}_1^{\mathrm{T}}\boldsymbol{A}^{\mathrm{T}}\boldsymbol{p}_2=(\boldsymbol{A}\boldsymbol{p}_1)^{\mathrm{T}}\boldsymbol{p}_2=(\lambda_1\boldsymbol{p}_1)^{\mathrm{T}}\boldsymbol{p}_2=\lambda_1(\boldsymbol{p}_1^{\mathrm{T}}\boldsymbol{p}_2)$$

故

$$\lambda_1(\boldsymbol{p}_1^{\mathrm{T}}\boldsymbol{p}_2)=\lambda_2(\boldsymbol{p}_1^{\mathrm{T}}\boldsymbol{p}_2)\Rightarrow\boldsymbol{p}_1^{\mathrm{T}}\boldsymbol{p}_2=0\Rightarrow\boldsymbol{p}_1\perp\boldsymbol{p}_2\quad(\text{因为}\lambda_1\neq\lambda_2)$$

证毕.

定理 5-10　推论　设$\boldsymbol{A}^{\mathrm{T}}=\boldsymbol{A}$, 若$\lambda$是$\boldsymbol{A}$的$r$重特征值, 则对应于特征值$\lambda$一定有$r$个线性无关的特征向量.

证明　由定理 5-10, 实对称矩阵$\boldsymbol{A}$相似于对角阵$\boldsymbol{\Lambda}=\mathrm{diag}(\lambda_1,\lambda_2,\cdots,\lambda_n)$, 则$\boldsymbol{A}-\boldsymbol{\lambda E}$相似于对角阵$\boldsymbol{\Lambda}-\lambda\boldsymbol{E}=\mathrm{diag}(\lambda_1-\lambda,\lambda_2-\lambda,\cdots,\lambda_n-\lambda)$. 若$\lambda$是$\boldsymbol{A}$的$r$重特征值, $\lambda_1,\lambda_2,\cdots,\lambda_n$中有$r$个等于$\lambda$. 从而, $\boldsymbol{\Lambda}-\lambda\boldsymbol{E}$的对角元素有$r$个等于 0, $R(\boldsymbol{\Lambda}-\lambda\boldsymbol{E})=n-r=R(\boldsymbol{A}-\lambda\boldsymbol{E})$. 线性方程组$(\boldsymbol{A}-\lambda\boldsymbol{E})\boldsymbol{x}=\boldsymbol{0}$的基础解系含有$r$个线性无关的解向量, 即对应于特征值$\lambda$一定有$r$个线性无关的特征向量.　　证毕.

5.8.5　二次型及其标准形(5.5 节)

定理 5-11　任何二次型 $\sum_{i,j=1}^{n} a_{ij}x_i x_j\,(a_{ij}-a_{ji})$，总存在正交变换 $\boldsymbol{x}=\boldsymbol{Q}\boldsymbol{y}$，使 f 化为标准形

$$f=\lambda_1 y_1^2+\lambda_2 y_2^2+\cdots+\lambda_n y_n^2$$

其中 $\lambda_1,\lambda_2,\cdots,\lambda_n$ 是矩阵 $\boldsymbol{A}=(a_{ij})$ 的特征值.

证明　由定理 5-10, 存在正交矩阵 $\boldsymbol{Q}$, 使得 $\boldsymbol{Q}^{\mathrm{T}}\boldsymbol{A}\boldsymbol{Q}=\boldsymbol{\Lambda}$. 令 $\boldsymbol{x}=\boldsymbol{Q}\boldsymbol{y}$，则

$$\begin{aligned} f&=\sum_{i,j=1}^{n} a_{ij}x_i x_j=\boldsymbol{x}^{\mathrm{T}}\boldsymbol{A}\boldsymbol{x}=(\boldsymbol{Q}\boldsymbol{y})^{\mathrm{T}}\boldsymbol{A}(\boldsymbol{Q}\boldsymbol{y})=\boldsymbol{y}^{\mathrm{T}}(\boldsymbol{Q}^{\mathrm{T}}\boldsymbol{A}\boldsymbol{Q})\boldsymbol{y}=\boldsymbol{y}^{\mathrm{T}}\boldsymbol{\Lambda}\boldsymbol{y}\\ &=\lambda_1 y_1^2+\lambda_2 y_2^2+\cdots+\lambda_n y_n^2\end{aligned}$$

证毕.

5.8.6　正定二次型(5.7 节)

定理 5-13　$f=\boldsymbol{x}^{\mathrm{T}}\boldsymbol{A}\boldsymbol{x}$ 为正定二次型 $\Leftrightarrow$ f 的标准形中 $d_i>0\,(i=1,2,\cdots,n)$ $\Leftrightarrow$ 正惯性指数$=n$.

证明　只证前一个等价式子. 设可逆变换 $\boldsymbol{x}=\boldsymbol{C}\boldsymbol{y}$ 使得

$$f(\boldsymbol{x})=f(\boldsymbol{C}\boldsymbol{y})=\sum_{i=1}^{n} d_i y_i^2$$

$\Leftarrow$) 若 $d_i>0\,(i=1,2,\cdots,n)$，则对任意 $\boldsymbol{x}\neq\boldsymbol{0}$，有 $\boldsymbol{y}=\boldsymbol{C}^{-1}\boldsymbol{x}\neq\boldsymbol{0}$，有

$$f(\boldsymbol{x})=f(\boldsymbol{C}\boldsymbol{y})=\sum_{i=1}^{n} d_i y_i^2>0$$

$\Rightarrow$) 用反证法. 假设存在 $d_s\leqslant 0$. 取 $\boldsymbol{y}=\boldsymbol{e}_s$ (单位向量), 有 $f(\boldsymbol{C}\boldsymbol{e}_s)=d_s\leqslant 0$. 由于矩阵 $\boldsymbol{C}$ 是可逆矩阵, 所以 $\boldsymbol{C}\boldsymbol{e}_s(=\boldsymbol{x})\neq\boldsymbol{0}$，这与 $f=\boldsymbol{x}^{\mathrm{T}}\boldsymbol{A}\boldsymbol{x}$ 为正定二次型矛盾.　　证毕.

复　习　题　5

1. 填空题

(1) 设 $\boldsymbol{A}$ 是 n 阶方阵，$\boldsymbol{A}^*$ 是 $\boldsymbol{A}$ 的伴随矩阵，$|\boldsymbol{A}|=2$，则方阵 $\boldsymbol{B}=\boldsymbol{A}\boldsymbol{A}^*$ 的特征值是________, 特征向量是________;

(2) 三阶方阵 $\boldsymbol{A}$ 的特征值是 $1,-1,2$, 则 $\boldsymbol{B}=2\boldsymbol{A}^3-3\boldsymbol{A}^2$ 的特征值是________;

(3) 设 $\boldsymbol{A}=\begin{pmatrix}-1&1&0\\-4&3&0\\1&0&2\end{pmatrix}$，且 $\boldsymbol{A}$ 的特征值为 2 和 1(二重), 那么 $\boldsymbol{A}^{\mathrm{T}}$ 的特征值为________;

(4) 已知矩阵 $\boldsymbol{A}=\begin{pmatrix}2&0&0\\0&0&1\\0&1&x\end{pmatrix}$ 与 $\boldsymbol{B}=\begin{pmatrix}2&0&0\\0&y&0\\0&0&-1\end{pmatrix}$ 相似, 则 $x=$________, $y=$________;

(5) 二次型 $f(x_1,x_2,x_3,x_4)=x_1^2+2x_2^2+3x_3^2+4x_1x_2+2x_3x_2$ 的矩阵是________;

(6) 当＿＿＿＿＿＿时, 实二次型 $f(x_1,x_2,x_3)=x_1^2+x_2^2+5x_3^2+2tx_1x_2-2x_1x_3+4x_2x_3$ 是正定的;

(7) 矩阵 $\boldsymbol{A}=\begin{pmatrix}1 & 2 & 4\\ 2 & 2 & -1\\ 4 & -1 & 3\end{pmatrix}$ 对应的二次型是＿＿＿＿＿;

(8) 当 t 满足＿＿＿＿＿时, 二次型 $f\left(x_1,x_2,x_3\right)=tx_1^2+tx_2^2+tx_3^2+2x_1x_2+2x_1x_3-2x_2x_3$ 是负定的.

2. 计算题

(1) 设 2 是矩阵 $\boldsymbol{A}=\begin{pmatrix}3 & 0 & 1\\ 1 & t & 3\\ 1 & 2 & 1\end{pmatrix}$ 的特征值, 求:

1) t 的值;

2) 对应于 2 的所有特征向量.

(2) 设矩阵 $\boldsymbol{A},\boldsymbol{B}$ 相似, 其中 $\boldsymbol{A}=\begin{pmatrix}-1 & -2 & 2\\ 0 & 1 & 0\\ 0 & 0 & x\end{pmatrix}$, $\boldsymbol{B}=\begin{pmatrix}y & 0 & 0\\ 0 & 1 & 0\\ 0 & 0 & 1\end{pmatrix}$.

1) 求 x,y 的值;

2) 求可逆矩阵 $\boldsymbol{P}$, 使得 $\boldsymbol{P}^{-1}\boldsymbol{AP}=\boldsymbol{B}$.

(3) 已知三阶矩阵 $\boldsymbol{A}$ 的特征值为 $1,2,-1$; 矩阵 $\boldsymbol{B}=\boldsymbol{A}-2\boldsymbol{A}^2+3\boldsymbol{A}^3$, 求:

1) 矩阵 $\boldsymbol{B}$ 的特征值及其相似对角矩阵;

2) 行列式 $|\boldsymbol{B}|$ 及 $\left|\boldsymbol{A}^2-3\boldsymbol{E}\right|$ 的值.

(4) 判断矩阵 $\boldsymbol{A}=\begin{pmatrix}2 & -2 & 0\\ -2 & 1 & -2\\ 0 & -2 & 0\end{pmatrix}$ 可否对角化? 若可对角化, 求可逆矩阵 $\boldsymbol{U}$, 使 $\boldsymbol{U}^{-1}\boldsymbol{AU}$ 为对角矩阵.

(5) 将二次型 $f(x_1,x_2,x_3)=x_1^2+x_2^2+x_3^2+4x_1x_2+4x_1x_3+4x_2x_3$ 化为标准形.

第 5 章阅读材料*

1. 第 5 章知识脉络图

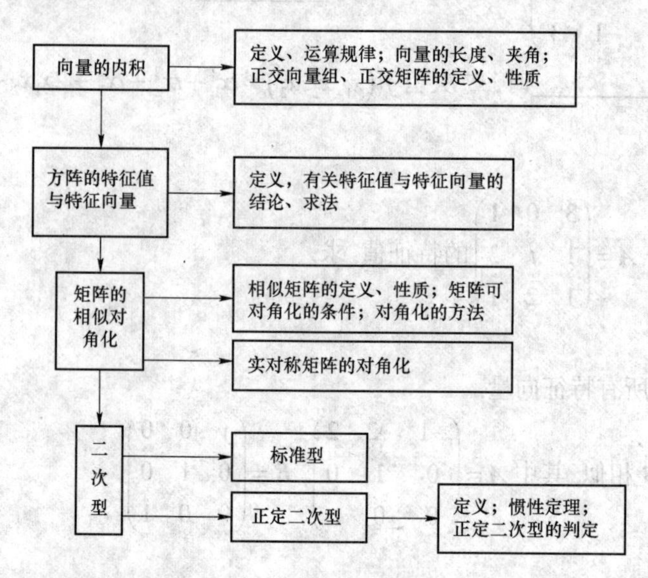

2. 特征值与特征向量应用举例

我们利用特征值和特征向量来研究一种社会问题.

某城镇原有 8000 在婚妇女, 2000 名单身女士, 每年有 30%的在婚妇女离婚, 有 20%的单身女士结婚. 假设婚龄妇女人数和结婚、离婚率都不变, 考察今后每年此城镇在婚、单身女士人数的变化趋势.

将最初在婚、单身女士人数用向量 $\boldsymbol{w}_0=(8000,2000)^{\mathrm{T}}$ 表示, 以后每年的数据分别用向量 $\boldsymbol{w}_1,\boldsymbol{w}_2,\cdots,\boldsymbol{w}_n,\cdots$ 表示. 记

$$\boldsymbol{A}=\begin{pmatrix}0.7 & 0.2\\0.3 & 0.8\end{pmatrix}$$

则

$$\boldsymbol{w}_n=\boldsymbol{A}^n\boldsymbol{w}_0$$

显然

$$\boldsymbol{w}_1=\boldsymbol{A}\boldsymbol{w}_0=\begin{pmatrix}0.7 & 0.2\\0.3 & 0.8\end{pmatrix}\begin{pmatrix}8000\\2000\end{pmatrix}=\begin{pmatrix}6000\\4000\end{pmatrix}.$$

即一年后, 此城镇有已婚女士 6000 人, 未婚女士 4000 人.

经过计算(可借助于 Mathlab 等数学软件), 易得(四舍五入)

$$\boldsymbol{w}_{10}=\begin{pmatrix}4004\\5996\end{pmatrix},\ \boldsymbol{w}_{11}=\begin{pmatrix}4002\\5998\end{pmatrix},\ \boldsymbol{w}_{12}=\begin{pmatrix}4000\\6000\end{pmatrix},\ \boldsymbol{w}_{20}=\begin{pmatrix}4000\\6000\end{pmatrix},\cdots,\ \boldsymbol{w}_{30}=\begin{pmatrix}4000\\6000\end{pmatrix},\cdots$$

可以看出, 若干年后, 该城镇已婚和单身女士的数量(理论上)将稳定在 4000 人和 6000 人.

如果我们修改初始数据, 令 $\boldsymbol{w}_0=(10\,000,0)^{\mathrm{T}}$, 将会得到同样的结果: $\boldsymbol{w}_{14}=\begin{pmatrix}4000\\6000\end{pmatrix}$.

为什么会产生上述现象呢?

事实上, $\begin{pmatrix}4000\\6000\end{pmatrix}=2000\begin{pmatrix}2\\3\end{pmatrix}=2000\boldsymbol{x}_1$, $\boldsymbol{x}_1$ 是矩阵 $\boldsymbol{A}$ 的属于特征值 1 的特征向量, 即

$$\boldsymbol{A}\boldsymbol{x}_1=\begin{pmatrix}0.7&0.2\\0.3&0.8\end{pmatrix}\begin{pmatrix}2\\3\end{pmatrix}=\begin{pmatrix}2\\3\end{pmatrix}=\boldsymbol{x}_1$$

矩阵 $\boldsymbol{A}$ 还有一个属于特征值 $\frac{1}{2}$ 的特征向量 $\boldsymbol{x}_2=(-1,1)^{\mathrm{T}}$, 有

$$\boldsymbol{A}\boldsymbol{x}_2=\begin{pmatrix}0.7&0.2\\0.3&0.8\end{pmatrix}\begin{pmatrix}-1\\1\end{pmatrix}=\begin{pmatrix}-\frac{1}{2}\\\frac{1}{2}\end{pmatrix}=\frac{1}{2}\boldsymbol{x}_2$$

设最初已婚妇女人数为 $p(0\leqslant p\leqslant 10\,000)$, 则

$$\boldsymbol{w}_0=\begin{pmatrix}p\\10\,000-p\end{pmatrix}$$

将 $\boldsymbol{w}_0$ 用 $\boldsymbol{x}_1$, $\boldsymbol{x}_2$ 线性表示, $\boldsymbol{w}_0=c_1\boldsymbol{x}_1+c_2\boldsymbol{x}_2$, 易得

$$\boldsymbol{w}_n=\boldsymbol{A}^n\boldsymbol{w}_0=\boldsymbol{c}_1\boldsymbol{x}_1+\left(\frac{1}{2}\right)^n\boldsymbol{c}_2\boldsymbol{x}_2$$

令 $n\to\infty$, 可以看出 $\boldsymbol{w}_n\to\boldsymbol{c}_1\boldsymbol{x}_1$.

下面确定系数 c_1. 由 $\boldsymbol{w}_0=c_1\boldsymbol{x}_1+c_2\boldsymbol{x}_2$, 可得

$$\begin{cases}2c_1-c_2=p\\3c_1+c_2=10\,000-p\end{cases}$$

两式相加, 得 $c_1=2000$.

于是, 无论最初已婚妇女人数 $p(0\leqslant p\leqslant 10\,000)$ 取何值, 若干年后, 本城镇已婚和单身女士人数理论上都将稳定在 6000 人和 4000 人左右.

本案例参考文献［8］.

附　录

附录A　本书各章内容之间的联系及本书编写思路

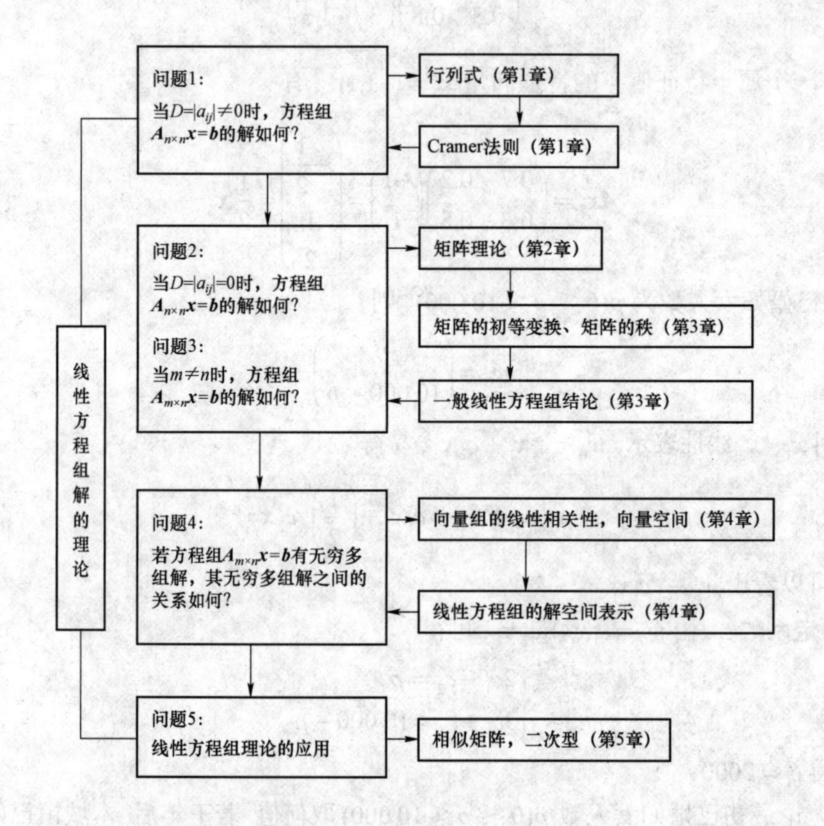

附录B　习题参考答案

第1章

习题 1.1

1. (1) 40; (2) $a^3+b^3+c^3-3abc$;

(3) $bc^2+ab^2+a^2c-a^2b-b^2c-ac^2$ (或 $(c-a)(c-b)(b-a)$); (4) $-2(x^3+y^3)$.

2. (1) $x_1=2, x_2=-\dfrac{7}{2}$; (2) $x_1=-2, x_2=1, x_3=2$; (3) $x=1, y=2, z=7$;

(4) $x=-a, y=b, z=c$.

3. $x=-3$ 或 $x=2$.

4. 这三个数分别为 $7, 5, 3$.

习题 1.2

1. (1) 0; (2) 4; (3) 4; (4) 14; (5) $\dfrac{n(n-1)}{2}$; (6) $n(n-1)$.

2. (1) $i=3, j=8$; (2) $i=6, j=3$.

习题 1.3

1. 略. 2. 略.

习题 1.4

1. $a_{13}a_{22}a_{34}a_{41}$ 和 $-a_{13}a_{22}a_{31}a_{44}$.

2. $-a_{12}a_{21}a_{33}a_{44}a_{55}$, $-a_{14}a_{21}a_{33}a_{45}a_{52}$, $-a_{15}a_{21}a_{33}a_{42}a_{54}$.

3. 略.

习题 1.5

1. (1) 0; (2) 160; (3) $4abcdef$; (4) 1.

2. 略.

习题 1.6

1 (1) 0; (2) 0; (3) $e(d-a)(d-b)(d-c)(c-a)(c-b)(b-a)$;

(4) $(1+ab)(1+cd)+ad$; (5) $1-a^4$.

2. 4; 34.

3. 略.

4. $\lambda=0, 4, 1$.

5. $x=0$, $x=1$.

6. $[1+(n-1)a](1-a)^{n-1}$.

7. $a_2a_3\cdots a_n\left(a_1-\sum\limits_{i=2}^{n}\dfrac{1}{a_i}\right)$.

习题 1.7

1. (1) $x_1=0, x_2=2, x_3=0, x_4=0$; (2) $x=3, y=-\dfrac{3}{2}, z=2, w=-\dfrac{1}{2}$;

(3) $x_1=\dfrac{31}{11}, x_2=-\dfrac{17}{11}, x_3=\dfrac{1}{11}, x_4=\dfrac{5}{11}$.

2. 略.

3. $\lambda=-4,2,5$.

4. $\lambda=2$, μ 为任意数.

习题 1.8

1. (1) $\dfrac{y(x-z)^n-z(x-y)^n}{y-z}$; (2) $\dfrac{\sin(n+1)\theta}{\sin\theta}$;

(3) $(x_1+x_2+\cdots+x_n)\prod\limits_{1\leqslant j<i\leqslant n}(x_i-x_j)\ (n\geqslant 2)$;

(4) $\left(a+\dfrac{n(n+1)}{2}\right)a^{n-1}$.

2. $n!\left(1-\sum\limits_{j=2}^{n}\dfrac{1}{j}\right)$.

复习题 1

1. (1) -2; (2) $k=-1$(二重); (3) 0; (4) $\dfrac{n(n-1)}{2}$; (5) $-$; (6) $(-1)^n a$; (7) 15;

(8) a^5+b^5; (9) 2016!; (10) 0.

2. (1) -170; (2) 0; (3) $x^4+\sum\limits_{i=1}^{4}a_i x^{4-i}$; (4) 0.

3. $\lambda=1$ 或 $\mu=0$.

第 2 章

习题 2.1

1. $\begin{cases} y_1=-7x_1-4x_2+9x_3, \\ y_2=6x_1+3x_2-7x_3, \\ y_3=3x_1+2x_2-4x_3. \end{cases}$ 2. $\begin{cases} x_1=7z_1+12z_2+6z_3, \\ x_2=z_1+6z_2-14z_3, \\ x_3=-3z_1+z_2-20z_3. \end{cases}$

习题 2.2

1. (1) $\begin{pmatrix} -1 & 3 & 1 & 5 \\ 8 & 2 & 8 & 2 \\ 3 & 7 & 9 & 13 \end{pmatrix}$; (2) $\begin{pmatrix} 3 & 1 & 1 & -1 \\ -4 & 0 & -4 & 0 \\ -1 & -3 & -3 & -5 \end{pmatrix}$; (3) $\begin{pmatrix} 3\frac{1}{3} & 3\frac{1}{3} & 2 & 2 \\ 0 & 1\frac{1}{3} & 0 & 1\frac{1}{3} \\ \frac{2}{3} & \frac{2}{3} & 2 & 2 \end{pmatrix}$.

2. (1) $\begin{pmatrix} 5 & 2 \\ 7 & 0 \end{pmatrix}$; (2) $\begin{pmatrix} 4 & 6 \\ 7 & -1 \end{pmatrix}$; (3) 14; (4) $\begin{pmatrix} 1 & 2 & 3 \\ 2 & 4 & 6 \\ 3 & 6 & 9 \end{pmatrix}$; (5) $\begin{pmatrix} -6 & 29 \\ 5 & 32 \end{pmatrix}$;

(6) $a_{11}x^2+a_{22}y^2+a_{33}z^2+2a_{12}xy+2a_{13}xz+2a_{23}yz$.

3. (1) 不相等; (2) 不相等; (3) 不相等.

4. (1) $\boldsymbol{C}=\begin{pmatrix}1 & 1\\ -1 & -1\end{pmatrix}\neq\boldsymbol{O}$, 而 $\boldsymbol{C}^2=\boldsymbol{O}$;

(2) $\boldsymbol{C}=\begin{pmatrix}1 & 0\\ 0 & 0\end{pmatrix}, \boldsymbol{C}\neq\boldsymbol{O}, \boldsymbol{C}\neq\boldsymbol{E}$ 而 $\boldsymbol{C}^2=\boldsymbol{C}$;

(3) $\boldsymbol{C}=\begin{pmatrix}1 & 0\\ 0 & 0\end{pmatrix}$, $\boldsymbol{X}=\begin{pmatrix}1 & 0\\ 0 & 1\end{pmatrix}$, $\boldsymbol{Y}=\begin{pmatrix}1 & 0\\ 0 & 1\end{pmatrix}$, 虽然 $\boldsymbol{X}\neq\boldsymbol{Y}$, 而 $\boldsymbol{CX}=\boldsymbol{CY}$.

5～6. 略.

7. $\begin{pmatrix}1 & 0 & -1 & -1 & -5\\ 0 & 1 & 2 & 2 & 6\end{pmatrix}\begin{pmatrix}x_1\\ x_2\\ x_3\\ x_4\\ x_5\end{pmatrix}=\begin{pmatrix}-2\\ 3\end{pmatrix}$.

8. $a=8, b=6$.

9. 对角阵 $\begin{pmatrix}a & 0 & 0\\ 0 & b & 0\\ 0 & 0 & c\end{pmatrix}$.

10. (1) $\begin{pmatrix}1 & 1\\ -2 & -2\end{pmatrix}$; (2) $\begin{pmatrix}1 & 0 & 0 & 0\\ 4 & 1 & 0 & 0\\ 10 & 4 & 1 & 0\\ 20 & 10 & 4 & 1\end{pmatrix}$; (3) $a^{n-2}\begin{pmatrix}a^2 & na & \frac{n(a-1)}{2}\\ 0 & a^2 & na\\ 0 & 0 & a^2\end{pmatrix}$.

11～16. 略.

习题 2.3

1. (1) $\begin{pmatrix}-2 & \frac{3}{2}\\ 1 & -\frac{1}{2}\end{pmatrix}$; (2) $\frac{1}{ad-bc}\begin{pmatrix}d & -b\\ -c & a\end{pmatrix}$; (3) $\begin{pmatrix}-\frac{1}{4} & -\frac{5}{4} & \frac{3}{4}\\ \frac{1}{4} & -\frac{3}{4} & \frac{1}{4}\\ \frac{1}{2} & \frac{3}{2} & -\frac{1}{2}\end{pmatrix}$;

(4) $\begin{pmatrix}\frac{1}{a_1} & 0 & \cdots & 0\\ 0 & \frac{1}{a_2} & \cdots & 0\\ \vdots & \vdots & & \vdots\\ 0 & 0 & \cdots & \frac{1}{a_n}\end{pmatrix}$.

2. (1) $\begin{pmatrix} -7 & -2 & 9 \\ 5 & 1 & -5 \end{pmatrix}$; (2) $\begin{pmatrix} -5 & 4 & -2 \\ -4 & 5 & -2 \\ -9 & 7 & -4 \end{pmatrix}$; (3) $\begin{pmatrix} 1 & 2 \\ 3 & 4 \end{pmatrix}$; (4) $\begin{pmatrix} 2 & -1 & 0 \\ 1 & 3 & -4 \\ 1 & 0 & -2 \end{pmatrix}$.

3. $\begin{cases} x_1 = 1, \\ x_2 = 3, \\ x_3 = 2. \end{cases}$

4～5. 略.

6. $-\dfrac{16}{27}$.

7. $\begin{pmatrix} 3 & -1 \\ 2 & 0 \\ 1 & -1 \end{pmatrix}$.

8. $\begin{pmatrix} 2 & 0 & 1 \\ 0 & 3 & 0 \\ 1 & 0 & 2 \end{pmatrix}$.

9. 略.

10. $\dfrac{1}{3}\begin{pmatrix} 1+2^{13} & 4+2^{13} \\ -1-2^{11} & -4-2^{11} \end{pmatrix}$.

11. $\boldsymbol{A}^{-1} = (\boldsymbol{A}+\boldsymbol{B})(-\boldsymbol{B}^2)^{-1}, (\boldsymbol{A}+\boldsymbol{B})^{-1} = (-\boldsymbol{B}^2)^{-1}\boldsymbol{A}$.

12. $(\boldsymbol{A}+\boldsymbol{B})^{-1} = \boldsymbol{B}^{-1}(\boldsymbol{B}^{-1}+\boldsymbol{A}^{-1})^{-1}\boldsymbol{A}^{-1}$.

13. 略.

14. $\dfrac{1}{16}$.

15. 略.

16. $\boldsymbol{B} = \begin{pmatrix} 6 & 0 & 0 & 0 \\ 0 & 6 & 0 & 0 \\ 6 & 0 & 6 & 0 \\ -6 & 3 & 0 & -1 \end{pmatrix}$.

习题 2.4

1. $\begin{pmatrix} 1 & 2 & 5 & 2 \\ 0 & 1 & 2 & -4 \\ 0 & 0 & -4 & 3 \\ 0 & 0 & 0 & -9 \end{pmatrix}$.

2. (1) $\boldsymbol{A}^{-1} = \begin{pmatrix} \boldsymbol{O} & \boldsymbol{A}_{21}^{-1} \\ \boldsymbol{A}_{12}^{-1} & \boldsymbol{O} \end{pmatrix}$, 其中 $\boldsymbol{A}_{12}^{-1} = \begin{pmatrix} -1 & 1 \\ 2 & -1 \end{pmatrix}$, $\boldsymbol{A}_{21}^{-1} = \begin{pmatrix} -5 & 3 \\ 2 & -1 \end{pmatrix}$;

(2) $\boldsymbol{B}^{-1} = \begin{pmatrix} \boldsymbol{B}_{11}^{-1} & \boldsymbol{O} \\ \boldsymbol{O} & \boldsymbol{B}_{22}^{-1} \end{pmatrix}$;

(3) $C^{-1}=\begin{pmatrix} C_{11}^{-1} & -C_{11}^{-1}C_{12}C_{22}^{-1} \\ O & C_{22}^{-1} \end{pmatrix}$,

其中 $C_{11}^{-1}=\begin{pmatrix} 3 & 9 & 4 \\ -2 & -5 & -2 \\ -2 & -7 & -3 \end{pmatrix}$, $-C_{11}^{-1}C_{12}C_{22}^{-1}=\begin{pmatrix} -5 \\ \frac{5}{2} \\ 4 \end{pmatrix}$, $C_{22}^{-1}=\frac{1}{2}$.

3. (1) $\begin{pmatrix} 1 & -2 & 0 & 0 \\ -2 & 5 & 0 & 0 \\ 0 & 0 & \frac{1}{3} & \frac{2}{3} \\ 0 & 0 & -\frac{1}{3} & \frac{1}{3} \end{pmatrix}$; (2) $\frac{1}{24}\begin{pmatrix} 24 & 0 & 0 & 0 \\ -12 & 12 & 0 & 0 \\ -12 & -4 & 8 & 0 \\ 3 & -5 & -2 & 6 \end{pmatrix}$.

复习题 2

1. (1) $t=4$; (2) $\begin{pmatrix} 1 & 0 & 0 \\ -2/3 & 1/3 & 0 \\ -1/9 & -5/18 & 1/6 \end{pmatrix}$; (3) $A^{-1}=\begin{pmatrix} 1 & -1 & 0 & 0 \\ -1 & 2 & 0 & 0 \\ 24 & -35 & 3 & -5 \\ -9 & 13 & -1 & 2 \end{pmatrix}$;

(4) $(-1)^n 3$; (5) 125; (6) A^2; (7) $-\frac{1}{3}(A+2E)$; (8) $A=\frac{1}{18}\begin{pmatrix} 1 & 0 & 0 \\ 2 & 3 & 0 \\ 4 & 5 & 6 \end{pmatrix}$.

2. $\frac{1}{2}(3E-A)$.

4. $X=\begin{pmatrix} 2 & -1 & 0 \\ 1 & 3 & -4 \\ 1 & 0 & -2 \end{pmatrix}$.

5. (1) $\begin{pmatrix} -2 & 4 \\ -1 & 2 \\ -3 & 6 \end{pmatrix}$; (2) 当 n 为偶数时, 答案: E; 当 n 为奇数时, 答案: $\begin{pmatrix} 2 & -1 \\ 3 & 2 \end{pmatrix}$;

(3) $\begin{pmatrix} 1 & 0 & n \\ 0 & 1 & 0 \\ 0 & 0 & 1 \end{pmatrix}$.

6. $\begin{pmatrix} 3 & -8 & -6 \\ 2 & -9 & -6 \\ -2 & 12 & 9 \end{pmatrix}$.

7. $\frac{1}{10}\begin{pmatrix} 1 & 0 & 0 \\ 2 & 2 & 0 \\ 3 & 4 & 5 \end{pmatrix}$.

8. 略.

9. (1) $\begin{pmatrix} 3/4 & -1/4 & 0 & 0 & 0 \\ 1/4 & 1/4 & 0 & 0 & 0 \\ 0 & 0 & -1/2 & 0 & 0 \\ 0 & 0 & 0 & 1 & -2 \\ 0 & 0 & 0 & 0 & 1 \end{pmatrix}$; (2) $\begin{pmatrix} 4 & -3/2 & 0 & 0 & 0 \\ -1 & 1/2 & 0 & 0 & 0 \\ -2 & 7/12 & -1/6 & -1/6 & 1/2 \\ 3 & -7/6 & -2/3 & 1/3 & 0 \\ -2 & 11/12 & 7/6 & 1/6 & -1/2 \end{pmatrix}$.

10. $\begin{pmatrix} 2731 & 2732 \\ -683 & -684 \end{pmatrix}$.

第 3 章

习题 3.1

(1) $\begin{pmatrix} 1 & 0 & 0 & 5 \\ 0 & 0 & 1 & -3 \\ 0 & 0 & 0 & 0 \end{pmatrix}$; (2) $\begin{pmatrix} 0 & 1 & 0 & 5 \\ 0 & 0 & 1 & 3 \\ 0 & 0 & 0 & 0 \end{pmatrix}$;

(3) $\begin{pmatrix} 1 & -1 & 0 & 2 & -3 \\ 0 & 0 & 1 & -2 & 2 \\ 0 & 0 & 0 & 0 & 0 \\ 0 & 0 & 0 & 0 & 0 \end{pmatrix}$; (4) $\begin{pmatrix} 1 & 0 & 2 & 0 & -2 \\ 0 & 1 & -1 & 0 & 3 \\ 0 & 0 & 0 & 1 & 4 \\ 0 & 0 & 0 & 0 & 0 \end{pmatrix}$.

习题 3.2

1. $\begin{pmatrix} -2 & -2 & 1 \\ 1 & 2 & 1 \\ 2 & 3 & 1 \end{pmatrix}$.

2. (1) $\begin{pmatrix} 7/6 & 2/3 & -3/2 \\ -1 & -1 & 2 \\ -1/2 & 0 & 1/2 \end{pmatrix}$; (2) $\begin{pmatrix} 1 & 0 & -1 \\ -1 & 1 & 1 \\ 1 & -1 & 0 \end{pmatrix}$; (3) $\begin{pmatrix} -6 & -3 & -4 \\ -4 & -2 & -3 \\ -9 & -4 & -6 \end{pmatrix}$;

(4) $\begin{pmatrix} 1 & 1 & -2 & -4 \\ 0 & 1 & 0 & -1 \\ -1 & -1 & 3 & 6 \\ 2 & 1 & -6 & -10 \end{pmatrix}$.

3. (1) $\begin{pmatrix} 10 & 2 \\ -15 & -19 \\ 12 & 16 \end{pmatrix}$; (2) $\begin{pmatrix} 7 & 10 \\ -1 & -1 \\ -5 & -7 \end{pmatrix}$; (3) $\begin{pmatrix} 2 & -1 & -1 \\ -4 & 7 & 4 \end{pmatrix}$; (4) $\begin{pmatrix} 3 & -4 & 2 \\ 6 & -6 & 1 \end{pmatrix}$.

4. (1) $\begin{pmatrix} 0 & 1 & -1 \\ -1 & 0 & 1 \\ 1 & -1 & 0 \end{pmatrix}$; (2) $\begin{pmatrix} 3 & 0 & 0 \\ -1 & 2 & 0 \\ 0 & 0 & 3 \end{pmatrix}$.

习题 3.3

1. 可能有; 可能有.

2. 矩阵 $\boldsymbol{A}$ 的秩不小于矩阵 $\boldsymbol{B}$ 的秩.

3. (1) $R=2$, $\begin{vmatrix}4 & 0\\1 & -1\end{vmatrix}\neq 0$; (2) $R=3$, $\begin{vmatrix}1 & 3 & 2\\2 & -1 & -3\\5 & 1 & -5\end{vmatrix}\neq 0$;

(3) $R=3$, $\begin{vmatrix}3 & 1 & 7\\3 & 3 & -5\\2 & -2 & 0\end{vmatrix}\neq 0$.

4. (1) $k=1$; (2) $k=-2$; (3) $k\neq 1$且$k\neq -2$.

习题 3.4

1. (1) $\begin{pmatrix}x_1\\x_2\\x_3\\x_4\end{pmatrix}=c\begin{pmatrix}4/3\\-3\\4/3\\1\end{pmatrix}$; (2) $\begin{pmatrix}x_1\\x_2\\x_3\\x_4\end{pmatrix}=c_1\begin{pmatrix}-2\\1\\0\\0\end{pmatrix}+c_2\begin{pmatrix}1\\0\\0\\1\end{pmatrix}$;

(3) 只有零解; (4) $\begin{pmatrix}x_1\\x_2\\x_3\\x_4\end{pmatrix}=c_1\begin{pmatrix}3/17\\19/17\\1\\0\end{pmatrix}+c_2\begin{pmatrix}-13/17\\-20/17\\0\\1\end{pmatrix}$.

2. (1) 无解; (2) $\begin{pmatrix}x\\y\\z\end{pmatrix}=c\begin{pmatrix}-2\\1\\1\end{pmatrix}+\begin{pmatrix}-1\\2\\0\end{pmatrix}$;

(3) $\begin{pmatrix}x\\y\\z\\w\end{pmatrix}=c_1\begin{pmatrix}-1\\2\\0\\0\end{pmatrix}+c_2\begin{pmatrix}1\\0\\2\\0\end{pmatrix}+\begin{pmatrix}1/2\\0\\0\\0\end{pmatrix}$;

(4) $\begin{pmatrix}x\\y\\z\\w\end{pmatrix}=c_1\begin{pmatrix}1/7\\5/7\\1\\0\end{pmatrix}+c_2\begin{pmatrix}1/7\\-9/7\\0\\1\end{pmatrix}+\begin{pmatrix}6/7\\-5/7\\0\\0\end{pmatrix}$.

复习题 3

1. (1) E; (2) $\begin{pmatrix}x_{12} & x_{23} & x_{22}\\x_{11} & x_{13} & x_{12}\\x_{31} & x_{33} & x_{32}\end{pmatrix}$; (3) $\begin{pmatrix}0&0&0\\0&0&0\\0&0&0\end{pmatrix}$, $\begin{pmatrix}1&0&0\\0&0&0\\0&0&0\end{pmatrix}$, $\begin{pmatrix}1&0&0\\0&1&0\\0&0&0\end{pmatrix}$, $\begin{pmatrix}1&0&0\\0&1&0\\0&0&1\end{pmatrix}$;

(4) $\begin{pmatrix}1&0&0&0\\0&1&0&0\\0&0&1&0\\0&0&0&1\end{pmatrix}$; (5) $r=n, r<n$; (6) $k\neq\frac{3}{5}$; (7) 零解; (8) $a_1+a_2+a_3+a_4+a_5=0$;

(9) 1; (10) 2.

2. (1) 1) 当$\lambda\neq 3$时, 秩为 3; 当$\lambda=3$时, 秩为 2.

2) 当$\lambda\neq 0$时, 秩为 3; 当$\lambda=0$时, 秩为 2.

(2) 1) $\boldsymbol{x}=k_1\begin{pmatrix}9/4\\-3/4\\1\\0\\0\end{pmatrix}+k_2\begin{pmatrix}3/4\\7/4\\0\\1\\0\end{pmatrix}+k_3\begin{pmatrix}-1/4\\-5/4\\0\\0\\1\end{pmatrix}$;

2) $\boldsymbol{x}=\begin{pmatrix}3/5\\0\\4/5\\0\\0\end{pmatrix}+k_1\begin{pmatrix}-3\\1\\0\\0\\0\end{pmatrix}+k_2\begin{pmatrix}7/5\\0\\1/5\\1\\0\end{pmatrix}+k_3\begin{pmatrix}1/5\\0\\-2/5\\0\\1\end{pmatrix}$;

3) $\boldsymbol{x}=k_1(-1,1,0,0,0)^{\mathrm{T}}+k_2(-3,0,1,0,0)^{\mathrm{T}}+k_3(-4,0,0,1,0)^{\mathrm{T}}+k_4(-5,1,0,0,1)^{\mathrm{T}}+(15,0,0,0,0)^{\mathrm{T}}$.

(3) 当 $a\neq 0$ 且 $b\neq 1$ 时, 方程组有唯一解; 当 $a=\frac{1}{2}$ 且 $b=1$ 时, 方程组有无穷多解; 其他情形, 方程组无解.

通解: $\boldsymbol{x}=\begin{pmatrix}2\\2\\0\end{pmatrix}+k\begin{pmatrix}-1\\0\\1\end{pmatrix},k\in R$.

3. (1) $\frac{1}{3}\begin{pmatrix}0&1&1\\0&1&-2\\-3&2&-1\end{pmatrix}$; (2) $\frac{1}{4}\begin{pmatrix}1&1&1&1\\1&1&-1&-1\\1&-1&1&-1\\1&-1&-1&1\end{pmatrix}$.

4. (1) $\frac{1}{35}\begin{pmatrix}77&13\\28&42\\-49&24\end{pmatrix}$; (2) $\frac{1}{3}\begin{pmatrix}-5&6&1\\-1&3&2\end{pmatrix}$.

第 4 章

习题 4.1

1. $(1\quad 0\quad -1)^{\mathrm{T}}$, $(0\quad 1\quad 2)^{\mathrm{T}}$.

2. $\boldsymbol{a}=\frac{1}{6}(3\boldsymbol{a}_1+2\boldsymbol{a}_2-5\boldsymbol{a}_3)=(1\ 2\ 3\ 4)^{\mathrm{T}}$.

3～4. 略.

5. (1) 当 $b\neq 2$, 且 a 取任意值时, $\boldsymbol{\beta}$ 不能由 $\boldsymbol{\alpha}_1,\boldsymbol{\alpha}_2,\boldsymbol{\alpha}_3$ 线性表示;

(2) 当 $b=2$, 且 a 取任意值时, $\boldsymbol{\beta}$ 可由 $\boldsymbol{\alpha}_1,\boldsymbol{\alpha}_2,\boldsymbol{\alpha}_3$ 线性表示, 表示式: $\boldsymbol{\beta}=-\boldsymbol{\alpha}_1+2\boldsymbol{\alpha}_2+0\boldsymbol{\alpha}_3$.

习题 4.2

1. (1) 线性无关; (2) 线性相关.

2. 当 $\lambda=0$ 或 $\lambda=1$ 或 $\lambda=-1$ 时, 线性相关.

3. $\boldsymbol{b}=\frac{k}{k-1}\boldsymbol{a}_1-\frac{1}{k-1}\boldsymbol{a}_2$.

4. 不一定线性无关.

5. (1) 错误; (2) 正确; (3) 错误; (4) 错误; (5) 错误.

6～7. 略.

习题 4.3

1. (1) 秩 $r=3$, 且 $\boldsymbol{\alpha}_1$, $\boldsymbol{\alpha}_2$, $\boldsymbol{\alpha}_3$ 就是最大线性无关组;

(2) 秩 $r=2$, 且 $\boldsymbol{\alpha}_1$, $\boldsymbol{\alpha}_2$ 就是一个最大线性无关组.

2. (1) 一个最大线性无关组为 $\boldsymbol{\alpha}_1$, $\boldsymbol{\alpha}_2$, $\boldsymbol{\alpha}_3$, 而且 $\boldsymbol{\alpha}_4=2\boldsymbol{\alpha}_1+3\boldsymbol{\alpha}_2+(-1)\cdot\boldsymbol{\alpha}_3$, $\boldsymbol{\alpha}_5=0\boldsymbol{\alpha}_1+(-1)\boldsymbol{\alpha}_2+1\cdot\boldsymbol{\alpha}_3$;

(2) 一个最大线性无关组为 $\boldsymbol{\alpha}_1$, $\boldsymbol{\alpha}_2$, $\boldsymbol{\alpha}_3$, 而且 $\boldsymbol{\alpha}_4=-2\boldsymbol{\alpha}_1-\boldsymbol{\alpha}_2+2\boldsymbol{\alpha}_3$.

3. $\lambda=-3$, $\mu=17$.

4. $a=1$, $b=1$.

5. 略.

习题 4.4

1. (1) 是; (2) 是; (3) 不是; (4) 不是.

2. $\boldsymbol{\alpha}$ 在这组基下的坐标为: $-1,1,0$.

3. 略.

习题 4.5

1. (1) 基础解系: $\boldsymbol{\xi}_1=\begin{pmatrix}1\\1\\0\\0\end{pmatrix}$, $\boldsymbol{\xi}_2=\begin{pmatrix}1\\0\\2\\1\end{pmatrix}$, 通解 $\boldsymbol{x}=c_1\boldsymbol{\xi}_1+c_2\boldsymbol{\xi}_2$;

(2) 基础解系: $\boldsymbol{\xi}_1=\begin{pmatrix}-\dfrac{29}{4}\\-\dfrac{1}{2}\\1\\0\end{pmatrix}$, $\boldsymbol{\xi}_2=\begin{pmatrix}-\dfrac{3}{4}\\\dfrac{1}{2}\\0\\1\end{pmatrix}$, 通解 $\boldsymbol{x}=c_1\boldsymbol{\xi}_1+c_2\boldsymbol{\xi}_2$.

2. (1) 无解;

(2) 通解 $\begin{pmatrix}x_1\\x_2\\x_3\\x_4\end{pmatrix}=c_1\begin{pmatrix}-1\\1\\1\\2\end{pmatrix}+\begin{pmatrix}-8\\13\\0\\2\end{pmatrix}$.

3. 通解 $\boldsymbol{x}=c_1\begin{pmatrix}1\\-1\\0\\0\end{pmatrix}+\boldsymbol{\eta}_1$.

4. 略.

5. (1) (Ⅰ)的基础解系: $\boldsymbol{\xi}_1=\begin{pmatrix}-1\\1\\0\\0\end{pmatrix}$, $\boldsymbol{\xi}_2=\begin{pmatrix}0\\0\\1\\1\end{pmatrix}$;

(2) 有非零公共解, 所有的非零公共解 $\boldsymbol{x}=c\begin{pmatrix}-1\\1\\1\\1\end{pmatrix}$ ($c\in R$, 且$c\neq 0$).

复习题 4

1. (1) -7; (2) 任意实数; (3) 3; (4) $s\geqslant n$; (5) 5; (6) $(-2\quad 1\quad 1)$; (7) 1; (8) $\boldsymbol{\alpha}_1,\boldsymbol{\alpha}_2$.

2. (1) $\boldsymbol{\beta}=(0,1,2,-2)^{\mathrm{T}}$.

(2) 当$t\neq -2,3$时, $\boldsymbol{\alpha}_1,\boldsymbol{\alpha}_2,\boldsymbol{\alpha}_3$线性无关; 当$t=-2,3$时, $\boldsymbol{\alpha}_1,\boldsymbol{\alpha}_2,\boldsymbol{\alpha}_3$线性相关.

(3) $a=b\neq 1/2$.

3. 略.

4. $lm\neq -1$.

第 5 章

习题 5.1

1. 8.

2. (1) $\boldsymbol{e}_1=\frac{1}{\sqrt{3}}\begin{pmatrix}1\\1\\1\end{pmatrix}$, $\boldsymbol{e}_2=\frac{1}{\sqrt{2}}\begin{pmatrix}-1\\0\\1\end{pmatrix}$, $\boldsymbol{e}_3=\frac{1}{\sqrt{6}}\begin{pmatrix}1\\-2\\1\end{pmatrix}$.

(2) $\boldsymbol{e}_1=\frac{1}{\sqrt{3}}\begin{pmatrix}1\\0\\-1\\1\end{pmatrix}$, $\boldsymbol{e}_2=\frac{1}{\sqrt{15}}\begin{pmatrix}1\\-3\\2\\1\end{pmatrix}$, $\boldsymbol{e}_3=\frac{1}{\sqrt{35}}\begin{pmatrix}-1\\3\\3\\4\end{pmatrix}$.

3. (1) 不是正交阵; (2) 是正交阵.

4. 略.

习题 5.2

1. (1) $\lambda=-1$, $\boldsymbol{p}=(1,1,-1)^{\mathrm{T}}$;

(2) $\lambda_1=0,\lambda_2=-1,\lambda_3=9$; $\boldsymbol{p}_1=(-1,-1,1)^{\mathrm{T}}$, $\boldsymbol{p}_2=(-1,1,0)^{\mathrm{T}}$, $\boldsymbol{p}_3=\left(\frac{1}{2},\frac{1}{2},1\right)^{\mathrm{T}}$;

(3) $\lambda_1=\lambda_2=-1,\lambda_3=\lambda_4=1$; $\boldsymbol{p}_1=(1,0,0,-1)^{\mathrm{T}}$, $\boldsymbol{p}_2=(0,1,-1,0)^{\mathrm{T}}$, $\boldsymbol{p}_3=(1,0,0,1)^{\mathrm{T}}$, $\boldsymbol{p}_4=(0,1,1,0)^{\mathrm{T}}$.

2. 略.

3. 18.

4. -341.

5. 略.

6. $\begin{pmatrix} 1 & 2 & 2 \\ 4 & 3 & -2 \\ -4 & -4 & 1 \end{pmatrix}$.

习题 5.3

1. (1) 能, $\boldsymbol{P}=\begin{pmatrix} 1 & -1 \\ 0 & 1 \end{pmatrix}$, $\boldsymbol{P}^{-1}\boldsymbol{AP}=\begin{pmatrix} 1 & 0 \\ 0 & 2 \end{pmatrix}$;

(2) 能, $\boldsymbol{P}=\begin{pmatrix} -1 & 0 & 1 \\ 1 & 0 & 1 \\ 0 & 1 & 0 \end{pmatrix}$, $\boldsymbol{P}^{-1}\boldsymbol{AP}=\begin{pmatrix} 0 & 0 & 0 \\ 0 & 0 & 0 \\ 0 & 0 & 2 \end{pmatrix}$;

(3) 能, $\boldsymbol{P}=\begin{pmatrix} 1 & 0 & 0 & 0 \\ 0 & 1 & 1 & -1 \\ 0 & 0 & 1 & 0 \\ 0 & 0 & 0 & 1 \end{pmatrix}$, $\boldsymbol{P}^{-1}\boldsymbol{AP}=\begin{pmatrix} -2 & 0 & 0 & 0 \\ 0 & -2 & 0 & 0 \\ 0 & 0 & 3 & 0 \\ 0 & 0 & 0 & 3 \end{pmatrix}$.

2. 略.

3. $\begin{pmatrix} -2 & 3 & -3 \\ -4 & 5 & -3 \\ -4 & 4 & -2 \end{pmatrix}$.

4. $\begin{pmatrix} 1 & 0 & 5^{100}-1 \\ 0 & 5^{100} & 0 \\ 0 & 0 & 5^{100} \end{pmatrix}$.

5. $x=3$.

6. 能

习题 5.4

1. (1) 正交阵 $\boldsymbol{P}=(\boldsymbol{p}_1,\boldsymbol{p}_2,\boldsymbol{p}_3)$, 其中 $\boldsymbol{p}_1=\left(\frac{1}{3}, \frac{2}{3}, \frac{2}{3}\right)^{\mathrm{T}}$, $\boldsymbol{p}_2=\left(\frac{2}{3}, \frac{1}{3}, -\frac{2}{3}\right)^{\mathrm{T}}$,

$\boldsymbol{p}_3=\left(\frac{2}{3}, -\frac{2}{3}, \frac{1}{3}\right)^{\mathrm{T}}$, $\boldsymbol{P}^{-1}\boldsymbol{AP}=\mathrm{diag}(-2,1,4)$.

(2) 正交阵 $\boldsymbol{P}=(\boldsymbol{p}_1,\boldsymbol{p}_2,\boldsymbol{p}_3)$, 其中 $\boldsymbol{p}_1=\frac{1}{\sqrt{5}}(-2, 1, 0)^{\mathrm{T}}$, $\boldsymbol{p}_2=\frac{1}{3\sqrt{5}}(2, 4, 5)^{\mathrm{T}}$,

$\boldsymbol{p}_3=\frac{1}{3}(-1, -2, 2)^{\mathrm{T}}$, $\boldsymbol{P}^{-1}\boldsymbol{AP}=\mathrm{diag}(1,1,10)$.

2. (1) $-2\begin{pmatrix} 1 & 1 \\ 1 & 1 \end{pmatrix}$; (2) $2\begin{pmatrix} 1 & 1 & -2 \\ 1 & 1 & -2 \\ -2 & -2 & 4 \end{pmatrix}$.

3. $x=4, y=5$.

正交矩阵 $\boldsymbol{P}=\begin{pmatrix}\frac{1}{\sqrt{2}} & \frac{2}{3} & \frac{1}{3\sqrt{2}}\\ 0 & \frac{1}{3} & -\frac{4}{3\sqrt{2}}\\ -\frac{1}{\sqrt{2}} & \frac{2}{3} & \frac{1}{3\sqrt{2}}\end{pmatrix}$，$\boldsymbol{P}^{-1}\boldsymbol{AP}=\mathrm{diag}(5,-4,5)$.

习题 5.5

1. (1) $f=(x,y,z)\begin{pmatrix}1&2&1\\2&4&2\\1&2&1\end{pmatrix}\begin{pmatrix}x\\y\\z\end{pmatrix}$; (2) $f=(x,y,z)\begin{pmatrix}1&-1&-2\\-1&1&-2\\-2&-2&-7\end{pmatrix}\begin{pmatrix}x\\y\\z\end{pmatrix}$;

(3) $f=(x_1,x_2,x_3,x_4)\begin{pmatrix}1&-1&2&-1\\-1&1&3&-2\\2&3&1&0\\-1&-2&0&1\end{pmatrix}\begin{pmatrix}x_1\\x_2\\x_3\\x_4\end{pmatrix}$.

2. (1) $f(x_1,x_2)=(x_1,x_2)\begin{pmatrix}2&1\\1&3\end{pmatrix}\begin{pmatrix}x_1\\x_2\end{pmatrix}$;

(2) $f(x_1,x_2,x_3)=(x_1,x_2,x_3)\begin{pmatrix}1&2&3\\2&5&6\\3&6&9\end{pmatrix}\begin{pmatrix}x_1\\x_2\\x_3\end{pmatrix}$.

3. (1) 正交矩阵 $P=(\boldsymbol{p}_1,\boldsymbol{p}_2,\boldsymbol{p}_3)$，其中 $\boldsymbol{p}_1=(1,0,0)^{\mathrm{T}}$，$\boldsymbol{p}_2=\left(0,\frac{1}{\sqrt{2}},\frac{1}{\sqrt{2}}\right)^{\mathrm{T}}$，$\boldsymbol{p}_3=\left(0,-\frac{1}{\sqrt{2}},\frac{1}{\sqrt{2}}\right)^{\mathrm{T}}$. 正交变换 $\boldsymbol{x}=\boldsymbol{Py}$，使 $f=2{y_1}^2+5{y_2}^2+{y_3}^2$;

(2) 正交矩阵 $\boldsymbol{P}=(\boldsymbol{p}_1,\boldsymbol{p}_2,\boldsymbol{p}_3,\boldsymbol{p}_4)$，其中 $\boldsymbol{p}_1=\frac{1}{\sqrt{2}}(1,1,0,0)^{\mathrm{T}}$，$\boldsymbol{p}_2=\frac{1}{\sqrt{6}}(1,-1,2,0)^{\mathrm{T}}$，$\boldsymbol{p}_3=\frac{1}{2\sqrt{3}}(-1,1,1,3)^{\mathrm{T}}$，$\boldsymbol{p}_4=\frac{1}{2}(-1,1,1,-1)^{\mathrm{T}}$.

正交变换 $\boldsymbol{x}=\boldsymbol{Py}$，使 $f=y_1^2+y_2^2+y_3^2-3y_4^2$.

习题 5.6

(1) $f={y_1}^2-4{y_2}^2-\frac{11}{4}{y_3}^2$，$\boldsymbol{C}=\begin{pmatrix}1&-1&\frac{9}{4}\\0&1&-\frac{1}{4}\\0&0&1\end{pmatrix}$;

(2) $f={z_1}^2-{z_2}^2-{z_3}^2$，$\boldsymbol{C}=\begin{pmatrix}1&1&-1\\1&-1&-1\\0&0&1\end{pmatrix}$;

(3) $f=2{y_1}^2-\frac{1}{8}{y_2}^2+{y_3}^2$, $\boldsymbol{C}=\begin{pmatrix}0&1&4\\1&-\frac{1}{4}&-1\\0&0&1\end{pmatrix}$.

习题 5.7

1. (1) 非正定; (2) 正定; (3) 正定.

2. $-\frac{4}{5}<a<0$.

复习题 5

1. (1) 2(n重), 任意n维非零向量; (2) $-1,-5,4$; (3) $2,1$(二重); (4) $x=0,y=1$;

(5) $\begin{pmatrix}1&2&0&0\\2&2&1&0\\0&1&3&0\\0&0&0&0\end{pmatrix}$; (6) $-\frac{4}{5}<t<0$; (7) $x_1^2+2x_2^2+3x_3^2+4x_1x_2+8x_1x_3-2x_2x_3$;

(8) $t<-1$.

2. (1) 1) $t=0$; 2) $k\begin{pmatrix}1\\-1\\-1\end{pmatrix}$ $(k\neq 0)$.

(2) 1) $x=1,y=-1$; 2) $\boldsymbol{P}=\begin{pmatrix}1&-1&1\\0&1&0\\0&0&1\end{pmatrix}$.

(3) 1) $\boldsymbol{B}$ 的特征值是 2, 18, −6; 相似对角阵是 $\begin{pmatrix}2&0&0\\0&18&0\\0&0&-6\end{pmatrix}$;

2) $|\boldsymbol{B}|=-216$; $|\boldsymbol{A}^2-3\boldsymbol{E}|=4$.

(4) 可对角化, $\boldsymbol{U}=\begin{pmatrix}1&-2&2\\2&-1&-2\\2&2&1\end{pmatrix}$, $\boldsymbol{U}^{-1}\boldsymbol{A}\boldsymbol{U}=\begin{pmatrix}-2&0&0\\0&1&0\\0&0&4\end{pmatrix}$.

(5) $f=-y_1^2-y_2^2+5y_3^2$.

参　考　文　献

[1] 北京建筑大学数学系. 线性代数. 北京: 兵器工业出版社, 2016.

[2] 同济大学数学系. 线性代数. 5 版. 北京: 高等教育出版社, 2007.

[3] 华中理工大学数学系. 线性代数. 北京: 高等教育出版社, 施普林格出版社, 1999.

[4] S. K. Jain, A. D. Gunawardena. 线性代数(英文版). 北京: 机械工业出版社, 2003.

[5] 丁丽娟, 程杞元. 数值计算方法. 2 版. 北京: 北京理工大学出版社, 2005.

[6] 武波, 黄健斌, 尹忠海, 等. 离散数学. 2 版. 西安: 西安电子科技大学出版社, 2013.

[7] [美] David C. Lay. 沈复兴, 傅莺莺, 莫单玉, 等, 译. 线性代数及其应用. 北京: 人民邮电出版社, 2007.

[8] Steven J. Leon. 线性代数(英文版) . 7 版. 北京: 机械工业出版社, 2007.